工学系のための
線形代数

――――豊富な例と問題で理解を深める

黒川康宏　佐々木真二
廣瀬三平　山澤浩司 著

東京図書

著者によるまえがき

本書は大学初年級向けの線形代数の教科書である．行列，連立１次方程式，ベクトル空間や線形写像などの基本事項に加えて，発展的話題を扱っている．線形代数の多くの事柄がなるべく自然につながっていくように，話の流れを重視して書いた．また，工学系の学生を主な読者として想定し，定理の主張そのものや使い方をよく理解できるように，多くの基本的な例を通じた丁寧な説明を与えた．さらに，しっかりとした計算力を身につけることを目的として，章末問題は計算問題を中心とした．上述の性格から，講義用の教科書としてだけでなく，自習書としても活用でき，意欲的な高校生にも十分読めるものになっていると思う．

線形代数は工学のみならず，様々な分野において用いられている．そこで，発展的話題としてアフィン写像，関数の極値，微分方程式，最小二乗法などについても説明した．ここでは微分積分を説明なく用いているところがあるが，これについては姉妹書である『工学系のための微分積分』などを参考にしていただきたい．ただし，本書で扱った内容は線形代数の応用のごく一部であり，簡単な紹介程度であることを注意しておく．線形代数の応用について書かれた本は様々なものがあるが，ここでは次を参考文献としてあげておく．

- 金谷健一，『これなら分かる応用数学教室－最小二乗法からウェーブレットまで－』，共立出版，2003.
- 高松瑞代，『応用が見える線形代数』，岩波書店，2020.
- 平岡和幸，堀玄，『プログラミングのための線形代数』，オーム社，2004.

本書では線形代数に慣れ親しみ，基礎を身につけることを目的とした．このことから，証明を省略した，あるいは簡単な状況においてのみ証明した定理もある．また，ジョルダン標準形など，重要であるが取り扱えなかった話題もある．これらについてはより高度な線形代数の教科書を手に取って学ばれることを望む．

本書の図版の作成には，Mathematica を利用した．

謝辞

本書執筆の機会を与えていただいた東京図書, ならびに, 筆の遅い筆者らを粘り強くご鞭撻くださった東京図書編集部の川上禎久氏に, 心より感謝申し上げます.

2021年8月　著者一同

目　次

◆装幀　今垣知沙子

第1章

集合と写像

集合と写像は線形代数のみならず, 数学の様々なところで用いられる. ここでは以降の章で用いられる事柄に限って集合と写像について説明する.

集合とは, 議論の対象であるかどうかを明確に判定できるものの集まりである. 集合を構成しているものを要素という. x が集合 X の要素であることを x は X に属するといい, $x \in X$ で表す.

数の集合は特別な記号が与えられている. 例えば自然数の集合 (0 は含まない)$\mathbb{N}$, 整数の集合 $\mathbb{Z}$, 実数の集合 $\mathbb{R}$, 複素数の集合 $\mathbb{C}$ などである.

集合を表記する方法としては, 集合の要素を列挙する外延的記法, 要素が集合に属するための条件を明示する内包的記法が用いられる. 内包的記法では, 集合を

$$\{x \mid x \text{ が満たす条件}\}$$

と表す. この記法において, x が集合 X に属している場合

$$\{x \in X \mid x \text{ が満たす条件}\}$$

と表すことがある.

例 1.1

$\{1, 2, 3, 4, 5\}$ は $1, 2, 3, 4, 5$ からなる集合を外延的記法で表したものである. 次はこの集合を内包的記法で表したものである.

$$\{x \mid x \text{ は } x \leq 5 \text{ を満たす自然数}\}, \quad \{x \in \mathbb{N} \mid x \leq 5\}$$

X の任意の要素が X' の要素でもあるとき, X は X' の部分集合であるといい, $X \subset X'$ と表す. さらに, X と X' がまったく同じ要素を持つとき, X と X' は等しいといい, $X = X'$ で表す. $X = X'$ は $X \subset X'$ と $X' \subset X$ がともに成り立つことと等しい.

例 1.2

$2x^2-3x+1=0$ の実数の解の集合, 整数の解の集合はそれぞれ次である.

$$\left\{x \in \mathbb{R} \;\middle|\; 2x^2-3x+1=0\right\}, \quad \left\{x \in \mathbb{Z} \;\middle|\; 2x^2-3x+1=0\right\}$$

これらは

$$\left\{x \in \mathbb{R} \;\middle|\; 2x^2-3x+1=0\right\} = \{1/2, 1\}, \left\{x \in \mathbb{Z} \;\middle|\; 2x^2-3x+1=0\right\} = \{1\}$$

であるので等しい集合でない.

集合 X の任意の要素 x に対し, 集合 Y のただひとつの要素 y を対応させる規則を定義域 X から値域 Y への**写像**という. X から Y への写像 f を $f : X \to Y$ と表す. また, x に対応する要素 y を $f(x)$ で表す. $X = Y$ の場合, f を X 上の**変換**という. 例えば, $x \in X$ に x を対応させる規則は X 上の変換であり, これを**恒等変換**という.

X から Y への写像 f による X の部分集合 S の**像** $f(S)$ を

$$\begin{aligned} f(S) &= \{y \in Y \mid x \in S \text{ が存在し}, y = f(x)\} \\ &= \{f(x) \in Y \mid x \in S\} \end{aligned}$$

と定める.

写像 $f : X \to Y, g : Y \to Z$ から写像 $g \circ f : X \to Z$ を次で定める.

$$g \circ f(x) = g(f(x))$$

これを f と g の**合成写像**という.

写像の持つ性質としては単射, 全射が重要である.

- f が次を満たすとき, **単射**という.

  任意の $x, x' \in X$ が $x \neq x'$ ならば $f(x) \neq f(x')$ となる.

- f が次を満たすとき, **全射**という.

  任意の $y \in Y$ に対し, $f(x) = y$ となる $x \in X$ が存在する.

f が単射であり, 全射のとき, **全単射**という.

X から Y への写像 f が全単射であるとする．このとき，f は全射なので任意の $y \in Y$ に対して $f(x) = y$ となる $x \in X$ が存在し，さらに単射なのでこの x はただひとつである．つまり，集合 Y の任意の要素 y に対し，集合 X のただひとつの要素 x を対応させる規則が得られる．この Y から X への写像を f の**逆写像**といい，f^{-1} で表す．この f^{-1} は次の性質を持つ Y から X への写像としても定義できる．

$$f^{-1} \circ f(x) = x \quad (x \in X), \quad f \circ f^{-1}(y) = y \quad (y \in Y)$$

$X = Y$ の場合，f^{-1} を**逆変換**という．

例 1.3

- $X = \{x_1, x_2, x_3\}$ から $Y = \{y_1, y_2, y_3, y_4\}$ への写像を

$$f(x_1) = y_1, \quad f(x_2) = y_2, \quad f(x_3) = y_3$$

  と定める．この写像は単射であるが全射でない．実際，$f(x) = y_4$ となる $x \in X$ は存在しない．

- $X = \{x_1, x_2, x_3\}$ から $Y = \{y_1, y_2\}$ への写像を

$$f(x_1) = y_1, \quad f(x_2) = y_1, \quad f(x_3) = y_2$$

  と定める．この写像は全射であるが単射でない．実際，$x_1, x_2 \in X$ は $x_1 \neq x_2, f(x_1) = f(x_2)$ を満たす．

- $X = \{x_1, x_2, x_3\}$ 上の変換を

$$f(x_1) = x_2, \quad f(x_2) = x_3, \quad f(x_3) = x_1$$

  と定める．この変換は全単射であるので逆変換 f^{-1} が存在し，それは次で与えられる．

$$f^{-1}(x_1) = x_3, \quad f^{-1}(x_2) = x_1, \quad f^{-1}(x_3) = x_2$$

第2章

2次正方行列

本章では2次正方行列とその基本的性質について述べる．さらに，2次正方行列を用いると平面における回転や複素数を表現できることを説明する．

2.1　2次正方行列とその演算

2次正方行列とは4個の数(あるいは文字)$a_{11}, a_{12}, a_{21}, a_{22}$を並べた

$$\begin{pmatrix} a_{11} & a_{12} \\ a_{21} & a_{22} \end{pmatrix}$$

である．2次列ベクトルとは2個の数(あるいは文字)x_1, x_2を縦に並べた

$$\begin{pmatrix} x_1 \\ x_2 \end{pmatrix}$$

である．2次正方行列は2次列ベクトル

$$\boldsymbol{a}_1 = \begin{pmatrix} a_{11} \\ a_{21} \end{pmatrix}, \quad \boldsymbol{a}_2 = \begin{pmatrix} a_{12} \\ a_{22} \end{pmatrix}$$

を用いて次のように表すこともある．

$$\begin{pmatrix} \boldsymbol{a}_1 & \boldsymbol{a}_2 \end{pmatrix}$$

本章では2次正方行列を行列，2次列ベクトルをベクトルと単にいう．また，行列やベクトルを構成する数(あるいは文字)を成分という．2つの行列は，同じ位置にある成分がすべて等しいときに，等しいとみなす．ベクトルについても同様である．

行列 $A = \begin{pmatrix} a_{11} & a_{12} \\ a_{21} & a_{22} \end{pmatrix}$ を用いて，ベクトル $\boldsymbol{x} = \begin{pmatrix} x_1 \\ x_2 \end{pmatrix}$ から新たなベクトル$A\boldsymbol{x}$を

$$A\boldsymbol{x} = \begin{pmatrix} a_{11}x_1 + a_{12}x_2 \\ a_{21}x_1 + a_{22}x_2 \end{pmatrix}$$

と定める．この$A\boldsymbol{x}$を行列Aとベクトル$\boldsymbol{x}$の積という．

例 2.1

連立1次方程式 $\begin{cases} 2x_1 - 3x_2 = 1 \\ -2x_1 + \ \ x_2 = -3 \end{cases}$ は次のように行列とベクトルの積で表せる.

$$\begin{pmatrix} 2 & -3 \\ -2 & 1 \end{pmatrix} \begin{pmatrix} x_1 \\ x_2 \end{pmatrix} = \begin{pmatrix} 1 \\ -3 \end{pmatrix}$$

数やベクトルには様々な演算があった. 同様に行列にも様々な演算を定めることができる.

- $A = \begin{pmatrix} a_{11} & a_{12} \\ a_{21} & a_{22} \end{pmatrix}, B = \begin{pmatrix} b_{11} & b_{12} \\ b_{21} & b_{22} \end{pmatrix}$ の和 $A+B$ を次で定める.

$$A + B = \begin{pmatrix} a_{11} + b_{11} & a_{12} + b_{12} \\ a_{21} + b_{21} & a_{22} + b_{22} \end{pmatrix}$$

- $A = \begin{pmatrix} a_{11} & a_{12} \\ a_{21} & a_{22} \end{pmatrix}, B = \begin{pmatrix} b_{11} & b_{12} \\ b_{21} & b_{22} \end{pmatrix}$ の差 $A-B$ を次で定める.

$$A - B = \begin{pmatrix} a_{11} - b_{11} & a_{12} - b_{12} \\ a_{21} - b_{21} & a_{22} - b_{22} \end{pmatrix}$$

- スカラー (定数)λ による $A = \begin{pmatrix} a_{11} & a_{12} \\ a_{21} & a_{22} \end{pmatrix}$ のスカラー倍 (定数倍)λA を次で定める.

$$\lambda A = \begin{pmatrix} \lambda a_{11} & \lambda a_{12} \\ \lambda a_{21} & \lambda a_{22} \end{pmatrix}$$

- $A = \begin{pmatrix} a_{11} & a_{12} \\ a_{21} & a_{22} \end{pmatrix}, B = \begin{pmatrix} b_{11} & b_{12} \\ b_{21} & b_{22} \end{pmatrix}$ の積 AB を次で定める.

$$AB = \begin{pmatrix} a_{11}b_{11} + a_{12}b_{21} & a_{11}b_{12} + a_{12}b_{22} \\ a_{21}b_{11} + a_{22}b_{21} & a_{21}b_{12} + a_{22}b_{22} \end{pmatrix}$$

行列の積は B がベクトル $\boldsymbol{b}_1, \boldsymbol{b}_2$ を用いて $B = \begin{pmatrix} \boldsymbol{b}_1 & \boldsymbol{b}_2 \end{pmatrix}$ と表されているときは

$$AB = \begin{pmatrix} A\boldsymbol{b}_1 & A\boldsymbol{b}_2 \end{pmatrix}$$

となる.

例 2.2

$A = \begin{pmatrix} 2 & -3 \\ -2 & 1 \end{pmatrix}, B = \begin{pmatrix} 1 & 3 \\ 1 & -2 \end{pmatrix}$ とするとき, AB は次で与えられる.

$$\begin{pmatrix} 2 & -3 \\ -2 & 1 \end{pmatrix}\begin{pmatrix} 1 & 3 \\ 1 & -2 \end{pmatrix} = \begin{pmatrix} -1 & 12 \\ -1 & -8 \end{pmatrix}$$

数では0と1という次の性質を持つものがあった.

$$a \cdot 0 = 0 \cdot a = 0, \quad a \cdot 1 = 1 \cdot a = a$$

これらに対応するのが

$$O = \begin{pmatrix} 0 & 0 \\ 0 & 0 \end{pmatrix}, \quad I = \begin{pmatrix} 1 & 0 \\ 0 & 1 \end{pmatrix}$$

であり, それぞれ零行列, 単位行列と呼ばれる. これらの行列は

$$AO = OA = O, \quad AI = IA = A$$

が成り立つ.

さらに, 数 a は $a \neq 0$ ならば逆数 a^{-1} が存在し, 次の性質が成り立った.

$$a \cdot a^{-1} = a^{-1} \cdot a = 1$$

行列 A に対しても

$$AX = XA = I$$

を(適当な条件のもとで)満たす行列 X が存在する. この X を逆行列といい, A^{-1} で表す. $A = \begin{pmatrix} a_{11} & a_{12} \\ a_{21} & a_{22} \end{pmatrix}$ と成分で表した場合, その逆行列は

$$A^{-1} = \frac{1}{a_{11}a_{22} - a_{12}a_{21}} \begin{pmatrix} a_{22} & -a_{12} \\ -a_{21} & a_{11} \end{pmatrix}$$

である. この表示を見ればわかるように逆行列が存在するためには $a_{11}a_{22} - a_{12}a_{21} \neq 0$ であることが必要である. この $a_{11}a_{22} - a_{12}a_{21}$ を行列 A の行列式といい, $|A|$ や $\det A$, あるいは

$$\begin{vmatrix} a_{11} & a_{12} \\ a_{21} & a_{22} \end{vmatrix}$$

と表す.

例 2.3

- $\begin{pmatrix} 2 & -3 \\ -2 & 1 \end{pmatrix}$ の行列式は

$$\begin{vmatrix} 2 & -3 \\ -2 & 1 \end{vmatrix} = 2 \cdot 1 - (-3) \cdot (-2) = -4$$

である．これより逆行列が存在し，それは次で与えられる．

$$\frac{1}{-4}\begin{pmatrix} 1 & 3 \\ 2 & 2 \end{pmatrix} = \begin{pmatrix} -1/4 & -3/4 \\ -1/2 & -1/2 \end{pmatrix}$$

- $\begin{pmatrix} 6 & -3 \\ -2 & 1 \end{pmatrix}$ の行列式は

$$\begin{vmatrix} 6 & -3 \\ -2 & 1 \end{vmatrix} = 6 \cdot 1 - (-3) \cdot (-2) = 0$$

である．これより逆行列は存在しない．

数 a, b から定まる方程式 $ax = b$ の解は a の逆数 a^{-1} と b との積 $a^{-1}b$ として与えられた．この類似として，連立1次方程式

$$\begin{pmatrix} a_{11} & a_{12} \\ a_{21} & a_{22} \end{pmatrix}\begin{pmatrix} x_1 \\ x_2 \end{pmatrix} = \begin{pmatrix} b_1 \\ b_2 \end{pmatrix}$$

の解は次であることが逆行列の定義より確かめられる．

$$\begin{pmatrix} x_1 \\ x_2 \end{pmatrix} = \begin{pmatrix} a_{11} & a_{12} \\ a_{21} & a_{22} \end{pmatrix}^{-1}\begin{pmatrix} b_1 \\ b_2 \end{pmatrix}$$

例 2.4

連立1次方程式

$$\begin{pmatrix} 2 & -3 \\ -2 & 1 \end{pmatrix}\begin{pmatrix} x_1 \\ x_2 \end{pmatrix} = \begin{pmatrix} 1 \\ -3 \end{pmatrix}$$

の解は次で与えられる．

$$\begin{pmatrix} x_1 \\ x_2 \end{pmatrix} = \begin{pmatrix} 2 & -3 \\ -2 & 1 \end{pmatrix}^{-1}\begin{pmatrix} 1 \\ -3 \end{pmatrix} = \begin{pmatrix} -1/4 & -3/4 \\ -1/2 & -1/2 \end{pmatrix}\begin{pmatrix} 1 \\ -3 \end{pmatrix} = \begin{pmatrix} 2 \\ 1 \end{pmatrix}$$

本章に現れる行列は縦横に2個の数, 合計4個の数が並んだものである. また, この本の例や章末問題で扱う最も大きな行列は合計25個の数が並んだものである. ただし, 工学の問題などでは何千, 何万, あるいはもっと多くの数が並んだ行列が用いられることがある.

2.2　行列による表現

2.1節において行列は数と同じように様々な演算が定まっていること, さらにこれらの演算を用いると連立1次方程式が解けることを説明した. ここでは平面上の回転や複素数が行列を用いて表現できることを述べる.

2.2.1　平面上の回転

平面上の点 (x_1, x_2) をベクトル $\begin{pmatrix} x_1 \\ x_2 \end{pmatrix}$ で表す. この点を原点を中心として角度 $\pi/2$ だけ回転させたものは $\begin{pmatrix} -x_2 \\ x_1 \end{pmatrix}$ であり, 行列 $\begin{pmatrix} 0 & -1 \\ 1 & 0 \end{pmatrix}$ と $\begin{pmatrix} x_1 \\ x_2 \end{pmatrix}$ の積で表される.

$$\begin{pmatrix} -x_2 \\ x_1 \end{pmatrix} = \begin{pmatrix} 0 & -1 \\ 1 & 0 \end{pmatrix} \begin{pmatrix} x_1 \\ x_2 \end{pmatrix}$$

一般的に $\begin{pmatrix} x_1 \\ x_2 \end{pmatrix}$ を原点を中心として角度 θ だけ回転させたものは

$$\begin{pmatrix} (\cos\theta)x_1 - (\sin\theta)x_2 \\ (\sin\theta)x_1 + (\cos\theta)x_2 \end{pmatrix} = \begin{pmatrix} \cos\theta & -\sin\theta \\ \sin\theta & \cos\theta \end{pmatrix} \begin{pmatrix} x_1 \\ x_2 \end{pmatrix}$$

であり, 行列 $\begin{pmatrix} \cos\theta & -\sin\theta \\ \sin\theta & \cos\theta \end{pmatrix}$ と $\begin{pmatrix} x_1 \\ x_2 \end{pmatrix}$ の積で表される. ここでこのベクトルをさらに角度 φ だけ回転させたものは

$$\begin{aligned} &\begin{pmatrix} \cos\varphi & -\sin\varphi \\ \sin\varphi & \cos\varphi \end{pmatrix} \begin{pmatrix} (\cos\theta)x_1 - (\sin\theta)x_2 \\ (\sin\theta)x_1 + (\cos\theta)x_2 \end{pmatrix} \\ &= \begin{pmatrix} (\cos\varphi\cos\theta - \sin\varphi\sin\theta)x_1 + (-\cos\varphi\sin\theta - \sin\varphi\cos\theta)x_2 \\ (\sin\varphi\cos\theta + \cos\varphi\sin\theta)x_1 + (-\sin\varphi\sin\theta + \cos\varphi\cos\theta)x_2 \end{pmatrix} \end{aligned}$$

$$= \begin{pmatrix} (\cos(\theta+\varphi))x_1 - (\sin(\theta+\varphi))x_2 \\ (\sin(\theta+\varphi))x_1 + (\cos(\theta+\varphi))x_2 \end{pmatrix}$$

$$= \begin{pmatrix} \cos(\theta+\varphi) & -\sin(\theta+\varphi) \\ \sin(\theta+\varphi) & \cos(\theta+\varphi) \end{pmatrix} \begin{pmatrix} x_1 \\ x_2 \end{pmatrix}$$

であり, $\begin{pmatrix} x_1 \\ x_2 \end{pmatrix}$ を原点を中心として角度 $\theta+\varphi$ だけ回転させたベクトルであることがわかる. このように平面上の回転は行列 $\begin{pmatrix} \cos\theta & -\sin\theta \\ \sin\theta & \cos\theta \end{pmatrix}$ で表現できる.

ここで行列 A とベクトル $\boldsymbol{x}$ の積 $A\boldsymbol{x}$ を

$$T(\boldsymbol{x}) = A\boldsymbol{x}$$

と表す. この T は平面から平面への写像, つまり平面上の変換である. さらに, この T は線形性と呼ばれる次の性質が成り立つことから線形変換と呼ばれる.

- $T(\boldsymbol{x}+\boldsymbol{x}') = T(\boldsymbol{x}) + T(\boldsymbol{x}')$
- $T(\lambda\boldsymbol{x}) = \lambda T(\boldsymbol{x})$

$A = \begin{pmatrix} \cos\theta & -\sin\theta \\ \sin\theta & \cos\theta \end{pmatrix}$ とした線形変換は回転であることを述べたが, さらに線形変換によって拡大縮小や対称移動などの幾何学的な変換を表すことができる. また, ここでは平面の場合を述べたが, 空間における回転などの幾何学的な変換も線形変換で表すことができる.

2.2.2　複素数

行列は4個の数を並べたものであり, 数と同様に演算が定まっていた. 一方, 2個の数を並べたものであり, 演算が定まっているものとして複素数があった. ここで複素数とは実数 a, b を用いて次のように表された.

$$a + bi$$

ただし, $i = \sqrt{-1}$ は $i^2 = -1$ を満たす虚数単位と呼ばれるものである. また, 複素数には和と積が定まっていた. 複素数 $a+bi, c+di$ の和は

$$(a+bi) + (c+di) = (a+c) + (b+d)i$$

であり, 積は

$$(a+bi)(c+di)=(ac-bd)+(ad+bc)i$$

である.

ここで複素数 $a+bi$ に対し, 行列

$$a\begin{pmatrix}1 & 0\\ 0 & 1\end{pmatrix}+b\begin{pmatrix}0 & -1\\ 1 & 0\end{pmatrix}=\begin{pmatrix}a & -b\\ b & a\end{pmatrix}$$

を対応させる. このような対応を考えると次が成り立つ.

- 複素数 $a+bi, c+di$ に対応する行列の和は

$$\begin{pmatrix}a & -b\\ b & a\end{pmatrix}+\begin{pmatrix}c & -d\\ d & c\end{pmatrix}=\begin{pmatrix}a+c & -b-d\\ b+d & a+c\end{pmatrix}$$

  である. つまり, 複素数の和 $(a+bi)+(c+di)=(a+c)+(b+d)i$ に対応する行列に一致する.

- 複素数 $a+bi, c+di$ に対応する行列の積は

$$\begin{pmatrix}a & -b\\ b & a\end{pmatrix}\begin{pmatrix}c & -d\\ d & c\end{pmatrix}=\begin{pmatrix}ac-bd & -ad-bc\\ ad+bc & ac-bd\end{pmatrix}$$

  である. つまり, 複素数の積 $(a+bi)(c+di)=(ac-bd)+(ad+bc)i$ に対応する行列に一致する.

さらに複素数の逆数は行列の逆行列を求めることに対応する.

このように複素数は虚数単位 i を用いることなく, 実数を成分とする行列を用いて表すことができる. さらに, 複素数を拡張した四元数なども行列を用いて表すことができる.

章末問題

問題1　$A=\begin{pmatrix}3 & -2\\ -4 & 1\end{pmatrix}$, $B=\begin{pmatrix}-2 & 1\\ 3 & 2\end{pmatrix}$ に対し，次を計算せよ．

(1) $A+B$　　(2) $A-B$

(3) $2A-3B$　　(4) $-3A+2B$

(5) AB　　(6) BA

(7) $AB-BA$　　(8) $ABA-BAB$

問題2　次の行列の逆行列が存在するか判断し，存在する場合はそれを求めよ．

(1) $\begin{pmatrix}4 & -1\\ 3 & -1\end{pmatrix}$　　(2) $\begin{pmatrix}0 & 1\\ 2 & 0\end{pmatrix}$

(3) $\begin{pmatrix}3 & -2\\ -6 & 4\end{pmatrix}$　　(4) $\begin{pmatrix}3 & -2\\ -7 & 5\end{pmatrix}$

問題3　次の連立1次方程式の解を逆行列を利用して求めよ．

(1) $\begin{cases}6x_1+7x_2=1\\ 5x_1+6x_2=-2\end{cases}$　　(2) $\begin{cases}3x_1+x_2=3\\ 2x_1+x_2=-1\end{cases}$

(3) $\begin{cases}3x_1+5x_2=2\\ 4x_1+6x_2=4\end{cases}$　　(4) $\begin{cases}5x_1-\ \ 9x_2=1\\ 7x_1-13x_2=1\end{cases}$

第3章

行列

第2章では，2次正方行列を定義し，その演算について述べた．本章では，一般の行列を定義し，その演算などの基本的事柄を説明する．

3.1 行列とその演算

$m\times n$ **行列**（あるいは m 行 n 列行列）A とは，mn 個の数（あるいは文字）a_{ij} $(1\leq i\leq m, 1\leq j\leq n)$ を並べた次である．

$$A=\begin{pmatrix} a_{11} & a_{12} & \cdots & a_{1n} \\ a_{21} & a_{22} & \cdots & a_{2n} \\ \vdots & \vdots & \ddots & \vdots \\ a_{m1} & a_{m2} & \cdots & a_{mn} \end{pmatrix}$$

$m\times n$ 行列の行と列の数を表す $m\times n$ を型という．特に $n\times n$ 行列を n 次**正方行列**，$m\times 1$ 行列を m 次**列ベクトル**，$1\times n$ 行列を n 次**行ベクトル**という．ここで a_{ij} を (i,j) **成分**といい，a_{ii} を**対角成分**という．対角成分以外がすべて0である正方行列を**対角行列**という．

$$\begin{pmatrix} a_{11} & 0 & \cdots & 0 \\ 0 & a_{22} & \cdots & 0 \\ \vdots & \vdots & \ddots & \vdots \\ 0 & 0 & \cdots & a_{nn} \end{pmatrix}$$

m 次列ベクトルの上から i 番目の成分，つまり $m\times 1$ 行列の $(i,1)$ 成分を第 i 成分という．n 次行ベクトルの左から j 番目の成分，つまり $1\times n$ 行列の $(1,j)$ 成分を第 j 成分という．2つの行列は，型が等しく，同じ位置にある成分がすべて等しいときに，等しいとみなす．

行列の横の並びを**行**といい，上から i 番目の行

$$a_{i1}\ \ a_{i2}\ \ \cdots\ \ a_{in}$$

を第 i 行という．これを行ベクトルと考えたものを第 i 行ベクトルという．また，縦の並びを**列**といい，左から j 番目の列

$$\begin{matrix} a_{1j} \\ a_{2j} \\ \vdots \\ a_{mj} \end{matrix}$$

を第 j 列という．これを列ベクトルと考えたものを第 j 列ベクトルという．

行列 A は (i,j) 成分 a_{ij}，第 i 行ベクトル $\boldsymbol{a}^i$，あるいは第 j 列ベクトル $\boldsymbol{a}_j$ を用いて

$$A = \begin{pmatrix} a_{ij} \end{pmatrix} = \begin{pmatrix} \boldsymbol{a}^1 \\ \boldsymbol{a}^2 \\ \vdots \\ \boldsymbol{a}^n \end{pmatrix} = \begin{pmatrix} \boldsymbol{a}_1 & \boldsymbol{a}_2 & \cdots & \boldsymbol{a}_n \end{pmatrix}$$

と表すことがある．より一般的に，次のように行列を小さな行列を並べたものとして表すことがある．

$$\begin{pmatrix} A_{11} & A_{12} & \cdots & A_{1n} \\ A_{21} & A_{22} & \cdots & A_{2n} \\ \vdots & \vdots & \ddots & \vdots \\ A_{m1} & A_{m2} & \cdots & A_{mn} \end{pmatrix}$$

ここで $A_{i1}, A_{i2}, \ldots, A_{in}$ の行の数はすべて等しく，$A_{1j}, A_{2j}, \ldots, A_{mj}$ の列の数はすべて等しい．この表記を用いると，計算や証明の見通しが良くなることがある．

例 3.1

$A_{11} = \begin{pmatrix} 1 & 2 \\ 3 & 4 \end{pmatrix}$, $A_{12} = \begin{pmatrix} 5 \\ 6 \end{pmatrix}$, $A_{21} = \begin{pmatrix} 7 & 8 \end{pmatrix}$, $A_{22} = \begin{pmatrix} 9 \end{pmatrix}$ を並べて得られる行列は

$$\begin{pmatrix} A_{11} & A_{12} \\ A_{21} & A_{22} \end{pmatrix} = \begin{pmatrix} 1 & 2 & 5 \\ 3 & 4 & 6 \\ 7 & 8 & 9 \end{pmatrix}$$

である．

特別な行列として零行列, 単位行列がある.

定義 3.1.1 すべての成分が 0 となる行列を**零行列**といい, O で表す. 次数を明示するときは, $m \times n$ 行列の場合は $O_{m,n}$, n 次正方行列の場合は O_n と表す. 零行列である列ベクトルを**零ベクトル**といい, $\mathbf{0}$ で表す. □

定義 3.1.2 対角成分が 1, それ以外の成分が 0 となる正方行列を**単位行列**といい, I で表す. n 次単位行列の次数を明示するときは I_n と表す.

$$I_n = \begin{pmatrix} \boldsymbol{e}_1 & \boldsymbol{e}_2 & \cdots & \boldsymbol{e}_n \end{pmatrix} = \begin{pmatrix} 1 & 0 & \cdots & 0 \\ 0 & 1 & \cdots & 0 \\ \vdots & \vdots & \ddots & \vdots \\ 0 & 0 & \cdots & 1 \end{pmatrix}$$

ここで $\boldsymbol{e}_i$ は第 i 成分が 1, それ以外の成分が 0 である列ベクトルであり, **基本ベクトル**と呼ばれる. □

行列には様々な演算を定めることができる. まず, 和と差, そしてスカラー倍は次である.

定義 3.1.3 $m \times n$ 行列 $A = \begin{pmatrix} a_{ij} \end{pmatrix}, B = \begin{pmatrix} b_{ij} \end{pmatrix}$ の**和** $A + B$ を (i, j) 成分が $a_{ij} + b_{ij}$ で与えられる $m \times n$ 行列とする. 行列の**差** $A - B$ を (i, j) 成分が $a_{ij} - b_{ij}$ で与えられる $m \times n$ 行列とする. □

定義 3.1.4 スカラー (定数)λ による $m \times n$ 行列 $A = \begin{pmatrix} a_{ij} \end{pmatrix}$ の**スカラー倍** (定数倍)λA を (i, j) 成分が λa_{ij} で与えられる $m \times n$ 行列とする. □

行列の差は和とスカラー倍を用いて $A - B = A + (-1)B$ と表すことが可能である.

本書では特に断りがない限り成分が実数の行列を考えている. このことからスカラーも実数を考えている.

例 3.2

- $\begin{pmatrix} 1 & 2 & 3 \\ 4 & 5 & 6 \end{pmatrix} + \begin{pmatrix} 7 & 8 & 9 \\ 10 & 11 & 12 \end{pmatrix} = \begin{pmatrix} 8 & 10 & 12 \\ 14 & 16 & 18 \end{pmatrix}$
- $\begin{pmatrix} 1 & 2 & 3 \\ 4 & 5 & 6 \end{pmatrix} - \begin{pmatrix} 7 & 8 & 9 \\ 10 & 11 & 12 \end{pmatrix} = \begin{pmatrix} -6 & -6 & -6 \\ -6 & -6 & -6 \end{pmatrix}$

- $\begin{pmatrix} 1 & 2 & 3 \\ 4 & 5 & 6 \end{pmatrix}$ と $\begin{pmatrix} 7 & 8 \\ 10 & 11 \end{pmatrix}$ は列の数が異なるので和, 差を定義できない.
- $\begin{pmatrix} 1 & 2 & 3 \\ 4 & 5 & 6 \end{pmatrix}$ と $\begin{pmatrix} 7 & 8 & 9 \end{pmatrix}$ は行の数が異なるので和, 差を定義できない.
- $2\begin{pmatrix} 1 & 2 & 3 \\ 4 & 5 & 6 \end{pmatrix} = \begin{pmatrix} 2 & 4 & 6 \\ 8 & 10 & 12 \end{pmatrix}$

行列の和とスカラー倍について次の性質が成り立つ．ただし，ここでの行列の和は定義できているものとする．

(1)　$A + B = B + A$
(2)　$(A + B) + C = A + (B + C)$
(3)　$A + O = A$
(4)　$\lambda(A + B) = \lambda A + \lambda B$
(5)　$(\lambda + \mu)A = \lambda A + \mu A$
(6)　$(\lambda\mu)A = \lambda(\mu A)$
(7)　$0A = O$
(8)　$1A = A$

(2) より A, B, C の和は行う順番に依らないので単に $A + B + C$ と書く．また，(6) より，$\lambda\mu$ を A にかけても，μA を求めてから λ をかけても得られるものは変わらないので，単に $\lambda\mu A$ と書く．

次に行列の積を定める．

定義 3.1.5　$m \times l$ 行列 $A = \begin{pmatrix} a_{ij} \end{pmatrix}$ と $l \times n$ 行列 $B = \begin{pmatrix} b_{ij} \end{pmatrix}$ の積 AB を (i, j) 成分が

$$a_{i1}b_{1j} + a_{i2}b_{2j} + \cdots + a_{il}b_{lj}$$

で与えられる $m \times n$ 行列とする．　□

例 3.3

- $\begin{pmatrix} 1 & 2 \\ 3 & 4 \\ 5 & 6 \end{pmatrix} \begin{pmatrix} 7 & 8 \\ 9 & 10 \end{pmatrix} = \begin{pmatrix} 1 \cdot 7 + 2 \cdot 9 & 1 \cdot 8 + 2 \cdot 10 \\ 3 \cdot 7 + 4 \cdot 9 & 3 \cdot 8 + 4 \cdot 10 \\ 5 \cdot 7 + 6 \cdot 9 & 5 \cdot 8 + 6 \cdot 10 \end{pmatrix} = \begin{pmatrix} 25 & 28 \\ 57 & 64 \\ 89 & 100 \end{pmatrix}$

- $\begin{pmatrix} 1 \\ 3 \\ 5 \end{pmatrix} \begin{pmatrix} 7 & 8 \end{pmatrix} = \begin{pmatrix} 1\cdot 7 & 1\cdot 8 \\ 3\cdot 7 & 3\cdot 8 \\ 5\cdot 7 & 5\cdot 8 \end{pmatrix} = \begin{pmatrix} 7 & 8 \\ 21 & 24 \\ 35 & 40 \end{pmatrix}$
- $\begin{pmatrix} 1 & 2 \end{pmatrix} \begin{pmatrix} 7 \\ 9 \end{pmatrix} = \begin{pmatrix} 1\cdot 7 + 2\cdot 9 \end{pmatrix} = \begin{pmatrix} 25 \end{pmatrix}$
- $\begin{pmatrix} 1 & 2 \\ 3 & 4 \end{pmatrix} \begin{pmatrix} 5 & 6 \\ 7 & 8 \\ 9 & 10 \end{pmatrix}$ は左の行列の列の数が 2, 右の行列の行の数が 3 なので定義できない.

$m \times n$ 行列 A と n 次列ベクトル $\boldsymbol{x}$ の積 $A\boldsymbol{x}$ は $\boldsymbol{x}$ を $n \times 1$ 行列と考えた積として定める. つまり, $A, \boldsymbol{x}$ が

$$A = \begin{pmatrix} a_{11} & a_{12} & \cdots & a_{1n} \\ a_{21} & a_{22} & \cdots & a_{2n} \\ \vdots & \vdots & \ddots & \vdots \\ a_{m1} & a_{m2} & \cdots & a_{mn} \end{pmatrix}, \quad \boldsymbol{x} = \begin{pmatrix} x_1 \\ x_2 \\ \vdots \\ x_n \end{pmatrix}$$

であれば $A\boldsymbol{x}$ を

$$A\boldsymbol{x} = \begin{pmatrix} a_{11}x_1 + a_{12}x_2 + \cdots + a_{1n}x_n \\ a_{21}x_1 + a_{22}x_2 + \cdots + a_{2n}x_n \\ \vdots \\ a_{m1}x_1 + a_{m2}x_2 + \cdots + a_{mn}x_n \end{pmatrix}$$

と定める. ここで $A = \begin{pmatrix} \boldsymbol{a}_1 & \boldsymbol{a}_2 & \cdots & \boldsymbol{a}_n \end{pmatrix}$ とすれば, これは

$$A\boldsymbol{x} = x_1\boldsymbol{a}_1 + x_2\boldsymbol{a}_2 + \cdots + x_n\boldsymbol{a}_n$$

と表せる. さらに, $m \times l$ 行列 A と $l \times n$ 行列 B の積 AB は $B = \begin{pmatrix} \boldsymbol{b}_1 & \boldsymbol{b}_2 & \cdots & \boldsymbol{b}_n \end{pmatrix}$ とすれば, 次のように表せる.

$$AB = \begin{pmatrix} A\boldsymbol{b}_1 & A\boldsymbol{b}_2 & \cdots & A\boldsymbol{b}_n \end{pmatrix}$$

行列の積について次の性質が成り立つ. ただし, ここでの行列の和と積は定義できているものとする.

(1)　$\lambda(AB) = (\lambda A)B = A(\lambda B)$

(2)　$(A+B)C = AC + BC$

(3)　$A(B+C) = AB + AC$

(4)　$(AB)C = A(BC)$

(5)　$AI = IA = A$

(6)　$AO = OA = O$

(1) より, AB を求めてから λ をかけても, λA を B にかけても得られるものは変わらないので, 単に λAB と書く. また, (4) より A, B, C の積は行う順番に依らないので単に ABC と書く.

ここで行列の積は数の積とは異なる性質を持つことに注意する. 例えば数 a, b の積では $ab = ba$ が成り立ったが, 行列 A, B に対しては $AB = BA$ は一般的に成り立たない.

例 3.4

$A = \begin{pmatrix} 1 & 2 \\ 3 & 4 \end{pmatrix}, B = \begin{pmatrix} 5 & 6 \\ 7 & 8 \end{pmatrix}$ とするとき, AB, BA は

$$AB = \begin{pmatrix} 19 & 22 \\ 43 & 50 \end{pmatrix}, \quad BA = \begin{pmatrix} 23 & 34 \\ 31 & 46 \end{pmatrix}$$

なので $AB \neq BA$ となる.

また, $ab = 0$ ならば $a = 0$ または $b = 0$ が成り立ったが, 行列ではこのことは成り立たない.

例 3.5

$A = \begin{pmatrix} 1 & 0 \\ 0 & 0 \end{pmatrix}, B = \begin{pmatrix} 0 & 0 \\ 0 & 1 \end{pmatrix}$ の積は $AB = O$ である.

A が n 次正方行列の場合, AA も n 次正方行列であり, これを A^2 と表す. さらに AA^2 も n 次正方行列として定まり, これを A^3 と表す. 一般的に n 次正方行列 A^k を

$$A^k = AA^{k-1}$$

と帰納的に定める. また, $A^0 = I$ と定める. ここで $0 \leq i \leq k$ に対して $A^k = A^i A^{k-i}$ が成り立つ. これより例えば A^3 は $A^2 A$ を計算することによって

も求められる.

例 3.6

$A = \begin{pmatrix} 1 & 2 \\ 3 & 4 \end{pmatrix}$ に対し, A^2, A^3 は次である.

$$A^2 = AA = \begin{pmatrix} 1 & 2 \\ 3 & 4 \end{pmatrix} \begin{pmatrix} 1 & 2 \\ 3 & 4 \end{pmatrix} = \begin{pmatrix} 7 & 10 \\ 15 & 22 \end{pmatrix}$$

$$A^3 = AA^2 = \begin{pmatrix} 1 & 2 \\ 3 & 4 \end{pmatrix} \begin{pmatrix} 7 & 10 \\ 15 & 22 \end{pmatrix} = \begin{pmatrix} 37 & 54 \\ 81 & 118 \end{pmatrix}$$

行列を小さな行列を並べたものとして表すことがあると述べたが, この表記は行列の演算と整合的である. 例えば, 行列 $A_{11}, A_{12}, A_{21}, A_{22}, B_{11}, B_{12}, B_{21}, B_{22}$ を並べた行列

$$A = \begin{pmatrix} A_{11} & A_{12} \\ A_{21} & A_{22} \end{pmatrix}, \quad B = \begin{pmatrix} B_{11} & B_{12} \\ B_{21} & B_{22} \end{pmatrix}$$

の和, 積は次のように計算することができる.

$$A + B = \begin{pmatrix} A_{11} + B_{11} & A_{12} + B_{12} \\ A_{21} + B_{21} & A_{22} + B_{22} \end{pmatrix}$$

$$AB = \begin{pmatrix} A_{11}B_{11} + A_{12}B_{21} & A_{11}B_{12} + A_{12}B_{22} \\ A_{21}B_{11} + A_{22}B_{21} & A_{21}B_{12} + A_{22}B_{22} \end{pmatrix}$$

ただし, $A_{11} + B_{11}$ や $A_{11}B_{11} + A_{12}B_{21}$ などは定義できているものとする.

例 3.7

行列

$$A_{11} = \begin{pmatrix} 1 & 2 \\ 3 & 4 \end{pmatrix}, \quad A_{12} = \begin{pmatrix} 5 \\ 6 \end{pmatrix}, \quad A_{21} = \begin{pmatrix} 7 & 8 \end{pmatrix}, \quad A_{22} = \begin{pmatrix} 9 \end{pmatrix}$$

$$B_{11} = \begin{pmatrix} 10 & 11 \\ 12 & 13 \end{pmatrix}, \quad B_{12} = \begin{pmatrix} 14 \\ 15 \end{pmatrix}, \quad B_{21} = \begin{pmatrix} 16 & 17 \end{pmatrix}, \quad B_{22} = \begin{pmatrix} 18 \end{pmatrix}$$

に対し

$$A_{11} + B_{11} = \begin{pmatrix} 11 & 13 \\ 15 & 17 \end{pmatrix}, \quad A_{12} + B_{12} = \begin{pmatrix} 19 \\ 21 \end{pmatrix}$$

$$A_{21}+B_{21}=\begin{pmatrix}23 & 25\end{pmatrix},\quad A_{22}+B_{22}=\begin{pmatrix}27\end{pmatrix}$$

$$A_{11}B_{11}+A_{12}B_{21}=\begin{pmatrix}114 & 122\\ 174 & 187\end{pmatrix},\quad A_{11}B_{12}+A_{12}B_{22}=\begin{pmatrix}134\\ 210\end{pmatrix}$$

$$A_{21}B_{11}+A_{22}B_{21}=\begin{pmatrix}310 & 334\end{pmatrix},\quad A_{21}B_{12}+A_{22}B_{22}=\begin{pmatrix}380\end{pmatrix}$$

であるので

$$A=\begin{pmatrix}A_{11} & A_{12}\\ A_{21} & A_{22}\end{pmatrix}=\begin{pmatrix}1 & 2 & 5\\ 3 & 4 & 6\\ 7 & 8 & 9\end{pmatrix},\quad B=\begin{pmatrix}B_{11} & B_{12}\\ B_{21} & B_{22}\end{pmatrix}=\begin{pmatrix}10 & 11 & 14\\ 12 & 13 & 15\\ 16 & 17 & 18\end{pmatrix}$$

の和と積は次で与えられる.

$$A+B=\begin{pmatrix}A_{11}+B_{11} & A_{12}+B_{12}\\ A_{21}+B_{21} & A_{22}+B_{22}\end{pmatrix}=\begin{pmatrix}11 & 13 & 19\\ 15 & 17 & 21\\ 23 & 25 & 27\end{pmatrix}$$

$$AB=\begin{pmatrix}A_{11}B_{11}+A_{12}B_{21} & A_{11}B_{12}+A_{12}B_{22}\\ A_{21}B_{11}+A_{22}B_{21} & A_{21}B_{12}+A_{22}B_{22}\end{pmatrix}=\begin{pmatrix}114 & 122 & 134\\ 174 & 187 & 210\\ 310 & 334 & 380\end{pmatrix}$$

行列と列ベクトルの積を用いれば, **連立1次方程式**

$$\begin{cases} a_{11}x_1+\ a_{12}x_2+\cdots+\ a_{1n}x_n=b_1\\ a_{21}x_1+\ a_{22}x_2+\cdots+\ a_{2n}x_n=b_2\\ \qquad\qquad\vdots\\ a_{m1}x_1+a_{m2}x_2+\cdots+a_{mn}x_n=b_m\end{cases}$$

は次のように表せる.

$$A\boldsymbol{x}=\boldsymbol{b}$$

ただし, $A,\boldsymbol{x},\boldsymbol{b}$ は次である.

$$A=\begin{pmatrix}a_{11} & a_{12} & \cdots & a_{1n}\\ a_{21} & a_{22} & \cdots & a_{2n}\\ \vdots & \vdots & \ddots & \vdots\\ a_{m1} & a_{m2} & \cdots & a_{mn}\end{pmatrix},\quad \boldsymbol{x}=\begin{pmatrix}x_1\\ x_2\\ \vdots\\ x_n\end{pmatrix},\quad \boldsymbol{b}=\begin{pmatrix}b_1\\ b_2\\ \vdots\\ b_m\end{pmatrix}$$

この A を**係数行列**という．さらに次の $\begin{pmatrix} A & \boldsymbol{b} \end{pmatrix}$ を**拡大係数行列**という．

$$\begin{pmatrix} A & \boldsymbol{b} \end{pmatrix} = \begin{pmatrix} a_{11} & a_{12} & \cdots & a_{1n} & b_1 \\ a_{21} & a_{22} & \cdots & a_{2n} & b_2 \\ \vdots & \vdots & \ddots & \vdots & \vdots \\ a_{m1} & a_{m2} & \cdots & a_{mn} & b_m \end{pmatrix}$$

例 3.8

連立 1 次方程式 $\begin{cases} x_1 + 2x_2 + 3x_3 = 10 \\ 4x_1 + 5x_2 + 6x_3 = 11 \\ 7x_1 + 8x_2 + 9x_3 = 12 \end{cases}$ を行列と列ベクトルを用いて表すと

$$\begin{pmatrix} 1 & 2 & 3 \\ 4 & 5 & 6 \\ 7 & 8 & 9 \end{pmatrix} \begin{pmatrix} x_1 \\ x_2 \\ x_3 \end{pmatrix} = \begin{pmatrix} 10 \\ 11 \\ 12 \end{pmatrix}$$

であり, 係数行列, 拡大係数行列はそれぞれ次である．

$$\begin{pmatrix} 1 & 2 & 3 \\ 4 & 5 & 6 \\ 7 & 8 & 9 \end{pmatrix}, \quad \begin{pmatrix} 1 & 2 & 3 & 10 \\ 4 & 5 & 6 & 11 \\ 7 & 8 & 9 & 12 \end{pmatrix}$$

3.2　逆行列

ここでは逆行列を定義し, これを用いて連立 1 次方程式の解を求める．逆行列は複数の計算方法があり, 第 4 章では基本変形を用いた方法, 第 5 章では行列式を用いた方法について述べる．

定義 3.2.1　n 次正方行列 A の**逆行列**とは次を満たす n 次正方行列 X である．

$$AX = XA = I_n$$

逆行列が存在する行列を**正則行列**という．　□

正則行列 A の逆行列はただひとつである．実際, X, X' が逆行列であるとすると

$$X = XI = XAX' = IX' = X'$$

となる. 以下では A の逆行列を A^{-1} と表す.

ここで次が成り立つ.

定理 3.2.1　正方行列 A に対し, $AX = I$, あるいは $XA = I$ のどちらかを満たす X は A の逆行列である. □

これは第5章の定理5.5.4において示す.

例 3.9

- $A = \begin{pmatrix} 1 & 0 & 0 \\ 1 & 1 & 0 \\ 1 & 1 & 1 \end{pmatrix}$ に対し, $X = \begin{pmatrix} 1 & 0 & 0 \\ -1 & 1 & 0 \\ 0 & -1 & 1 \end{pmatrix}$ は $AX = XA = I$ を満たす. これより A^{-1} は次で与えられる.

$$A^{-1} = \begin{pmatrix} 1 & 0 & 0 \\ -1 & 1 & 0 \\ 0 & -1 & 1 \end{pmatrix}$$

- $A = \begin{pmatrix} 1 & 2 & 3 \\ 0 & 1 & 2 \\ 0 & 0 & 1 \end{pmatrix}$ に対し, $X = \begin{pmatrix} 1 & -2 & 0 \\ 0 & 1 & -2 \\ 0 & 0 & 1 \end{pmatrix}$ は次を満たす.

$$AX = \begin{pmatrix} 1 & 0 & -1 \\ 0 & 1 & 0 \\ 0 & 0 & 1 \end{pmatrix}$$

これより X は A の逆行列でない.

定理3.2.1より, n 次正方行列 A の逆行列は $AX = I_n$ を満たす X を求めればよい. これを X, I_n の列ベクトルを用いた表示

$$X = \begin{pmatrix} \boldsymbol{x}_1 & \boldsymbol{x}_2 & \cdots & \boldsymbol{x}_n \end{pmatrix}, \quad I_n = \begin{pmatrix} \boldsymbol{e}_1 & \boldsymbol{e}_2 & \cdots & \boldsymbol{e}_n \end{pmatrix}$$

により書きかえたものは次である.

$$\begin{pmatrix} A\boldsymbol{x}_1 & A\boldsymbol{x}_2 & \cdots & A\boldsymbol{x}_n \end{pmatrix} = \begin{pmatrix} \boldsymbol{e}_1 & \boldsymbol{e}_2 & \cdots & \boldsymbol{e}_n \end{pmatrix}$$

つまり, 連立1次方程式

$$A\boldsymbol{x}_1 = \boldsymbol{e}_1, \quad A\boldsymbol{x}_2 = \boldsymbol{e}_2, \quad \ldots, \quad A\boldsymbol{x}_n = \boldsymbol{e}_n$$

の解 $\boldsymbol{x}_1 = \boldsymbol{c}_1, \boldsymbol{x}_2 = \boldsymbol{c}_2, \ldots, \boldsymbol{x}_n = \boldsymbol{c}_n$ を用いると逆行列は次で与えられる．

$$\begin{pmatrix} \boldsymbol{c}_1 & \boldsymbol{c}_2 & \cdots & \boldsymbol{c}_n \end{pmatrix}$$

この連立 1 次方程式で解けないものがあるということは，A の逆行列が存在しないことを意味する．連立 1 次方程式の解が存在するかの判定や具体的に解を求めることは第 4 章において説明する．

例 3.10

- $\begin{pmatrix} 1 & 2 \\ 1 & 3 \end{pmatrix}$ の逆行列を求めるために考える連立 1 次方程式は

$$\begin{pmatrix} 1 & 2 \\ 1 & 3 \end{pmatrix} \boldsymbol{x}_1 = \begin{pmatrix} 1 \\ 0 \end{pmatrix}, \quad \begin{pmatrix} 1 & 2 \\ 1 & 3 \end{pmatrix} \boldsymbol{x}_2 = \begin{pmatrix} 0 \\ 1 \end{pmatrix}$$

  であり，これらの解は $\boldsymbol{x}_1 = \begin{pmatrix} 3 \\ -1 \end{pmatrix}, \boldsymbol{x}_2 = \begin{pmatrix} -2 \\ 1 \end{pmatrix}$ である．これより

$$\begin{pmatrix} 1 & 2 \\ 1 & 3 \end{pmatrix}^{-1} = \begin{pmatrix} 3 & -2 \\ -1 & 1 \end{pmatrix}$$

  が成り立つ．

- $\begin{pmatrix} 1 & 2 \\ 2 & 4 \end{pmatrix}$ の逆行列を求めるために考える連立 1 次方程式は

$$\begin{pmatrix} 1 & 2 \\ 2 & 4 \end{pmatrix} \boldsymbol{x}_1 = \begin{pmatrix} 1 \\ 0 \end{pmatrix}, \quad \begin{pmatrix} 1 & 2 \\ 2 & 4 \end{pmatrix} \boldsymbol{x}_2 = \begin{pmatrix} 0 \\ 1 \end{pmatrix}$$

  であるが，これらは解けないので逆行列は存在しない．

- $\begin{pmatrix} 1 & 2 & 3 \\ 1 & 3 & 4 \\ 1 & 4 & 6 \end{pmatrix}$ の逆行列を求めるために考える連立 1 次方程式は

$$\begin{pmatrix} 1 & 2 & 3 \\ 1 & 3 & 4 \\ 1 & 4 & 6 \end{pmatrix} \boldsymbol{x}_1 = \begin{pmatrix} 1 \\ 0 \\ 0 \end{pmatrix}, \quad \begin{pmatrix} 1 & 2 & 3 \\ 1 & 3 & 4 \\ 1 & 4 & 6 \end{pmatrix} \boldsymbol{x}_2 = \begin{pmatrix} 0 \\ 1 \\ 0 \end{pmatrix}$$

$$\begin{pmatrix} 1 & 2 & 3 \\ 1 & 3 & 4 \\ 1 & 4 & 6 \end{pmatrix} \boldsymbol{x}_3 = \begin{pmatrix} 0 \\ 0 \\ 1 \end{pmatrix}$$

であり，これらの解は $\boldsymbol{x}_1 = \begin{pmatrix} 2 \\ -2 \\ 1 \end{pmatrix}, \boldsymbol{x}_2 = \begin{pmatrix} 0 \\ 3 \\ -2 \end{pmatrix}, \boldsymbol{x}_2 = \begin{pmatrix} -1 \\ -1 \\ 1 \end{pmatrix}$ である．

これより

$$\begin{pmatrix} 1 & 2 & 3 \\ 1 & 3 & 4 \\ 1 & 4 & 6 \end{pmatrix}^{-1} = \begin{pmatrix} 2 & 0 & -1 \\ -2 & 3 & -1 \\ 1 & -2 & 1 \end{pmatrix}$$

が成り立つ．

A が正則行列であるとすると $AA^{-1} = A^{-1}A = I$ が成り立つが，これは A^{-1} は正則であり，その逆行列は A であることを表している．つまり，次が成り立つ．

定理 3.2.2　正則行列 A に対して A^{-1} も正則行列であり，その逆行列は A である．つまり

$$(A^{-1})^{-1} = A$$

が成り立つ．　□

A, B が正則行列であるとすると

$$(AB)(B^{-1}A^{-1}) = ABB^{-1}A^{-1} = AIA^{-1} = AA^{-1} = I$$
$$(B^{-1}A^{-1})(AB) = B^{-1}A^{-1}AB = B^{-1}IB = B^{-1}B = I$$

が成り立つので次を得る．

定理 3.2.3　正則行列 A, B に対して AB も正則行列であり，その逆行列は $B^{-1}A^{-1}$ である．つまり

$$(AB)^{-1} = B^{-1}A^{-1}$$

が成り立つ．　□

逆行列を利用すると，次のように連立1次方程式の解を得ることができる．

定理 3.2.4　正則行列 A を係数行列とする連立1次方程式 $A\boldsymbol{x} = \boldsymbol{b}$ の解は次で与えられる．

$$\boldsymbol{x} = A^{-1}\boldsymbol{b}$$

□

これは $I\boldsymbol{x}=\boldsymbol{x}$ であることを用いると次のように示すことができる.

$$\boldsymbol{x}=I\boldsymbol{x}=A^{-1}A\boldsymbol{x}=A^{-1}\boldsymbol{b}$$

例 3.11

- $\begin{pmatrix}1&2\\1&3\end{pmatrix}\boldsymbol{x}=\begin{pmatrix}1\\1\end{pmatrix}$ の解は次で与えられる.

$$\boldsymbol{x}=\begin{pmatrix}1&2\\1&3\end{pmatrix}^{-1}\begin{pmatrix}1\\1\end{pmatrix}=\begin{pmatrix}3&-2\\-1&1\end{pmatrix}\begin{pmatrix}1\\1\end{pmatrix}=\begin{pmatrix}1\\0\end{pmatrix}$$

- $\begin{pmatrix}1&2&3\\1&3&4\\1&4&6\end{pmatrix}\boldsymbol{x}=\begin{pmatrix}1\\1\\0\end{pmatrix}$ の解は次で与えられる.

$$\boldsymbol{x}=\begin{pmatrix}1&2&3\\1&3&4\\1&4&6\end{pmatrix}^{-1}\begin{pmatrix}1\\1\\0\end{pmatrix}=\begin{pmatrix}2&0&-1\\-2&3&-1\\1&-2&1\end{pmatrix}\begin{pmatrix}1\\1\\0\end{pmatrix}=\begin{pmatrix}2\\1\\-1\end{pmatrix}$$

3.3 転置行列

ここでは行列に対する転置を定義し, これを用いて対称行列と直交行列を定義する. 対称行列と直交行列は行列において特に重要なものである.

定義 3.3.1 行列の行と列を入れ替える操作を**転置**という. 行列 A を転置することにより得られる行列を**転置行列**といい, ${}^tA$ と表す. A が

$$A=\begin{pmatrix}a_{11}&a_{12}&\cdots&a_{1n}\\a_{21}&a_{22}&\cdots&a_{2n}\\\vdots&\vdots&\ddots&\vdots\\a_{m1}&a_{m2}&\cdots&a_{mn}\end{pmatrix}$$

と表されているとき, その転置行列は次で与えられる.

$$
{}^tA = \begin{pmatrix} a_{11} & a_{21} & \cdots & a_{m1} \\ a_{12} & a_{22} & \cdots & a_{m2} \\ \vdots & \vdots & \ddots & \vdots \\ a_{1n} & a_{2n} & \cdots & a_{mn} \end{pmatrix}
$$

□

例 3.12

$\begin{pmatrix} 1 & 2 \\ 3 & 4 \end{pmatrix}$, $\begin{pmatrix} 1 & 2 & 3 \\ 4 & 5 & 6 \end{pmatrix}$, $\begin{pmatrix} 1 & 2 & 3 \end{pmatrix}$, $\begin{pmatrix} 1 \\ 2 \\ 3 \end{pmatrix}$ を転置して得られる行列はそれぞれ次である.

$$
\begin{pmatrix} 1 & 3 \\ 2 & 4 \end{pmatrix}, \quad \begin{pmatrix} 1 & 4 \\ 2 & 5 \\ 3 & 6 \end{pmatrix}, \quad \begin{pmatrix} 1 \\ 2 \\ 3 \end{pmatrix}, \quad \begin{pmatrix} 1 & 2 & 3 \end{pmatrix}
$$

転置について次の性質が成り立つ. ただし, ここでの行列の和と積は定義できているものとする.

(1)　${}^t({}^tA) = A$

(2)　${}^t(A+B) = {}^tA + {}^tB$

(3)　${}^t(AB) = {}^tB\,{}^tA$

(4)　${}^t(\lambda A) = \lambda\,{}^tA$

A が正則行列であるとすると $AA^{-1} = A^{-1}A = I$ が成り立つが, これより

$$
{}^tA\,{}^t(A^{-1}) = {}^t\left(A^{-1}A\right) = {}^tI = I, \quad {}^t(A^{-1})\,{}^tA = {}^t\left(AA^{-1}\right) = {}^tI = I
$$

となるので次を得る.

定理 3.3.1　正則行列 A に対して ${}^tA$ も正則行列であり, その逆行列は ${}^t\left(A^{-1}\right)$ である. つまり

$$
\left({}^tA\right)^{-1} = {}^t\left(A^{-1}\right)
$$

が成り立つ. □

定義 3.3.2　A を正方行列とする.

- A が次を満たすとき, **対称行列**という.

$$
A = {}^tA
$$

- Aが次を満たすとき, **直交行列**という.

$$A\,{}^t\!A = {}^t\!AA = I$$

□

Aが直交行列であるとき, $A^{-1} = {}^t\!A$となることに注意する.

例 3.13

- $\begin{pmatrix} 2 & 1 \\ 1 & 2 \end{pmatrix}$, $\begin{pmatrix} 1 & 2 & 3 \\ 2 & 4 & 6 \\ 3 & 6 & 7 \end{pmatrix}$ は対称行列である.
- $\begin{pmatrix} 1/\sqrt{2} & -1/\sqrt{2} \\ 1/\sqrt{2} & 1/\sqrt{2} \end{pmatrix}$, $\begin{pmatrix} 1/\sqrt{2} & 1/\sqrt{2} \\ 1/\sqrt{2} & -1/\sqrt{2} \end{pmatrix}$ は直交行列である.

章末問題

問題1　次の行列の演算が定義できるとき，それを計算せよ．

(1) $\begin{pmatrix} 2 & 1 \\ -1 & -2 \end{pmatrix} + \begin{pmatrix} 8 & 3 \\ 6 & 9 \end{pmatrix}$

(2) $\begin{pmatrix} 2 & 1 & 1 \\ -1 & -2 & 2 \end{pmatrix} + \begin{pmatrix} 8 & 3 \\ 6 & 9 \end{pmatrix}$

(3) $\begin{pmatrix} 2 & 1 & 1 \\ -1 & -2 & 2 \end{pmatrix} + \begin{pmatrix} 8 & 3 & 2 \\ 6 & 9 & 0 \end{pmatrix}$

(4) $\begin{pmatrix} 2 & 1 & 1 \\ -1 & -2 & 2 \end{pmatrix} + \begin{pmatrix} 8 & 3 & 2 \\ 6 & 9 & 0 \\ 1 & 0 & -1 \end{pmatrix}$

(5) $2\begin{pmatrix} 2 & 1 \\ -1 & -2 \end{pmatrix}$

(6) $2\begin{pmatrix} 2 & 1 & 1 \\ -1 & -2 & 2 \end{pmatrix}$

(7) $2\begin{pmatrix} 2 & 1 & 1 \end{pmatrix}$

(8) $2\begin{pmatrix} 2 \\ -1 \end{pmatrix}$

(9) $\begin{pmatrix} 2 & 1 \\ -1 & -2 \end{pmatrix}\begin{pmatrix} 8 & 3 \\ 6 & 9 \end{pmatrix}$

(10) $\begin{pmatrix} 2 & 1 \\ -1 & -2 \end{pmatrix}\begin{pmatrix} 8 & 3 \\ 6 & 9 \\ 1 & 0 \end{pmatrix}$

(11) $\begin{pmatrix} 2 & 1 & 1 \\ -1 & -2 & 2 \end{pmatrix}\begin{pmatrix} 8 & 3 \\ 6 & 9 \\ 1 & 0 \end{pmatrix}$

(12) $\begin{pmatrix} 2 & 1 & 1 \\ -1 & -2 & 2 \end{pmatrix}\begin{pmatrix} 8 & 3 & 2 \\ 6 & 9 & 0 \\ 1 & 0 & -1 \end{pmatrix}$

問題2　行列 $A = \begin{pmatrix} 1 & 0 & 1 \\ 0 & 2 & 0 \\ 1 & 0 & 3 \end{pmatrix}$, $B = \begin{pmatrix} 1 & 1 & 1 \\ 0 & 1 & 1 \\ 0 & 0 & 1 \end{pmatrix}$ に対し，次を計算せよ．

(1) $A + B$　　(2) $A - B$

(3) $2A - 3B$　　(4) $-3A + 2B$

(5) A^2　　(6) $A^3 - 6A^2 + 10A - 4I_3$

(7) AB　　(8) BA

(9) $AB - BA$　　(10) $ABA - BAB$

問題3　次の連立1次方程式の拡大係数行列を求めよ．

(1) $\begin{cases} x_1 + 2x_2 = -2 \\ 2x_1 + x_2 = 2 \end{cases}$

(2) $\begin{cases} 2x_1 + 3x_2 = 5 \\ 4x_1 + 6x_2 = 9 \end{cases}$

(3) $\begin{cases} 2x_1 + 4x_2 + 3x_3 = -2 \\ x_1 + 2x_2 + 2x_3 = 1 \\ 3x_1 - x_2 - 2x_3 = -1 \end{cases}$

(4) $\begin{cases} x_1 + 2x_2 + 2x_3 = -1 \\ 2x_1 + 3x_2 - x_3 = 2 \\ 3x_1 + 4x_2 - 4x_3 = 5 \end{cases}$

(5) $\begin{cases} 4x_1 + 3x_2 + 2x_3 + 6x_4 = 13 \\ 2x_1 - 5x_3 - 3x_4 = -1 \\ x_1 + 2x_2 + 3x_3 + 4x_4 = 12 \end{cases}$

(6) $\begin{cases} x_1 + 2x_2 + 3x_3 + x_4 = 5 \\ x_2 + 2x_3 + x_4 = 2 \\ 2x_1 + 5x_2 + 8x_3 + 3x_4 = 12 \end{cases}$

問題 4　次の等式が正しいか判断せよ.

(1) $\begin{pmatrix} 2 & 3 \\ 1 & 1 \end{pmatrix}^{-1} = \begin{pmatrix} -1 & 3 \\ 1 & -2 \end{pmatrix}$　　(2) $\begin{pmatrix} 1 & 2 \\ 1 & 1 \end{pmatrix}^{-1} = \begin{pmatrix} -1 & 2 \\ 1 & -1 \end{pmatrix}$

(3) $\begin{pmatrix} 1 & 0 & -1 \\ 2 & 1 & 0 \\ 2 & 1 & 1 \end{pmatrix}^{-1} = \begin{pmatrix} 1 & 1 & -1 \\ -2 & -1 & 2 \\ 0 & 1 & -1 \end{pmatrix}$　　(4) $\begin{pmatrix} 1 & 1 & 1 \\ 1 & 2 & 3 \\ 1 & 4 & 6 \end{pmatrix}^{-1} = \begin{pmatrix} 0 & 2 & -1 \\ 3 & -5 & 2 \\ -2 & 3 & -1 \end{pmatrix}$

問題 5　次の行列の転置行列を求めよ.

(1) $\begin{pmatrix} 0 & 1 \\ 3 & 4 \\ 6 & 7 \end{pmatrix}$　　(2) $\begin{pmatrix} 0 & 1 & 2 \\ 3 & 4 & 5 \\ 6 & 7 & 8 \end{pmatrix}$

(3) $\begin{pmatrix} 0 & 1 & 2 \end{pmatrix}$　　(4) $\begin{pmatrix} 0 \\ 3 \\ 6 \end{pmatrix}$

問題 6　次から対称行列, 直交行列を選べ.

(1) $\begin{pmatrix} 1/2 & \sqrt{3}/2 \\ \sqrt{3}/2 & 1/2 \end{pmatrix}$　　(2) $\begin{pmatrix} 1/2 & -\sqrt{3}/2 \\ \sqrt{3}/2 & 1/2 \end{pmatrix}$

(3) $\begin{pmatrix} -1/2 & \sqrt{3}/2 \\ -\sqrt{3}/2 & -1/2 \end{pmatrix}$　　(4) $\begin{pmatrix} -1/2 & \sqrt{3}/2 \\ \sqrt{3}/2 & -1/2 \end{pmatrix}$

(5) $\begin{pmatrix} 1 & 0 \\ 0 & 1 \end{pmatrix}$　　(6) $\begin{pmatrix} -1 & 0 \\ 0 & -1 \end{pmatrix}$

第 4 章

連立 1 次方程式

本章では, 連立 1 次方程式の解法である掃き出し法について述べ, これを行列の変形として見直す. 任意の行列は, この変形を用いると階段行列と呼ばれるかたちにすることができ, これを用いることによって連立 1 次方程式の解の存在の判定やその具体的な構成を行うことができる. さらにこれを用いた逆行列の計算方法についても述べる.

4.1 掃き出し法

連立 1 次方程式の解は次の変形により求めることができる.

- 1 つの式に 0 でない数をかける.
- 1 つの式の定数倍を他の式に加える.
- 2 つの式を入れ替える.

これを連立 1 次方程式の**基本変形**という. 基本変形を用いて解を求める方法を**掃き出し法**という.

例 4.1

次の連立 1 次方程式を考える.

$$\begin{cases} 3x_1 + 5x_2 = 13 \\ x_1 + x_2 = 3 \end{cases}$$

1 つ目と 2 つ目の方程式を入れ替えたものは次である.

$$\begin{cases} x_1 + x_2 = 3 \\ 3x_1 + 5x_2 = 13 \end{cases}$$

1 つ目の方程式を -3 倍して 2 つ目の方程式に加えたものは次である.

$$\begin{cases} x_1 + x_2 = 3 \\ \phantom{x_1 + {}} 2x_2 = 4 \end{cases}$$

2 つ目の方程式に $1/2$ をかけたものは次である.

$$\begin{cases} x_1 + x_2 = 3 \\ \phantom{x_1 + {}} x_2 = 2 \end{cases}$$

2つ目の方程式を -1 倍して1つ目の方程式に加えたものは次であり，解が得られる．

$$\begin{cases} x_1 = 1 \\ x_2 = 2 \end{cases}$$

この例で扱った連立1次方程式の解はただひとつであったが，パラメータを持つ解が存在する場合がある．

例 4.2

次の連立1次方程式を考える．

$$\begin{cases} \ \ x_1 - \ \ x_2 = 1 \\ 2x_1 - 2x_2 = 2 \end{cases}$$

1つ目の方程式を -2 倍して2つ目の方程式に加えたものは次である．

$$\begin{cases} x_1 - x_2 = 1 \\ \qquad\ \ 0 = 0 \end{cases}$$

これより $x_2 = t$ とすると x_1 が $x_1 = 1 + t$ と定まる．つまり，解は次で与えられる．

$$\begin{cases} x_1 = 1 + t \\ x_2 = t \end{cases}$$

さらに連立1次方程式の解が存在しない場合がある．

例 4.3

次の連立1次方程式を考える．

$$\begin{cases} \ \ x_1 - \ \ x_2 = 1 \\ 2x_1 - 2x_2 = 3 \end{cases}$$

1つ目の方程式を -2 倍して2つ目の方程式に加えたものは次である．

$$\begin{cases} x_1 - x_2 = 1 \\ \qquad\ \ 0 = 1 \end{cases}$$

ここでもとの連立 1 次方程式に解が存在すると $0 = 1$ を満たさなければならないので解は存在しない.

連立 1 次方程式

$$\begin{cases} a_{11}x_1 + \ a_{12}x_2 + \cdots + \ a_{1n}x_n = b_1 \\ a_{21}x_1 + \ a_{22}x_2 + \cdots + \ a_{2n}x_n = b_2 \\ \qquad\qquad\qquad \vdots \\ a_{m1}x_1 + a_{m2}x_2 + \cdots + a_{mn}x_n = b_m \end{cases}$$

から拡大係数行列が定まった.

$$\begin{pmatrix} A & \boldsymbol{b} \end{pmatrix} = \begin{pmatrix} a_{11} & a_{12} & \cdots & a_{1n} & b_1 \\ a_{21} & a_{22} & \cdots & a_{2n} & b_2 \\ \vdots & \vdots & \ddots & \vdots & \vdots \\ a_{m1} & a_{m2} & \cdots & a_{mn} & b_m \end{pmatrix}$$

逆に行列を与えると, それから連立 1 次方程式を定めることができる. このことに注意すると, 連立 1 次方程式の基本変形は行列の変形に書きかえられる.

例 4.4

例 4.1 の連立 1 次方程式 $\begin{cases} 3x_1 + 5x_2 = 13 \\ \ x_1 + \ \ x_2 = 3 \end{cases}$ を基本変形で解く操作を拡大係数行列の操作に書きかえる. まず, もとの連立 1 次方程式の拡大係数行列は次である.

$$\begin{pmatrix} 3 & 5 & 13 \\ 1 & 1 & 3 \end{pmatrix}$$

1 つ目と 2 つ目の方程式を入れ替えたものの拡大係数行列は次であり, 第 1 行と第 2 行を入れ替えている.

$$\begin{pmatrix} 1 & 1 & 3 \\ 3 & 5 & 13 \end{pmatrix}$$

1 つ目の方程式を -3 倍して 2 つ目の方程式に加えたものの拡大係数行列は次であり, 第 1 行を -3 倍して第 2 行に加えている.

$$\begin{pmatrix} 1 & 1 & 3 \\ 0 & 2 & 4 \end{pmatrix}$$

2つ目の方程式に $1/2$ をかけたものの拡大係数行列は次であり，第2行に $1/2$ をかけている．

$$\begin{pmatrix} 1 & 1 & 3 \\ 0 & 1 & 2 \end{pmatrix}$$

2つ目の方程式を -1 倍して1つ目の方程式に加えたものの拡大係数行列は次であり，第2行を -1 倍して第1行に加えている．

$$\begin{pmatrix} 1 & 0 & 1 \\ 0 & 1 & 2 \end{pmatrix}$$

この例で用いた操作を行列の **(行) 基本変形**という．

- 1つの行に0でない数をかける．
- 1つの行の定数倍を他の行に加える．
- 2つの行を入れ替える．

以下ではこれらの基本変形を次のように表す．

- $\lambda \times ⓚ$: 第 k 行に $\lambda(\neq 0)$ をかける．
- $ⓚ + \lambda \times ⓛ$: 第 l 行の λ 倍を第 k 行に加える．
- $ⓚ \leftrightarrow ⓛ$: 第 k 行と第 l 行を入れ替える．

基本変形は次のように行列の積で表される．

定理 4.1.1　A を $m \times n$ 行列とする．

- A の第 k 行に $\lambda(\neq 0)$ をかける基本変形 $\lambda \times ⓚ$ は

$$D_m(k;\lambda)A$$

で表される．ただし，m 次正方行列 $D_m(k;\lambda)$ は m 次単位行列の (k,k) 成分を λ に置きかえたものである．つまり $D_m(k;\lambda) = \begin{pmatrix} d_{ij} \end{pmatrix}$ は次で与えられる．

$$d_{ij} = \begin{cases} 1 & (i = j \neq k) \\ \lambda & (i = j = k) \\ 0 & (\text{その他}) \end{cases}$$

- A の第 l 行の λ 倍を第 k 行に加える基本変形 ⓚ $+ \lambda \times$ ⓛ は

$$D_m(k, l; \lambda)A$$

で表される．ただし，m 次正方行列 $D_m(k, l; \lambda)$ は m 次単位行列の (k, l) 成分を λ に置きかえたものである．つまり $D_m(k, l; \lambda) = \left(d_{ij}\right)$ は次で与えられる．

$$d_{ij} = \begin{cases} 1 & (i = j) \\ \lambda & (i = k, j = l) \\ 0 & (\text{その他}) \end{cases}$$

- A の第 k 行と第 l 行を入れ替える基本変形 ⓚ $\leftrightarrow$ ⓛ は

$$D_m(k, l)A$$

で表される．ただし，m 次正方行列 $D_m(k, l)$ は m 次単位行列の第 k 列と第 l 列を入れ替えたものである．

$$D_m(k, l) = \begin{pmatrix} \boldsymbol{e}_1 & \boldsymbol{e}_2 & \cdots & \underset{k\,\text{列}}{\boldsymbol{e}_l} & \cdots & \underset{l\,\text{列}}{\boldsymbol{e}_k} & \cdots & \boldsymbol{e}_m \end{pmatrix}$$

□

この定理の行列 $D_m(k; \lambda), D_m(k, l; \lambda), D_m(k, l)$ を**基本行列**という．

$m = 3$ の場合は例えば次である．

- $D_3(1; \lambda) = \begin{pmatrix} \lambda & 0 & 0 \\ 0 & 1 & 0 \\ 0 & 0 & 1 \end{pmatrix}$ であり，これによる基本変形 $\lambda \times$ ① は次である．

$$D_3(1; \lambda) \begin{pmatrix} a_{11} & a_{12} & a_{13} \\ a_{21} & a_{22} & a_{23} \\ a_{31} & a_{32} & a_{33} \end{pmatrix} = \begin{pmatrix} \lambda a_{11} & \lambda a_{12} & \lambda a_{13} \\ a_{21} & a_{22} & a_{23} \\ a_{31} & a_{32} & a_{33} \end{pmatrix}$$

- $D_3(1, 2; \lambda) = \begin{pmatrix} 1 & \lambda & 0 \\ 0 & 1 & 0 \\ 0 & 0 & 1 \end{pmatrix}$ であり，これによる基本変形 ① $+ \lambda \times$ ② は次である．

$$D_3(1, 2; \lambda) \begin{pmatrix} a_{11} & a_{12} & a_{13} \\ a_{21} & a_{22} & a_{23} \\ a_{31} & a_{32} & a_{33} \end{pmatrix} = \begin{pmatrix} a_{11} + \lambda a_{21} & a_{12} + \lambda a_{22} & a_{13} + \lambda a_{23} \\ a_{21} & a_{22} & a_{23} \\ a_{31} & a_{32} & a_{33} \end{pmatrix}$$

- $D_3(1,2)=\begin{pmatrix}0&1&0\\1&0&0\\0&0&1\end{pmatrix}$ であり，これによる基本変形 ① ↔ ② は次である．

$$D_3(1,2)\begin{pmatrix}a_{11}&a_{12}&a_{13}\\a_{21}&a_{22}&a_{23}\\a_{31}&a_{32}&a_{33}\end{pmatrix}=\begin{pmatrix}a_{21}&a_{22}&a_{23}\\a_{11}&a_{12}&a_{13}\\a_{31}&a_{32}&a_{33}\end{pmatrix}$$

例 4.5

例 4.4 で説明したように $\begin{pmatrix}3&5&13\\1&1&3\end{pmatrix}$ は基本変形により $\begin{pmatrix}1&0&1\\0&1&2\end{pmatrix}$ にすることができた．これは次のように行列の積として表される．

$$D_2(1,2;-1)D_2(2;1/2)D_2(2,1;-3)D_2(1,2)\begin{pmatrix}3&5&13\\1&1&3\end{pmatrix}=\begin{pmatrix}1&0&1\\0&1&2\end{pmatrix}$$

これを用いて連立1次方程式の解が基本変形により得られることを述べる．

定理 4.1.2　正方行列 A を係数行列とする連立1次方程式 $A\boldsymbol{x}=\boldsymbol{b}$ を考える．拡大係数行列 $\begin{pmatrix}A&\boldsymbol{b}\end{pmatrix}$ が基本変形により $\begin{pmatrix}I&\boldsymbol{c}\end{pmatrix}$ になったとすると，$\boldsymbol{x}=\boldsymbol{c}$ は $A\boldsymbol{x}=\boldsymbol{b}$ の解である．□

【証明】　仮定より基本行列を組み合わせて得られる行列 D であって

$$D\begin{pmatrix}A&\boldsymbol{b}\end{pmatrix}=\begin{pmatrix}I&\boldsymbol{c}\end{pmatrix}$$

を満たすものが存在する．左辺が $D\begin{pmatrix}A&\boldsymbol{b}\end{pmatrix}=\begin{pmatrix}DA&D\boldsymbol{b}\end{pmatrix}$ であることに注意すると $DA=I, D\boldsymbol{b}=\boldsymbol{c}$ が成り立つ．ここで定理 3.2.1 より D は A の逆行列なので $AD=I$ も成り立つ．これより

$$A\boldsymbol{c}=AD\boldsymbol{b}=I\boldsymbol{b}=\boldsymbol{b}$$

なので $\boldsymbol{x}=\boldsymbol{c}$ は $A\boldsymbol{x}=\boldsymbol{b}$ の解である．■

例 4.6

連立1次方程式 $\begin{pmatrix}0&1&0\\2&0&-4\\0&2&-3\end{pmatrix}\boldsymbol{x}=\begin{pmatrix}2\\-10\\-5\end{pmatrix}$ を考える．拡大係数行列を基本変形すると次を得る．

$$
\begin{pmatrix} 0 & 1 & 0 & 2 \\ 2 & 0 & -4 & -10 \\ 0 & 2 & -3 & -5 \end{pmatrix} \to \begin{pmatrix} 2 & 0 & -4 & -10 \\ 0 & 1 & 0 & 2 \\ 0 & 2 & -3 & -5 \end{pmatrix} : \text{①} \leftrightarrow \text{②}
$$

$$
\to \begin{pmatrix} 1 & 0 & -2 & -5 \\ 0 & 1 & 0 & 2 \\ 0 & 2 & -3 & -5 \end{pmatrix} : \frac{1}{2} \times \text{①}
$$

$$
\to \begin{pmatrix} 1 & 0 & -2 & -5 \\ 0 & 1 & 0 & 2 \\ 0 & 0 & -3 & -9 \end{pmatrix} : \text{③} + (-2) \times \text{②}
$$

$$
\to \begin{pmatrix} 1 & 0 & -2 & -5 \\ 0 & 1 & 0 & 2 \\ 0 & 0 & 1 & 3 \end{pmatrix} : -\frac{1}{3} \times \text{③}
$$

$$
\to \begin{pmatrix} 1 & 0 & 0 & 1 \\ 0 & 1 & 0 & 2 \\ 0 & 0 & 1 & 3 \end{pmatrix} : \text{①} + 2 \times \text{③}
$$

これより連立1次方程式の解は $\boldsymbol{x} = \begin{pmatrix} 1 \\ 2 \\ 3 \end{pmatrix}$ である.

4.2 階段行列

ここまでで述べたように, n 次正方行列を係数行列に持つ連立1次方程式は, 拡大係数行列を基本変形により

$$
\begin{pmatrix} I_n & \boldsymbol{c} \end{pmatrix} = \begin{pmatrix} \boldsymbol{e}_1 & \boldsymbol{e}_2 & \cdots & \boldsymbol{e}_n & \boldsymbol{c} \end{pmatrix} = \begin{pmatrix} 1 & 0 & \cdots & 0 & c_1 \\ 0 & 1 & \cdots & 0 & c_2 \\ \vdots & \vdots & \ddots & \vdots & \vdots \\ 0 & 0 & \cdots & 1 & c_n \end{pmatrix}
$$

とできれば解くことができた. この行列を一般化したものが階段行列である.

定義 4.2.1 $m \times n$ 行列 $A = \begin{pmatrix} \boldsymbol{a}_1 & \boldsymbol{a}_2 & \cdots & \boldsymbol{a}_n \end{pmatrix}$ が次を満たすとき, **階段行列**という.

- 第1行から第 r 行までは**主成分**と呼ばれる数1を含む.
- 第 $r+1$ 行以下の主成分を含まない行の成分はすべて0である.
- 主成分より左にある成分はすべて0である.
- 第 i 行 $(1 \leq i \leq r)$ の主成分を含む列の番号を p_i とすると

$$p_1 < p_2 < \cdots < p_r$$

　であり, $\boldsymbol{a}_{p_i} = \boldsymbol{e}_i$ となる.

□

階段行列は次のようなかたちをしている.

$$\begin{pmatrix}
0 & \cdots & 0 & \boxed{1} & * & \cdots & * & 0 & * & \cdots & * & 0 & * & \cdots & * & 0 & * & \cdots & * \\
0 & \cdots & 0 & 0 & 0 & \cdots & 0 & \boxed{1} & * & \cdots & * & 0 & * & \cdots & * & 0 & * & \cdots & * \\
0 & \cdots & 0 & 0 & 0 & \cdots & 0 & 0 & 0 & \cdots & * & 0 & * & \cdots & * & 0 & * & \cdots & * \\
\vdots & & \vdots & \vdots & \vdots & & \vdots & \vdots & \vdots & & \vdots & \vdots & \vdots & & \vdots & \vdots & \vdots & & \vdots \\
0 & \cdots & 0 & 0 & 0 & \cdots & 0 & 0 & 0 & \cdots & * & 0 & * & \cdots & * & 0 & * & \cdots & * \\
0 & \cdots & 0 & 0 & 0 & \cdots & 0 & 0 & 0 & \cdots & 0 & \boxed{1} & * & \cdots & * & 0 & * & \cdots & * \\
0 & \cdots & 0 & 0 & 0 & \cdots & 0 & 0 & 0 & \cdots & 0 & 0 & 0 & \cdots & 0 & \boxed{1} & * & \cdots & * \\
0 & \cdots & 0 & 0 & 0 & \cdots & 0 & 0 & 0 & \cdots & 0 & 0 & 0 & \cdots & 0 & 0 & 0 & \cdots & 0 \\
\vdots & & \vdots & \vdots & \vdots & & \vdots & \vdots & \vdots & & \vdots & \vdots & \vdots & & \vdots & \vdots & \vdots & & \vdots \\
0 & \cdots & 0 & 0 & 0 & \cdots & 0 & 0 & 0 & \cdots & 0 & 0 & 0 & \cdots & 0 & 0 & 0 & \cdots & 0
\end{pmatrix}$$

ここで $\boxed{1}$ が主成分である.

　n 次単位行列は $r = n$ の階段行列であり, 零行列は $r = 0$ の階段行列である. ここで n 次正方行列が $r = n$ の階段行列であるとすると n 次単位行列に一致することに注意する.

例 4.7

- 次は階段行列である.

$$\begin{pmatrix} \boxed{1} & 0 & 0 \\ 0 & \boxed{1} & 0 \end{pmatrix}, \begin{pmatrix} \boxed{1} & 2 & 3 \\ 0 & 0 & 0 \end{pmatrix}, \begin{pmatrix} 0 & \boxed{1} & 0 \\ 0 & 0 & \boxed{1} \end{pmatrix}, \begin{pmatrix} \boxed{1} & 0 & 2 \\ 0 & \boxed{1} & 3 \end{pmatrix}, \begin{pmatrix} \boxed{1} & 2 & 0 \\ 0 & 0 & \boxed{1} \end{pmatrix}$$

- 次は階段行列でない.

$$\begin{pmatrix} 0 & 1 & 0 \\ 1 & 0 & 0 \end{pmatrix}, \quad \begin{pmatrix} 1 & 2 & 3 \\ 2 & 4 & 6 \end{pmatrix}, \quad \begin{pmatrix} 0 & 1 & 2 \\ 0 & 0 & 1 \end{pmatrix}, \quad \begin{pmatrix} 1 & 1 & 5 \\ 0 & 1 & 3 \end{pmatrix}, \quad \begin{pmatrix} 1 & 2 & 0 \\ 0 & 0 & 2 \end{pmatrix}$$

この例のように，一般的に行列は階段行列ではないが，次が成り立つことが知られている．

定理 4.2.1　任意の行列は基本変形により階段行列に変形できる．ここで得られる階段行列は基本変形の手順によらず，一意的に定まる．　□

例 4.8

例 4.7 の階段行列でない行列

$$\begin{pmatrix} 0 & 1 & 0 \\ 1 & 0 & 0 \end{pmatrix},\quad \begin{pmatrix} 1 & 2 & 3 \\ 2 & 4 & 6 \end{pmatrix},\quad \begin{pmatrix} 0 & 1 & 2 \\ 0 & 0 & 1 \end{pmatrix},\quad \begin{pmatrix} 1 & 1 & 5 \\ 0 & 1 & 3 \end{pmatrix},\quad \begin{pmatrix} 1 & 2 & 0 \\ 0 & 0 & 2 \end{pmatrix}$$

を階段行列に変形したものは次である．

$$\begin{pmatrix} 1 & 0 & 0 \\ 0 & 1 & 0 \end{pmatrix},\quad \begin{pmatrix} 1 & 2 & 3 \\ 0 & 0 & 0 \end{pmatrix},\quad \begin{pmatrix} 0 & 1 & 0 \\ 0 & 0 & 1 \end{pmatrix},\quad \begin{pmatrix} 1 & 0 & 2 \\ 0 & 1 & 3 \end{pmatrix},\quad \begin{pmatrix} 1 & 2 & 0 \\ 0 & 0 & 1 \end{pmatrix}$$

ここで用いる操作はそれぞれ次である．

$$①\leftrightarrow ②,\ ②+(-2)\times ①,\ ①+(-2)\times ②,\ ①+(-1)\times ②,\ \frac{1}{2}\times ②$$

例 4.9

$\begin{pmatrix} 9 & 10 & 11 & 12 \\ 5 & 6 & 7 & 8 \\ 1 & 2 & 3 & 4 \end{pmatrix}$ を階段行列にしたものは $\begin{pmatrix} 1 & 0 & -1 & -2 \\ 0 & 1 & 2 & 3 \\ 0 & 0 & 0 & 0 \end{pmatrix}$ である．これは例えば次のように基本変形を行うことによって得られる．

$$\begin{aligned}
\begin{pmatrix} 9 & 10 & 11 & 12 \\ 5 & 6 & 7 & 8 \\ 1 & 2 & 3 & 4 \end{pmatrix} &\to \begin{pmatrix} 1 & 2 & 3 & 4 \\ 5 & 6 & 7 & 8 \\ 9 & 10 & 11 & 12 \end{pmatrix} : ①\leftrightarrow ③ \\
&\to \begin{pmatrix} 1 & 2 & 3 & 4 \\ 0 & -4 & -8 & -12 \\ 0 & -8 & -16 & -24 \end{pmatrix} : ②+(-5)\times ①,\ ③+(-9)\times ① \\
&\to \begin{pmatrix} 1 & 2 & 3 & 4 \\ 0 & 1 & 2 & 3 \\ 0 & -8 & -16 & -24 \end{pmatrix} : -\frac{1}{4}\times ②
\end{aligned}$$

$$\to \begin{pmatrix} 1 & 0 & -1 & -2 \\ 0 & 1 & 2 & 3 \\ 0 & 0 & 0 & 0 \end{pmatrix} : ① + (-2) \times ②, ③ + 8 \times ②$$

例 4.10

$\begin{pmatrix} 5 & 10 & 2 & 2 \\ 1 & 2 & -1 & -1 \\ 3 & 6 & 2 & 3 \end{pmatrix}$ を階段行列にしたものは $\begin{pmatrix} 1 & 2 & 0 & 0 \\ 0 & 0 & 1 & 0 \\ 0 & 0 & 0 & 1 \end{pmatrix}$ である．これは例えば次のように基本変形を行うことによって得られる．

$$\begin{pmatrix} 5 & 10 & 2 & 2 \\ 1 & 2 & -1 & -1 \\ 3 & 6 & 2 & 3 \end{pmatrix} \to \begin{pmatrix} 1 & 2 & -1 & -1 \\ 5 & 10 & 2 & 2 \\ 3 & 6 & 2 & 3 \end{pmatrix} : ① \leftrightarrow ②$$

$$\to \begin{pmatrix} 1 & 2 & -1 & -1 \\ 0 & 0 & 7 & 7 \\ 0 & 0 & 5 & 6 \end{pmatrix} : ②+(-5)\times①, ③+(-3)\times①$$

$$\to \begin{pmatrix} 1 & 2 & -1 & -1 \\ 0 & 0 & 1 & 1 \\ 0 & 0 & 5 & 6 \end{pmatrix} : \frac{1}{7} \times ②$$

$$\to \begin{pmatrix} 1 & 2 & 0 & 0 \\ 0 & 0 & 1 & 1 \\ 0 & 0 & 0 & 1 \end{pmatrix} : ① + 1 \times ②, ③ + (-5) \times ②$$

$$\to \begin{pmatrix} 1 & 2 & 0 & 0 \\ 0 & 0 & 1 & 0 \\ 0 & 0 & 0 & 1 \end{pmatrix} : ② + (-1) \times ③$$

行列はその性質を反映する階数と呼ばれる数を定めることができる．この数は様々な方法で定義することができるが，ここでは階段行列を用いて定義する．

定義 4.2.2　行列 A から得られる階段行列の主成分の数を**階数**といい，$\mathrm{rank} A$ で表す．□

例 4.11

- 例 4.8 より行列

$\begin{pmatrix} 0 & 1 & 0 \\ 1 & 0 & 0 \end{pmatrix}$, $\begin{pmatrix} 1 & 2 & 3 \\ 2 & 4 & 6 \end{pmatrix}$, $\begin{pmatrix} 0 & 1 & 2 \\ 0 & 0 & 1 \end{pmatrix}$, $\begin{pmatrix} 1 & 1 & 5 \\ 0 & 1 & 3 \end{pmatrix}$, $\begin{pmatrix} 1 & 2 & 0 \\ 0 & 0 & 2 \end{pmatrix}$

の階数はそれぞれ $2, 1, 2, 2, 2$ である.

- 例 4.9 より $\begin{pmatrix} 9 & 10 & 11 & 12 \\ 5 & 6 & 7 & 8 \\ 1 & 2 & 3 & 4 \end{pmatrix}$ の階数は 2 である.
- 例 4.10 より $\begin{pmatrix} 5 & 10 & 2 & 2 \\ 1 & 2 & -1 & -1 \\ 3 & 6 & 2 & 3 \end{pmatrix}$ の階数は 3 である.

この階数を用いると, 連立 1 次方程式にどのような解が存在するかの判断を行うことができる.

定理 4.2.2　$m \times n$ 行列 A を係数行列とする連立 1 次方程式 $A\boldsymbol{x} = \boldsymbol{b}$ に対し, 次が成り立つ.

- $\mathrm{rank}A = \mathrm{rank}\begin{pmatrix} A & \boldsymbol{b} \end{pmatrix} = n$ ならばただひとつの解が存在する.
- $\mathrm{rank}A = \mathrm{rank}\begin{pmatrix} A & \boldsymbol{b} \end{pmatrix} < n$ ならばパラメータを持つ解が存在する. パラメータの個数は $n - \mathrm{rank}A$ である.
- $\mathrm{rank}A < \mathrm{rank}\begin{pmatrix} A & \boldsymbol{b} \end{pmatrix}$ ならば解は存在しない.

□

一般の場合でも状況は同じであるので, A が 2 次正方行列の場合についてそれぞれの状況を説明する.

- $\mathrm{rank}A = \mathrm{rank}\begin{pmatrix} A & \boldsymbol{b} \end{pmatrix} = 2$ の場合, 拡大係数行列を階段行列にしたものは $\begin{pmatrix} 1 & 0 & c_1 \\ 0 & 1 & c_2 \end{pmatrix}$ である. 従って連立 1 次方程式の解は $\begin{cases} x_1 = c_1 \\ x_2 = c_2 \end{cases}$ であり, ただひとつの解が存在する.
- $\mathrm{rank}A = \mathrm{rank}\begin{pmatrix} A & \boldsymbol{b} \end{pmatrix} < 2$ の場合, 拡大係数行列を階段行列にしたものは $\begin{pmatrix} 0 & 0 & 0 \\ 0 & 0 & 0 \end{pmatrix}$, $\begin{pmatrix} 1 & a & c \\ 0 & 0 & 0 \end{pmatrix}$, $\begin{pmatrix} 0 & 1 & c \\ 0 & 0 & 0 \end{pmatrix}$ のいずれかである. 従って連立 1 次

方程式の解は $\begin{cases} x_1 = t_1 \\ x_2 = t_2 \end{cases}$, $\begin{cases} x_1 = c - at \\ x_2 = t \end{cases}$, あるいは $\begin{cases} x_1 = t \\ x_2 = c \end{cases}$ であり，どの場合でもパラメータを持つ解が存在する．

- $\mathrm{rank} A < \mathrm{rank} \begin{pmatrix} A & \boldsymbol{b} \end{pmatrix}$ の場合，拡大係数行列を階段行列にしたものは $\begin{pmatrix} 0 & 0 & 1 \\ 0 & 0 & 0 \end{pmatrix}$, $\begin{pmatrix} 1 & a & 0 \\ 0 & 0 & 1 \end{pmatrix}$, $\begin{pmatrix} 0 & 1 & 0 \\ 0 & 0 & 1 \end{pmatrix}$ のいずれかである．従ってどの場合でも連立1次方程式に解は存在しない．

ここで拡大係数行列 $\begin{pmatrix} A & \boldsymbol{b} \end{pmatrix}$ を階段行列にしたものを $\begin{pmatrix} \widetilde{A} & \widetilde{\boldsymbol{b}} \end{pmatrix}$ とすると $\widetilde{A}$ は係数行列 A を階段行列にしたものであることに注意する．つまり，この定理を利用するには $\begin{pmatrix} A & \boldsymbol{b} \end{pmatrix}$ のみを階段行列にすればよい．

例 4.12

- 例 4.1 の連立1次方程式 $\begin{cases} 3x_1 + 5x_2 = 13 \\ x_1 + x_2 = 3 \end{cases}$ はただひとつの解が存在した．この連立1次方程式の拡大係数行列を階段行列にしたものは $\begin{pmatrix} 1 & 0 & 1 \\ 0 & 1 & 2 \end{pmatrix}$ であり，これより次が成り立つ．

$$\mathrm{rank} \begin{pmatrix} 3 & 5 \\ 1 & 1 \end{pmatrix} = \mathrm{rank} \begin{pmatrix} 3 & 5 & 13 \\ 1 & 1 & 3 \end{pmatrix} = 2$$

- 例 4.2 の連立1次方程式 $\begin{cases} x_1 - x_2 = 1 \\ 2x_1 - 2x_2 = 2 \end{cases}$ は1つのパラメータを持つ解が存在した．この連立1次方程式の拡大係数行列を階段行列にしたものは $\begin{pmatrix} 1 & -1 & 1 \\ 0 & 0 & 0 \end{pmatrix}$ であり，これより次が成り立つ．

$$\mathrm{rank} \begin{pmatrix} 1 & -1 \\ 2 & -2 \end{pmatrix} = \mathrm{rank} \begin{pmatrix} 1 & -1 & 1 \\ 2 & -2 & 2 \end{pmatrix} = 1 < 2$$

さらにパラメータの個数と $2 - \mathrm{rank} \begin{pmatrix} 1 & -1 \\ 2 & -2 \end{pmatrix}$ は一致する．

- 例 4.3 の連立1次方程式 $\begin{cases} x_1 - x_2 = 1 \\ 2x_1 - 2x_2 = 3 \end{cases}$ は解が存在しなかった．この連立

1次方程式の拡大係数行列を階段行列にしたものは $\begin{pmatrix} 1 & -1 & 0 \\ 0 & 0 & 1 \end{pmatrix}$ であり，これより次が成り立つ．

$$\operatorname{rank}\begin{pmatrix} 1 & -1 \\ 2 & -2 \end{pmatrix} = 1 < \operatorname{rank}\begin{pmatrix} 1 & -1 & 1 \\ 2 & -2 & 3 \end{pmatrix} = 2$$

さらに連立1次方程式のパラメータを持つ解は拡大係数行列を階段行列にしたものを用いることにより求められる． この解は $\mathbf{0}$ でない列ベクトル $\boldsymbol{c}_1, \boldsymbol{c}_2, \ldots, \boldsymbol{c}_{n-r}$ とパラメータ $t_1, t_2, \ldots, t_{n-r}$ を用いて

$$\boldsymbol{x} = \boldsymbol{c}_0 + t_1\boldsymbol{c}_1 + t_2\boldsymbol{c}_2 + \cdots + t_{n-r}\boldsymbol{c}_{n-r}$$

と表される．ただし，$r = \operatorname{rank} A$ である．

例 4.13

- 連立1次方程式 $\begin{cases} x_1 + x_2 + 5x_3 = 9 \\ \phantom{x_1 + {}} x_2 + 3x_3 = 5 \end{cases}$ を考える．対応する拡大係数行列を階段行列にしたものは $\begin{pmatrix} 1 & 0 & 2 & 4 \\ 0 & 1 & 3 & 5 \end{pmatrix}$ であり，これに対応する連立1次方程式は $\begin{cases} x_1 \phantom{{}+x_2} + 2x_3 = 4 \\ \phantom{x_1 + {}} x_2 + 3x_3 = 5 \end{cases}$ である．係数行列を階段行列にした $\begin{pmatrix} 1 & 0 & 2 \\ 0 & 1 & 3 \end{pmatrix}$ が主成分を含まない列は第3列であり，これに対応した x_3 をパラメータ t とすると連立1次方程式は $\begin{cases} x_1 \phantom{{}+x_2} + 2t = 4 \\ \phantom{x_1 + {}} x_2 + 3t = 5 \end{cases}$ となる．これより x_1, x_2 が定まり，解を得る．

$$\begin{cases} x_1 = 4 - 2t \\ x_2 = 5 - 3t \\ x_3 = t \end{cases}$$

これを列ベクトルを用いて表示したものは次である．

$$\begin{pmatrix} x_1 \\ x_2 \\ x_3 \end{pmatrix} = \begin{pmatrix} 4 \\ 5 \\ 0 \end{pmatrix} + t\begin{pmatrix} -2 \\ -3 \\ 1 \end{pmatrix}$$

- 連立 1 次方程式 $\begin{cases} x_1 + 2x_2 + 3x_3 = 4 \\ 2x_1 + 4x_2 + 6x_3 = 8 \end{cases}$ を考える．対応する拡大係数行列を階段行列にしたものは $\begin{pmatrix} 1 & 2 & 3 & 4 \\ 0 & 0 & 0 & 0 \end{pmatrix}$ であり，これに対応する連立 1 次方程式は $\begin{cases} x_1 + 2x_2 + 3x_3 = 4 \\ 0 = 0 \end{cases}$ である．係数行列を階段行列にした $\begin{pmatrix} 1 & 2 & 3 \\ 0 & 0 & 0 \end{pmatrix}$ が主成分を含まない列は第 2 列，第 3 列であり，これに対応した x_2, x_3 をパラメータ t_1, t_2 とすると連立 1 次方程式は $\begin{cases} x_1 + 2t_1 + 3t_2 = 4 \\ 0 = 0 \end{cases}$ となる．これより x_1 が定まり，解を得る．

$$\begin{cases} x_1 = 4 - 2t_1 - 3t_2 \\ x_2 = t_1 \\ x_3 = t_2 \end{cases}$$

これを列ベクトルを用いて表示したものは次である．

$$\begin{pmatrix} x_1 \\ x_2 \\ x_3 \end{pmatrix} = \begin{pmatrix} 4 \\ 0 \\ 0 \end{pmatrix} + t_1 \begin{pmatrix} -2 \\ 1 \\ 0 \end{pmatrix} + t_2 \begin{pmatrix} -3 \\ 0 \\ 1 \end{pmatrix}$$

右辺が零ベクトル $\mathbf{0}$ の連立 1 次方程式 $A\boldsymbol{x} = \mathbf{0}$ を**同次形の連立 1 次方程式**という．この場合は行列の対角化において現れるなど特に重要である．これについては $\mathrm{rank}A = \mathrm{rank}\begin{pmatrix} A & \mathbf{0} \end{pmatrix}$ に注意して定理 4.2.2 を用いると次が成り立つ．

定理 4.2.3　$m \times n$ 行列 A を係数行列とする同次形の連立 1 次方程式 $A\boldsymbol{x} = \mathbf{0}$ に対し，次が成り立つ．

- $\mathrm{rank}A = n$ ならばただひとつの解が存在する．
- $\mathrm{rank}A < n$ ならばパラメータを持つ解が存在する．パラメータの個数は $n - \mathrm{rank}A$ である．

□

ここで $A\mathbf{0} = \mathbf{0}$ であるので $\boldsymbol{x} = \mathbf{0}$ は $A\boldsymbol{x} = \mathbf{0}$ の解である．特に $\mathrm{rank}A = n$ のときのただひとつの解は $\boldsymbol{x} = \mathbf{0}$ で与えられる．

$\mathrm{rank}A < n$ の場合の解は $\mathbf{0}$ でない列ベクトル $\boldsymbol{c}_1, \boldsymbol{c}_2, \ldots, \boldsymbol{c}_{n-r}$ とパラメータ $t_1, t_2, \ldots, t_{n-r}$ を用いて

$$\boldsymbol{x} = t_1\boldsymbol{c}_1 + t_2\boldsymbol{c}_2 + \cdots + t_{n-r}\boldsymbol{c}_{n-r}$$

と表される．ただし，$r = \mathrm{rank}A$ である．また，その構成は例 4.13 と同様である．

例 4.14

- 連立 1 次方程式 $\begin{cases} x_1 + x_2 + 5x_3 = 0 \\ \qquad\quad x_2 + 3x_3 = 0 \end{cases}$ の解は

$$\begin{cases} x_1 = -2t \\ x_2 = -3t \\ x_3 = t \end{cases}$$

で与えられる．つまり次である．

$$\begin{pmatrix} x_1 \\ x_2 \\ x_3 \end{pmatrix} = t \begin{pmatrix} -2 \\ -3 \\ 1 \end{pmatrix}$$

- 連立 1 次方程式 $\begin{cases} x_1 + 2x_2 + 3x_3 = 0 \\ 2x_1 + 4x_2 + 6x_3 = 0 \end{cases}$ の解は

$$\begin{cases} x_1 = -2t_1 - 3t_2 \\ x_2 = t_1 \\ x_3 = t_2 \end{cases}$$

で与えられる．つまり次である．

$$\begin{pmatrix} x_1 \\ x_2 \\ x_3 \end{pmatrix} = t_1 \begin{pmatrix} -2 \\ 1 \\ 0 \end{pmatrix} + t_2 \begin{pmatrix} -3 \\ 0 \\ 1 \end{pmatrix}$$

ここまで述べたことを用いると次が得られる．

定理 4.2.4　n 次正方行列 A に対して，次は同値である．

(1)　A は正則行列である．
(2)　任意の $\boldsymbol{b}$ に対し，$A\boldsymbol{x} = \boldsymbol{b}$ はただひとつの解を持つ．
(3)　$A\boldsymbol{x} = \boldsymbol{0}$ はただひとつの解を持つ．
(4)　$\mathrm{rank}A = n$
(5)　A から得られる階段行列は単位行列である．

□

【証明】　(1)⇒(2)　A を正則行列とすると $A\boldsymbol{x} = \boldsymbol{b}$ の解として $\boldsymbol{x} = A^{-1}\boldsymbol{b}$ を考えることができる．また，$A\boldsymbol{x} = \boldsymbol{b}$ の解 $\boldsymbol{c}_1, \boldsymbol{c}_2$ に対して

$$\boldsymbol{c}_1 = A^{-1}A\boldsymbol{c}_1 = A^{-1}\boldsymbol{b} = A^{-1}A\boldsymbol{c}_2 = \boldsymbol{c}_2$$

が成り立つので解はただひとつである．

(2)⇒(3)　(3) は (2) の特別な場合 ($\boldsymbol{b} = \boldsymbol{0}$) であるので，(2) ならば (3) が成り立つ．

(3)⇒(4)　$A\boldsymbol{x} = \boldsymbol{0}$ がただひとつの解を持つとすると定理 4.2.3 より $\mathrm{rank}A = n$ となる．

(4)⇒(5)　$\mathrm{rank}A = n$ とすると A から得られる階段行列 $\widetilde{A}$ は $\mathrm{rank}\widetilde{A} = n$ を満たす．この条件を満たす n 次正方行列 $\widetilde{A}$ は単位行列 I_n のみなので，A から得られる階段行列は I_n である．

(5)⇒(1)　A から得られる階段行列が I_n であるとすると，基本行列を組み合わせて得られる行列 D であって $DA = I_n$ を満たすものが存在する．従って定理 3.2.1 より A は正則行列である．■

4.3　基本変形を用いた逆行列の計算

n 次正方行列 A の逆行列は

$$A\boldsymbol{x}_1 = \boldsymbol{e}_1, \quad A\boldsymbol{x}_2 = \boldsymbol{e}_2, \quad \ldots, \quad A\boldsymbol{x}_n = \boldsymbol{e}_n$$

の解を求めることにより計算できた．ここまでに述べた方法では，このような複数の連立1次方程式はひとつずつ考える必要があったが，以下のようにまとめて

扱うことができる．

正方行列 A を係数行列に持つ複数の連立 1 次方程式を考える．

$$A\boldsymbol{x}_1 = \boldsymbol{b}_1, \quad A\boldsymbol{x}_2 = \boldsymbol{b}_2, \quad \ldots, \quad A\boldsymbol{x}_m = \boldsymbol{b}_m$$

この連立 1 次方程式から定まる行列 $\begin{pmatrix} A & \boldsymbol{b}_1 & \boldsymbol{b}_2 & \cdots & \boldsymbol{b}_m \end{pmatrix}$ を階段行列にしたものが $\begin{pmatrix} I & \boldsymbol{c}_1 & \boldsymbol{c}_2 & \cdots & \boldsymbol{c}_m \end{pmatrix}$ であるとする．つまり，基本行列を組み合わせて得られる行列 D であって次を満たすものが存在したとする．

$$D\begin{pmatrix} A & \boldsymbol{b}_1 & \boldsymbol{b}_2 & \cdots & \boldsymbol{b}_m \end{pmatrix} = \begin{pmatrix} I & \boldsymbol{c}_1 & \boldsymbol{c}_2 & \cdots & \boldsymbol{c}_m \end{pmatrix}$$

左辺が $D\begin{pmatrix} A & \boldsymbol{b}_1 & \boldsymbol{b}_2 & \cdots & \boldsymbol{b}_m \end{pmatrix} = \begin{pmatrix} DA & D\boldsymbol{b}_1 & D\boldsymbol{b}_2 & \cdots & D\boldsymbol{b}_m \end{pmatrix}$ であることに注意すると

$$DA = I, \quad D\boldsymbol{b}_1 = \boldsymbol{c}_1, \quad D\boldsymbol{b}_2 = \boldsymbol{c}_2, \quad \ldots, \quad D\boldsymbol{b}_m = \boldsymbol{c}_m$$

が成り立つので，ひとつの連立 1 次方程式の場合と同様に

$$\boldsymbol{x}_1 = \boldsymbol{c}_1, \quad \boldsymbol{x}_2 = \boldsymbol{c}_2, \quad \ldots, \quad \boldsymbol{x}_m = \boldsymbol{c}_m$$

はそれぞれの連立 1 次方程式の解となる．

例 4.15

連立 1 次方程式

$$\begin{pmatrix} 1 & 2 \\ 2 & 5 \end{pmatrix}\boldsymbol{x}_1 = \begin{pmatrix} 1 \\ 1 \end{pmatrix}, \quad \begin{pmatrix} 1 & 2 \\ 2 & 5 \end{pmatrix}\boldsymbol{x}_2 = \begin{pmatrix} -1 \\ 1 \end{pmatrix}$$

から定まる行列 $\begin{pmatrix} 1 & 2 & 1 & -1 \\ 2 & 5 & 1 & 1 \end{pmatrix}$ を階段行列にしたものは $\begin{pmatrix} 1 & 0 & 3 & -7 \\ 0 & 1 & -1 & 3 \end{pmatrix}$ である．これより連立 1 次方程式の解は次である．

$$\boldsymbol{x}_1 = \begin{pmatrix} 3 \\ -1 \end{pmatrix}, \quad \boldsymbol{x}_2 = \begin{pmatrix} -7 \\ 3 \end{pmatrix}$$

このことを逆行列を求める際に考える連立 1 次方程式

$$A\boldsymbol{x}_1 = \boldsymbol{e}_1, \quad A\boldsymbol{x}_2 = \boldsymbol{e}_2, \quad \ldots, \quad A\boldsymbol{x}_n = \boldsymbol{e}_n$$

に適用すると次を得る．

定理 4.3.1　n 次正方行列 A から定まる行列 $\begin{pmatrix} A & I_n \end{pmatrix} = \begin{pmatrix} A & \boldsymbol{e}_1 & \boldsymbol{e}_2 & \cdots & \boldsymbol{e}_n \end{pmatrix}$ を階段行列にしたものが $\begin{pmatrix} I_n & \boldsymbol{c}_1 & \boldsymbol{c}_2 & \cdots & \boldsymbol{c}_n \end{pmatrix}$ であるとする．このとき，A の逆行列が存在し，それは次で与えられる．

$$A^{-1} = \begin{pmatrix} \boldsymbol{c}_1 & \boldsymbol{c}_2 & \cdots & \boldsymbol{c}_n \end{pmatrix}$$

□

例 4.16

- $\begin{pmatrix} 1 & 2 \\ 1 & 3 \end{pmatrix}$ の逆行列は $\begin{pmatrix} 1 & 2 & 1 & 0 \\ 1 & 3 & 0 & 1 \end{pmatrix}$ を階段行列にすると

$$\begin{pmatrix} 1 & 0 & 3 & -2 \\ 0 & 1 & -1 & 1 \end{pmatrix}$$

なので次で与えられる．

$$\begin{pmatrix} 1 & 2 \\ 1 & 3 \end{pmatrix}^{-1} = \begin{pmatrix} 3 & -2 \\ -1 & 1 \end{pmatrix}$$

- $\begin{pmatrix} 1 & 2 & 3 \\ 1 & 3 & 4 \\ 1 & 4 & 6 \end{pmatrix}$ の逆行列は $\begin{pmatrix} 1 & 2 & 3 & 1 & 0 & 0 \\ 1 & 3 & 4 & 0 & 1 & 0 \\ 1 & 4 & 6 & 0 & 0 & 1 \end{pmatrix}$ を階段行列にすると

$$\begin{pmatrix} 1 & 0 & 0 & 2 & 0 & -1 \\ 0 & 1 & 0 & -2 & 3 & -1 \\ 0 & 0 & 1 & 1 & -2 & 1 \end{pmatrix}$$

なので次である．

$$\begin{pmatrix} 1 & 2 & 3 \\ 1 & 3 & 4 \\ 1 & 4 & 6 \end{pmatrix}^{-1} = \begin{pmatrix} 2 & 0 & -1 \\ -2 & 3 & -1 \\ 1 & -2 & 1 \end{pmatrix}$$

- $\begin{pmatrix} 1 & 2 \\ 2 & 4 \end{pmatrix}$ の逆行列は $\begin{pmatrix} 1 & 2 & 1 & 0 \\ 2 & 4 & 0 & 1 \end{pmatrix}$ を階段行列にすると

$$\begin{pmatrix} 1 & 2 & 0 & 1/2 \\ 0 & 0 & 1 & -1/2 \end{pmatrix}$$

なので存在しない．

章末問題

問題 1　次が階段行列か判断し，そうでない場合は階段行列に変形せよ．

(1) $\begin{pmatrix} 1 & 0 \\ 0 & 0 \\ 0 & 1 \end{pmatrix}$　(2) $\begin{pmatrix} 1 & 0 & 0 \\ 0 & 0 & 1 \\ 0 & 1 & 0 \end{pmatrix}$

(3) $\begin{pmatrix} 1 & 0 & 2 & 0 \\ 0 & 1 & 3 & 0 \\ 0 & 0 & 0 & 4 \end{pmatrix}$　(4) $\begin{pmatrix} 1 & 0 & 0 & 0 \\ 0 & 1 & 1 & 0 \\ 1 & 0 & 0 & 1 \end{pmatrix}$

問題 2　次の行列を階段行列に変形し，階数を求めよ．

(1) $\begin{pmatrix} 3 & 6 \\ 2 & 4 \end{pmatrix}$　(2) $\begin{pmatrix} 3 & 6 \\ 2 & 3 \end{pmatrix}$

(3) $\begin{pmatrix} 1 & 2 & 3 \\ 1 & 4 & 9 \\ 1 & 8 & 27 \end{pmatrix}$　(4) $\begin{pmatrix} 4 & -1 & 5 \\ 3 & 1 & 9 \\ 5 & 3 & 14 \end{pmatrix}$

(5) $\begin{pmatrix} 2 & 1 & 2 & -2 \\ -3 & 2 & 3 & 2 \\ -1 & 1 & 2 & 1 \end{pmatrix}$　(6) $\begin{pmatrix} 3 & 6 & 1 & -5 \\ 2 & 4 & 1 & -3 \\ 3 & 6 & 0 & -6 \end{pmatrix}$

問題 3　次の連立 1 次方程式は解を持つか判断し，持つ場合はそれを求めよ．

(1) $\begin{cases} x_1 + 2x_2 = -2 \\ 2x_1 + x_2 = 2 \end{cases}$　(2) $\begin{cases} 2x_1 + 3x_2 = 5 \\ 4x_1 + 6x_2 = 9 \end{cases}$

(3) $\begin{cases} 2x_1 + 4x_2 + 3x_3 = -2 \\ x_1 + 2x_2 + 2x_3 = 1 \\ 3x_1 - x_2 - 2x_3 = -1 \end{cases}$　(4) $\begin{cases} x_1 + 2x_2 + 2x_3 = -1 \\ 2x_1 + 3x_2 - x_3 = 2 \\ 3x_1 + 4x_2 - 4x_3 = 5 \end{cases}$

(5) $\begin{cases} 4x_1 + 3x_2 + 2x_3 + 6x_4 = 13 \\ 2x_1 - 5x_3 - 3x_4 = -1 \\ x_1 + 2x_2 + 3x_3 + 4x_4 = 12 \end{cases}$　(6) $\begin{cases} x_1 + 2x_2 + 3x_3 + x_4 = 5 \\ x_2 + 2x_3 + x_4 = 2 \\ 2x_1 + 5x_2 + 8x_3 + 3x_4 = 12 \end{cases}$

問題 4　次の連立 1 次方程式が解を持つように a の値を定めよ．

$$\begin{cases} x_1 + x_3 = 1 \\ x_2 + 3x_3 = 2 \\ -2x_1 + 2x_2 + 4x_3 = a \end{cases}$$

問題 5　次の連立 1 次方程式がただひとつの解を持つための a が満たすべき条件を求めよ．

$$\begin{cases} x_1 + x_3 = 0 \\ x_2 + 3x_3 = 0 \\ -2x_1 + 2x_2 + ax_3 = 0 \end{cases}$$

問題6　次の行列の逆行列を求めよ.

(1) $\begin{pmatrix} 2 & -1 \\ 7 & -4 \end{pmatrix}$　(2) $\begin{pmatrix} 1 & 2 \\ 3 & 4 \end{pmatrix}$

(3) $\begin{pmatrix} 1 & -2 & 3 \\ 0 & -1 & 2 \\ 2 & -1 & 1 \end{pmatrix}$　(4) $\begin{pmatrix} 2 & 1 & 3 \\ 3 & -1 & 4 \\ 4 & -1 & 5 \end{pmatrix}$

(5) $\begin{pmatrix} 1 & 2 & -2 & -1 \\ 2 & -1 & 2 & 5 \\ 4 & -2 & 1 & 0 \\ -2 & -3 & 2 & -2 \end{pmatrix}$　(6) $\begin{pmatrix} 2 & 1 & 0 & 1 \\ 2 & -1 & 1 & 1 \\ 3 & 3 & 2 & -3 \\ 3 & -1 & 1 & 2 \end{pmatrix}$

問題7　次の行列が逆行列を持たないように a の値を定めよ.

$$\begin{pmatrix} 1 & 2 & 3 \\ 4 & 5 & 6 \\ 7 & 8 & a \end{pmatrix}$$

問題8　次の連立1次方程式の解を係数行列の逆行列を利用して求めよ.

(1) $\begin{pmatrix} 3 & 2 \\ 4 & 3 \end{pmatrix} \boldsymbol{x} = \begin{pmatrix} 2 \\ -1 \end{pmatrix}$　(2) $\begin{pmatrix} 2 & 6 \\ 1 & 4 \end{pmatrix} \boldsymbol{x} = \begin{pmatrix} 0 \\ -1 \end{pmatrix}$

(3) $\begin{pmatrix} 2 & 1 & -3 \\ 1 & 2 & 1 \\ -2 & -3 & 1 \end{pmatrix} \boldsymbol{x} = \begin{pmatrix} 7 \\ -2 \\ -1 \end{pmatrix}$　(4) $\begin{pmatrix} 1 & -2 & -1 \\ -1 & 2 & 2 \\ 1 & 0 & 3 \end{pmatrix} \boldsymbol{x} = \begin{pmatrix} 2 \\ -1 \\ 2 \end{pmatrix}$

第 5 章

行列式

本章では, 行列から定まる量である行列式について述べる. さらに, 行列式を用いて定義される余因子について述べ, これを用いて逆行列を表す.

5.1 2 次, および 3 次正方行列の行列式

第 2 章で述べたように, 2 次正方行列 $A = \begin{pmatrix} a_{11} & a_{12} \\ a_{21} & a_{22} \end{pmatrix}$ の行列式とは

$$|A| = a_{11}a_{22} - a_{12}a_{21}$$

であった. この行列式は A の逆行列の分母に次のように現れた.

$$A^{-1} = \frac{1}{|A|}\begin{pmatrix} a_{22} & -a_{12} \\ -a_{21} & a_{11} \end{pmatrix}$$

3 次正方行列 $A = \begin{pmatrix} a_{11} & a_{12} & a_{13} \\ a_{21} & a_{22} & a_{23} \\ a_{31} & a_{32} & a_{33} \end{pmatrix}$ の逆行列は

$$A^{-1} = \frac{1}{|A|}\begin{pmatrix} a_{22}a_{33} - a_{23}a_{32} & -a_{12}a_{33} + a_{13}a_{32} & a_{12}a_{23} - a_{13}a_{22} \\ -a_{21}a_{33} + a_{23}a_{31} & a_{11}a_{33} - a_{13}a_{31} & -a_{11}a_{23} + a_{13}a_{21} \\ a_{21}a_{32} - a_{22}a_{31} & -a_{11}a_{32} + a_{12}a_{31} & a_{11}a_{22} - a_{12}a_{21} \end{pmatrix}$$

であることが確かめられる. ただし, $|A|$ は次であり, これが 3 次正方行列 A の行列式である.

$$|A| = a_{11}a_{22}a_{33} + a_{12}a_{23}a_{31} + a_{13}a_{21}a_{32} - a_{11}a_{23}a_{32} - a_{12}a_{21}a_{33} - a_{13}a_{22}a_{31}$$

この $|A|$ において, $a_{1i}a_{2j}a_{3k}$ の添え字 (i, j, k) は

$$(1, 2, 3), \quad (2, 3, 1), \quad (3, 1, 2), \quad (1, 3, 2), \quad (2, 1, 3), \quad (3, 2, 1)$$

であり, 1, 2, 3 を並び替えたものである. ここで係数が + なのは $(1,2,3)$, $(2,3,1)$, $(3,1,2)$ であり, − なのは $(1,3,2)$, $(2,1,3)$, $(3,2,1)$ である. これらの違いとして, 次のように係数が + のものは $(1,2,3)$ の 2 つの数を偶数回並び替えることによって得られ, − のものは $(1,2,3)$ の 2 つの数を奇数回並び替えることによって得られる. ただし, ここでは 0 も偶数とする.

- $(1,2,3)$ は $(1,2,3)$ の 2 つの数を 0 回並び替えると得られる.
- $(2,3,1)$ は $(1,2,3)$ の 2 つの数を 2 回並び替えると得られる.

$$(1,2,3) \to (2,1,3) \to (2,3,1)$$

- $(3,1,2)$ は $(1,2,3)$ の 2 つの数を 2 回並び替えると得られる.

$$(1,2,3) \to (3,2,1) \to (3,1,2)$$

- $(1,3,2)$ は $(1,2,3)$ の 2 つの数を 1 回並び替えると得られる.

$$(1,2,3) \to (1,3,2)$$

- $(2,1,3)$ は $(1,2,3)$ の 2 つの数を 1 回並び替えると得られる.

$$(1,2,3) \to (2,1,3)$$

- $(3,2,1)$ は $(1,2,3)$ の 2 つの数を 1 回並び替えると得られる.

$$(1,2,3) \to (3,2,1)$$

ここで 2 つの数を並び替える回数は一意的に定まらないが, 偶数回であるか奇数回であるかは一意的に定まる. 例えば $(2,3,1)$ は $(1,2,3)$ の 2 つの数を 4 回並び替えることによっても得られる.

$$(1,2,3) \to (2,1,3) \to (1,2,3) \to (2,1,3) \to (2,3,1)$$

同様のことは 2 次正方行列でも成り立っており, これを一般化したものが行列式である. そこで以下では並び替えを記述する置換について述べ, これを用いて行列式を定義する.

5.2　置換と順列

ここでは行列式の定義に必要な並び替えを記述する置換について述べる. さらに並び替えを行って得られる順列についても述べる.

5.2.1 置換

$(1,2,3)$ を $(2,3,1)$ に並び替えることは 1 に 2, 2 に 3, 3 に 1 を対応させる規則と考えられる. つまり, この並び替えは $\{1,2,3\}$ 上の次の変換 σ と考えられる.

$$\sigma(1)=2, \quad \sigma(2)=3, \quad \sigma(3)=1$$

さらに, この変換は全単射である.

これより並び替えを記述する置換を次のように定義する.

定義 5.2.1 $\{1,2,\ldots,n\}$ 上の全単射な変換を n 次の**置換**という. 置換 σ が

$$\sigma(1)=i_1, \quad \sigma(2)=i_2, \quad \ldots, \quad \sigma(n)=i_n$$

であるとき, 次のように表す.

$$\sigma=\begin{pmatrix} 1 & 2 & \cdots & n \\ i_1 & i_2 & \cdots & i_n \end{pmatrix}$$

特に $\begin{pmatrix} 1 & 2 & \cdots & n \\ 1 & 2 & \cdots & n \end{pmatrix}$ を**単位置換**といい, ε で表す. □

例 5.1

- 次は 2 次の置換であり, これ以外に 2 次の置換はない.

$$\begin{pmatrix} 1 & 2 \\ 1 & 2 \end{pmatrix}, \quad \begin{pmatrix} 1 & 2 \\ 2 & 1 \end{pmatrix}$$

- 次は 3 次の置換であり, これ以外に 3 次の置換はない.

$$\begin{pmatrix} 1 & 2 & 3 \\ 1 & 2 & 3 \end{pmatrix}, \quad \begin{pmatrix} 1 & 2 & 3 \\ 1 & 3 & 2 \end{pmatrix}, \quad \begin{pmatrix} 1 & 2 & 3 \\ 2 & 3 & 1 \end{pmatrix}$$

$$\begin{pmatrix} 1 & 2 & 3 \\ 2 & 1 & 3 \end{pmatrix}, \quad \begin{pmatrix} 1 & 2 & 3 \\ 3 & 1 & 2 \end{pmatrix}, \quad \begin{pmatrix} 1 & 2 & 3 \\ 3 & 2 & 1 \end{pmatrix}$$

定義 5.2.2 2 つの数を並び替える置換を**互換**という. i と j を並び替える互換を $(i\ j)$ と表す. つまり, 互換 $\sigma=(i\ j)$ は

$$\sigma(i)=j, \quad \sigma(j)=i, \quad \sigma(k)=k \quad (k \neq i,j)$$

を満たす置換である. □

例 5.2

- 2次の置換のうち, 互換であるものは次である.

$$(1\ 2) = \begin{pmatrix} 1 & 2 \\ 2 & 1 \end{pmatrix}$$

- 3次の置換のうち, 互換であるものは次である.

$$(2\ 3) = \begin{pmatrix} 1 & 2 & 3 \\ 1 & 3 & 2 \end{pmatrix}, \quad (1\ 2) = \begin{pmatrix} 1 & 2 & 3 \\ 2 & 1 & 3 \end{pmatrix}, \quad (1\ 3) = \begin{pmatrix} 1 & 2 & 3 \\ 3 & 2 & 1 \end{pmatrix}$$

互換は2つの数を並び替え, それ以外を動かさないものであった. これを一般化したのが次である.

定義 5.2.3　$(i_1, i_2, \ldots, i_m)$ を $(i_2, i_3, \ldots, i_1)$ に並び替え, それ以外を並び替えない置換を**巡回置換**といい, $(i_1\ \ i_2\ \ \ldots\ \ i_m)$ で表す. つまり, 巡回置換 $\sigma = (i_1\ i_2\ \ldots\ i_m)$ は

$$\sigma(i_1) = i_2, \quad \sigma(i_2) = i_3, \quad \ldots, \quad \sigma(i_m) = i_1$$
$$\sigma(k) = k \quad (k \neq i_1, i_2, \ldots, i_m)$$

を満たす置換である. □

例 5.3

- $\sigma = \begin{pmatrix} 1 & 2 & 3 \\ 2 & 3 & 1 \end{pmatrix}$ は $\sigma(1) = 2, \sigma(2) = 3, \sigma(3) = 1$ より巡回置換 $(1\ 2\ 3)$ である. これは $\sigma(2) = 3, \sigma(3) = 1, \sigma(1) = 2$ であるので $(2\ 3\ 1)$ とも表せる.
- $\sigma = \begin{pmatrix} 1 & 2 & 3 & 4 \\ 4 & 1 & 3 & 2 \end{pmatrix}$ は $\sigma(1) = 4, \sigma(4) = 2, \sigma(2) = 1$ であり, $\sigma(3) = 3$ なので巡回置換 $(1\ 4\ 2)$ である.
- $\sigma = \begin{pmatrix} 1 & 2 & 3 & 4 \\ 4 & 3 & 1 & 2 \end{pmatrix}$ は $\sigma(1) = 4, \sigma(4) = 2, \sigma(2) = 3, \sigma(3) = 1$ なので巡回置換 $(1\ 4\ 2\ 3)$ である.
- $\sigma = \begin{pmatrix} 1 & 2 & 3 & 4 \\ 2 & 1 & 4 & 3 \end{pmatrix}$ は $\sigma(1) = 2, \sigma(2) = 1$ であり, $\sigma(3) = 4, \sigma(4) = 3$ なので巡回置換でない.

定義 5.2.4　n 次の置換 τ, σ から n 次の置換 $\tau\sigma$ を

$$\tau\sigma(1) = \tau(\sigma(1)), \quad \tau\sigma(2) = \tau(\sigma(2)), \quad \ldots, \quad \tau\sigma(n) = \tau(\sigma(n))$$

で定める．これを τ と σ の積という．　□

例 5.4

置換 $\sigma = \begin{pmatrix} 1 & 2 & 3 \\ 1 & 3 & 2 \end{pmatrix}, \tau = \begin{pmatrix} 1 & 2 & 3 \\ 2 & 3 & 1 \end{pmatrix}$ の積 $\tau\sigma$ は

$$\tau\sigma(1) = \tau(\sigma(1)) = \tau(1) = 2, \quad \tau\sigma(2) = \tau(\sigma(2)) = \tau(3) = 1$$
$$\tau\sigma(3) = \tau(\sigma(3)) = \tau(2) = 3$$

であるので次で与えられる．

$$\tau\sigma = \begin{pmatrix} 1 & 2 & 3 \\ 2 & 1 & 3 \end{pmatrix}$$

一方, 積 $\sigma\tau$ は

$$\sigma\tau(1) = \sigma(\tau(1)) = \sigma(2) = 3, \quad \sigma\tau(2) = \sigma(\tau(2)) = \sigma(3) = 2$$
$$\sigma\tau(3) = \sigma(\tau(3)) = \sigma(1) = 1$$

であるので次で与えられる．

$$\tau\sigma = \begin{pmatrix} 1 & 2 & 3 \\ 3 & 2 & 1 \end{pmatrix}$$

この例より置換 τ, σ の積 $\tau\sigma, \sigma\tau$ は一般的に等しくないことがわかる．

ここで置換の積は計算を行う順番に依らない．これより積の順番を表す括弧を省略する．例えば置換 υ, τ, σ に対して $\upsilon(\tau\sigma) = (\upsilon\tau)\sigma$ が成り立つのでこれを単に $\upsilon\tau\sigma$ と表す．

この積を用いると次のように巡回置換は互換の積で表せる．

定理 5.2.1　巡回置換 $(i_1\ i_2\ \cdots\ i_m)$ は

$$(i_1\ i_2\ \cdots\ i_m) = (i_1\ i_m)(i_1\ i_{m-1})\cdots(i_1\ i_2)$$

と互換の積で表せる．　□

【証明】 ここでは $m=3$ の場合を示す. $\sigma_2=(i_1\ i_2), \sigma_3=(i_1\ i_3)$ とすると

$$\sigma_3\sigma_2(i_1)=\sigma_3(i_2)=i_2,\quad \sigma_3\sigma_2(i_2)=\sigma_3(i_1)=i_3,\quad \sigma_3\sigma_2(i_3)=\sigma_3(i_3)=i_1$$
$$\sigma_3\sigma_2(k)=\sigma_3(k)=k\quad (k\neq i_1,i_2,i_3)$$

であるので $\sigma_3\sigma_2=(i_1\ i_2\ i_3)$ が成り立つ. ■

例 5.5

- $\begin{pmatrix}1&2&3\\2&3&1\end{pmatrix}$ は巡回置換 $(1\ 2\ 3)$ であるので, 互換の積で表したものは次である.

$$\begin{pmatrix}1&2&3\\2&3&1\end{pmatrix}=(1\,2\,3)=(1\,3)(1\,2)$$

- $\begin{pmatrix}1&2&3&4\\4&1&3&2\end{pmatrix}$ は巡回置換 $(1\ 4\ 2)$ であるので, 互換の積で表したものは次である.

$$\begin{pmatrix}1&2&3&4\\4&1&3&2\end{pmatrix}=(1\,4\,2)=(1\,2)(1\,4)$$

- $\sigma=\begin{pmatrix}1&2&3&4\\4&3&1&2\end{pmatrix}$ は巡回置換 $(1\ 4\ 2\ 3)$ であるので, 互換の積で表したものは次である.

$$\begin{pmatrix}1&2&3&4\\4&3&1&2\end{pmatrix}=(1\,4\,2\,3)=(1\,3)(1\,2)(1\,4)$$

さらに次の例のように置換は巡回置換の積で表せる.

例 5.6

- $\sigma=\begin{pmatrix}1&2&3&4\\2&1&4&3\end{pmatrix}$ は $\sigma(1)=2, \sigma(2)=1$ であり, $\sigma(3)=4, \sigma(4)=3$ である. これらに対応する巡回置換は $(1\,2), (3\,4)$ であって次が成り立つ.

$$\sigma=(1\,2)(3\,4)$$

- $\sigma = \begin{pmatrix} 1 & 2 & 3 & 4 & 5 \\ 3 & 4 & 5 & 2 & 1 \end{pmatrix}$ は $\sigma(1) = 3, \sigma(3) = 5, \sigma(5) = 1$ であり, $\sigma(2) = 4, \sigma(4) = 2$ である. これらに対応する巡回置換は $(1\ 3\ 5), (2\ 4)$ であって次が成り立つ.

$$\sigma = (1\ 3\ 5)(2\ 4)$$

これらのことにより次が成り立つ.

定理 5.2.2 置換は互換の積で表せる. □

例 5.7

$\begin{pmatrix} 1 & 2 & 3 & 4 & 5 \\ 3 & 4 & 5 & 2 & 1 \end{pmatrix}$ は巡回置換 $(1\ 3\ 5), (2\ 4)$ の積で表すことができ, $(1\ 3\ 5) = (1\ 5)(1\ 3)$ であるので次のように互換の積で表せる.

$$\begin{pmatrix} 1 & 2 & 3 & 4 & 5 \\ 3 & 4 & 5 & 2 & 1 \end{pmatrix} = (1\ 3\ 5)(2\ 4) = (1\ 5)(1\ 3)(2\ 4)$$

このことは $(1, 2, 3, 4, 5)$ の 2 つの数を 3 回並び替えると $(3, 4, 5, 2, 1)$ が得られることを表している.

$$(1, 2, 3, 4, 5) \to (1, 4, 3, 2, 5) \to (3, 4, 1, 2, 5) \to (3, 4, 5, 2, 1)$$

ここで $(2\ 4) = (1\ 2)(1\ 2)(2\ 4)$ であるので次のようにも表せる.

$$\begin{pmatrix} 1 & 2 & 3 & 4 & 5 \\ 3 & 4 & 5 & 2 & 1 \end{pmatrix} = (1\ 5)(1\ 3)(1\ 2)(1\ 2)(2\ 4)$$

このように置換の互換の積による表示は一意的ではないが, 互換が現れる数が偶数個か奇数個であるかは一意的に定まる. このことより次が定義できる.

定義 5.2.5 置換を互換の積で表したとき, 互換の数が偶数個であるものを**偶置換**, 奇数個であるものを**奇置換**という. これを用いて置換 σ の**符号**を次で定める.

$$\mathrm{sgn}(\sigma) = \begin{cases} +1 & (\sigma\text{: 偶置換}) \\ -1 & (\sigma\text{: 奇置換}) \end{cases}$$

ただし, 単位置換に対しては $\mathrm{sgn}(\varepsilon) = +1$ と定める. □

例 5.8

- 2次の置換の符号はそれぞれ次である.

$$\operatorname{sgn}\begin{pmatrix}1 & 2\\1 & 2\end{pmatrix}=+1,\quad \operatorname{sgn}\begin{pmatrix}1 & 2\\2 & 1\end{pmatrix}=-1$$

- 3次の置換の符号はそれぞれ次である.

$$\operatorname{sgn}\begin{pmatrix}1 & 2 & 3\\1 & 2 & 3\end{pmatrix}=+1,\quad \operatorname{sgn}\begin{pmatrix}1 & 2 & 3\\1 & 3 & 2\end{pmatrix}=-1,\quad \operatorname{sgn}\begin{pmatrix}1 & 2 & 3\\2 & 3 & 1\end{pmatrix}=+1$$

$$\operatorname{sgn}\begin{pmatrix}1 & 2 & 3\\2 & 1 & 3\end{pmatrix}=-1,\quad \operatorname{sgn}\begin{pmatrix}1 & 2 & 3\\3 & 1 & 2\end{pmatrix}=+1,\quad \operatorname{sgn}\begin{pmatrix}1 & 2 & 3\\3 & 2 & 1\end{pmatrix}=-1$$

- $\begin{pmatrix}1 & 2 & 3 & 4\\4 & 1 & 3 & 2\end{pmatrix}$ は $(1\ 2)(1\ 4)$ と表せるので, その符号は $+1$ である.
- $\begin{pmatrix}1 & 2 & 3 & 4\\4 & 3 & 1 & 2\end{pmatrix}$ は $(1\ 3)(1\ 2)(1\ 4)$ と表せるので, その符号は -1 である.
- $\begin{pmatrix}1 & 2 & 3 & 4 & 5\\3 & 4 & 5 & 2 & 1\end{pmatrix}$ は $(1\ 5)(1\ 3)(2\ 4)$ と表せるので, その符号は -1 である.

5.2.2　順列

置換は並び替えの操作を表すものであった. ここでは並び替えにより得られる順列について述べる.

定義 5.2.6　$1, 2, \ldots, n$ を並び替えたものを n 次の順列という. $1, 2, \ldots, n$ を $i_1, i_2, \ldots, i_n$ に並び替えた順列を次で表す.

$$(i_1, i_2, \ldots, i_n)$$

□

例 5.9

- 次は2次の順列であり, これ以外に2次の順列はない.

$$(1,2),\quad (2,1)$$

- 次は3次の順列であり, これ以外に3次の順列はない.

$$(1,2,3), \quad (1,3,2), \quad (2,3,1)$$
$$(2,1,3), \quad (3,1,2), \quad (3,2,1)$$

---

n 次の置換 σ から n 次の順列を

$$(\sigma(1), \sigma(2), \ldots, \sigma(n))$$

と定めることができる. 逆に n 次の順列 $(i_1, i_2, \ldots, i_n)$ から n 次の置換を次のように定めることができる.

$$\begin{pmatrix} 1 & 2 & \cdots & n \\ i_1 & i_2 & \cdots & i_n \end{pmatrix}$$

このように n 次の順列と n 次の置換は同じものとみなすことができる. そこで次のように置換 σ から定まる順列も σ で表す.

$$\sigma = (\sigma(1), \sigma(2), \ldots, \sigma(n))$$

順列に対しては転倒数と呼ばれる値を定めることができる.

定義 5.2.7 n 次の順列 σ に対して, 次を満たす $\{i, j\}$ $(1 \leq i < j \leq n)$ の個数を転倒数という.

$$\sigma(i) > \sigma(j)$$

□

例 5.10

- 2次の順列

$$(1,2), \quad (2,1)$$

の転倒数はそれぞれ $0, 1$ である.

- 3次の順列

$$(1,2,3), \quad (1,3,2), \quad (2,3,1)$$
$$(2,1,3), \quad (3,1,2), \quad (3,2,1)$$

の転倒数はそれぞれ $0, 1, 2, 1, 2, 3$ である.

定義 5.2.8　順列であって転倒数が偶数のものを**偶順列**, 奇数のものを**奇順列**という. これを用いて順列 σ の**符号**を次で定める.

$$\operatorname{sgn}'(\sigma) = \begin{cases} +1 & (\sigma\text{: 偶順列}) \\ -1 & (\sigma\text{: 奇順列}) \end{cases}$$

□

例 5.11

- 2次の順列の符号はそれぞれ次である.

$$\operatorname{sgn}'(1,2) = +1, \quad \operatorname{sgn}'(2,1) = -1$$

- 3次の順列の符号はそれぞれ次である.

$$\begin{aligned} &\operatorname{sgn}'(1,2,3) = +1, \quad \operatorname{sgn}'(1,3,2) = -1, \quad \operatorname{sgn}'(2,3,1) = +1 \\ &\operatorname{sgn}'(2,1,3) = -1, \quad \operatorname{sgn}'(3,1,2) = +1, \quad \operatorname{sgn}'(3,2,1) = -1 \end{aligned}$$

このように置換 σ に対しては符号 $\operatorname{sgn}(\sigma)$ と σ を順列と考えた符号 $\operatorname{sgn}'(\sigma)$ が定まった. 例 5.8 と例 5.11 を比較すると, 2次と3次の置換に対してはこれらの値は一致する. 実はこのことは一般的に成り立つ.

定理 5.2.3　置換 σ に対して次が成り立つ.

$$\operatorname{sgn}(\sigma) = \operatorname{sgn}'(\sigma)$$

□

5.3　行列式

2次正方行列の行列式

$$\begin{vmatrix} a_{11} & a_{12} \\ a_{21} & a_{22} \end{vmatrix} = a_{11}a_{22} - a_{12}a_{21} = a_{11}a_{22} + (-a_{12}a_{21})$$

の各項は次のように 2 次の置換 σ を用いて $\mathrm{sgn}(\sigma)a_{1\sigma(1)}a_{2\sigma(2)}$ と表すことができる.

$$\mathrm{sgn}(\sigma)a_{1\sigma(1)}a_{2\sigma(2)} = \begin{cases} +a_{11}a_{22} & (\sigma = \varepsilon) \\ -a_{12}a_{21} & (\sigma = (1\ 2)) \end{cases}$$

これより S_2 を 2 次の置換の集合とすると, この行列式は次のように表すことができる.

$$\sum_{\sigma \in S_2} \mathrm{sgn}(\sigma)a_{1\sigma(1)}a_{2\sigma(2)}$$

一般の行列式の定義は次である.

定義 5.3.1　n 次正方行列

$$A = \begin{pmatrix} a_{11} & a_{12} & \cdots & a_{1n} \\ a_{21} & a_{22} & \cdots & a_{2n} \\ \vdots & \vdots & \ddots & \vdots \\ a_{n1} & a_{n2} & \cdots & a_{nn} \end{pmatrix}$$

の行列式を

$$\sum_{\sigma \in S_n} \mathrm{sgn}(\sigma)a_{1\sigma(1)}a_{2\sigma(2)}\cdots a_{n\sigma(n)}$$

で定める. ただし, S_n は n 次の置換の集合とする. これを $|A|$ や $\det A$, あるいは成分を用いて

$$\begin{vmatrix} a_{11} & a_{12} & \cdots & a_{1n} \\ a_{21} & a_{22} & \cdots & a_{2n} \\ \vdots & \vdots & \ddots & \vdots \\ a_{n1} & a_{n2} & \cdots & a_{nn} \end{vmatrix}$$

と表す. $A = \begin{pmatrix} \boldsymbol{a}_1 & \boldsymbol{a}_2 & \cdots & \boldsymbol{a}_n \end{pmatrix}$ と列ベクトルを用いて表されている場合は

$$\begin{vmatrix} \boldsymbol{a}_1 & \boldsymbol{a}_2 & \cdots & \boldsymbol{a}_n \end{vmatrix}$$

とも表す. また, n を行列式の次数という. □

例 5.12

3 次の置換は

$$\varepsilon = \begin{pmatrix} 1 & 2 & 3 \\ 1 & 2 & 3 \end{pmatrix}, \qquad (2\ 3) = \begin{pmatrix} 1 & 2 & 3 \\ 1 & 3 & 2 \end{pmatrix}, \qquad (1\ 2\ 3) = \begin{pmatrix} 1 & 2 & 3 \\ 2 & 3 & 1 \end{pmatrix}$$

$$(1\ 2) = \begin{pmatrix} 1 & 2 & 3 \\ 2 & 1 & 3 \end{pmatrix}, \qquad (1\ 3\ 2) = \begin{pmatrix} 1 & 2 & 3 \\ 3 & 1 & 2 \end{pmatrix}, \qquad (1\ 3) = \begin{pmatrix} 1 & 2 & 3 \\ 3 & 2 & 1 \end{pmatrix}$$

であり, それぞれの符号は

$$\begin{aligned} &\mathrm{sgn}(\varepsilon) = +1, &&\mathrm{sgn}(2\ 3) = -1, &&\mathrm{sgn}(1\ 2\ 3) = +1 \\ &\mathrm{sgn}(1\ 2) = -1, &&\mathrm{sgn}(1\ 3\ 2) = +1, &&\mathrm{sgn}(1\ 3) = -1 \end{aligned}$$

であるので

$$\mathrm{sgn}(\sigma)a_{1\sigma(1)}a_{2\sigma(2)}a_{3\sigma(3)} = \begin{cases} +a_{11}a_{22}a_{33} & (\sigma = \varepsilon) \\ -a_{11}a_{23}a_{32} & (\sigma = (2\ 3)) \\ +a_{12}a_{23}a_{31} & (\sigma = (1\ 2\ 3)) \\ -a_{12}a_{21}a_{33} & (\sigma = (1\ 2)) \\ +a_{13}a_{21}a_{32} & (\sigma = (1\ 3\ 2)) \\ -a_{13}a_{22}a_{31} & (\sigma = (1\ 3)) \end{cases}$$

となる. これより3次の行列式 $\begin{vmatrix} a_{11} & a_{12} & a_{13} \\ a_{21} & a_{22} & a_{23} \\ a_{31} & a_{32} & a_{33} \end{vmatrix}$ は次で与えられる.

$$a_{11}a_{22}a_{33} + a_{12}a_{23}a_{31} + a_{13}a_{21}a_{32} - a_{11}a_{23}a_{32} - a_{12}a_{21}a_{33} - a_{13}a_{22}a_{31}$$

ここで2次, および3次の行列式は, 次のように左上から右下 (実線の矢印) に積を取ったものに $+1$ をかけ, 右上から左下 (破線の矢印) に積を取ったものに -1 をかけ, それらの和を取ることにより計算できる.

- 2次の行列式

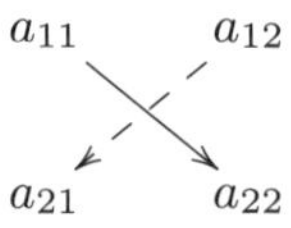

- 3次の行列式

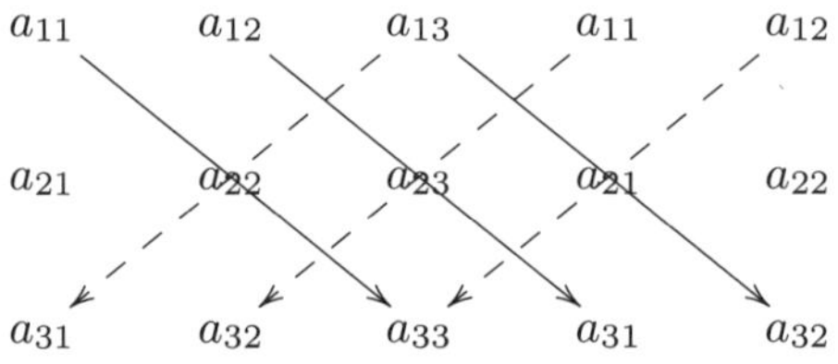

これをサラスの方法という．

例 5.13

$$\begin{vmatrix} 1 & 2 & 3 \\ 8 & 9 & 4 \\ 7 & 6 & 5 \end{vmatrix} = 1\cdot 9\cdot 5 + 2\cdot 4\cdot 7 + 3\cdot 8\cdot 6 - 1\cdot 4\cdot 6 - 2\cdot 8\cdot 5 - 3\cdot 9\cdot 7$$
$$= -48$$

行列式は面積や体積と関係している．例えば 2 次列ベクトル $\boldsymbol{x} = \begin{pmatrix} x_1 \\ x_2 \end{pmatrix}, \boldsymbol{x}' = \begin{pmatrix} x_1' \\ x_2' \end{pmatrix}$ が張る平行四辺形の面積は第 6 章で述べるように $|x_1x_2' - x_1'x_2|$ で与えられる．これは 2 次正方行列 $\begin{pmatrix} \boldsymbol{x} & \boldsymbol{x}' \end{pmatrix}$ の行列式

$$\det \begin{pmatrix} \boldsymbol{x} & \boldsymbol{x}' \end{pmatrix} = x_1x_2' - x_1'x_2$$

に絶対値をつけた値である．さらに, 3 次列ベクトル $\boldsymbol{x}, \boldsymbol{x}', \boldsymbol{x}''$ が張る平行六面体の体積は 3 次正方行列 $\begin{pmatrix} \boldsymbol{x} & \boldsymbol{x}' & \boldsymbol{x}'' \end{pmatrix}$ の行列式に絶対値をつけた値である．

5.4　行列式の性質

2 次や 3 次の行列式の値は比較的簡単に計算できるが, 4 次以上の行列式の値を定義通りに計算するのは一般的に簡単ではない．ここでは行列式の性質を述べ, それを用いて計算を行う．

定理 5.4.1

$$\begin{vmatrix} a_{11} & a_{12} & \cdots & a_{1n} \\ 0 & a_{22} & \cdots & a_{2n} \\ \vdots & \vdots & \ddots & \vdots \\ 0 & a_{n2} & \cdots & a_{nn} \end{vmatrix} = a_{11} \begin{vmatrix} a_{22} & \cdots & a_{2n} \\ \vdots & \ddots & \vdots \\ a_{n2} & \cdots & a_{nn} \end{vmatrix}$$

□

【証明】 $a_{21} = a_{31} = \cdots = a_{n1} = 0$ とし, S_n の部分集合 S'_n を

$$S'_n = \{\sigma \in S_n \mid \sigma(1) = 1\}$$

とすると左辺, 右辺は次のように書くことができる.

$$\begin{aligned} \text{左辺} &= \sum_{\sigma \in S_n} \mathrm{sgn}(\sigma) a_{1\sigma(1)} a_{2\sigma(2)} \cdots a_{n\sigma(n)} \\ \text{右辺} &= a_{11} \sum_{\sigma \in S'_n} \mathrm{sgn}(\sigma) a_{2\sigma(2)} \cdots a_{n\sigma(n)} \\ &= \sum_{\sigma \in S'_n} \mathrm{sgn}(\sigma) a_{1\sigma(1)} a_{2\sigma(2)} \cdots a_{n\sigma(n)} \end{aligned}$$

ここで $\sigma \in S_n$ が S'_n に属さない, つまり $\sigma(1) \neq 1$ とすると $\sigma(i) = 1$ となる $i \neq 1$ が存在するので $a_{i\sigma(i)} = a_{i1} = 0$ となり, これより

$$a_{1\sigma(1)} a_{2\sigma(2)} \cdots a_{i\sigma(i)} \cdots a_{n\sigma(n)} = 0$$

となる. 従って

$$\sum_{\sigma \in S_n} \mathrm{sgn}(\sigma) a_{1\sigma(1)} a_{2\sigma(2)} \cdots a_{n\sigma(n)} = \sum_{\sigma \in S'_n} \mathrm{sgn}(\sigma) a_{1\sigma(1)} a_{2\sigma(2)} \cdots a_{n\sigma(n)}$$

が成り立つ. ■

例 5.14

$$\begin{vmatrix} 10 & 11 & 12 & 13 \\ 0 & 1 & 2 & 3 \\ 0 & 8 & 9 & 4 \\ 0 & 7 & 6 & 5 \end{vmatrix} = 10 \begin{vmatrix} 1 & 2 & 3 \\ 8 & 9 & 4 \\ 7 & 6 & 5 \end{vmatrix} = 10 \cdot (-48) = -480$$

定理 5.4.2　1つの行を λ 倍すると行列式の値は λ 倍になる.

$$\begin{vmatrix} a_{11} & \cdots & a_{1n} \\ \vdots & \ddots & \vdots \\ \lambda a_{i1} & \cdots & \lambda a_{in} \\ \vdots & \ddots & \vdots \\ a_{n1} & \cdots & a_{nn} \end{vmatrix} = \lambda \begin{vmatrix} a_{11} & \cdots & a_{1n} \\ \vdots & \ddots & \vdots \\ a_{i1} & \cdots & a_{in} \\ \vdots & \ddots & \vdots \\ a_{n1} & \cdots & a_{nn} \end{vmatrix}$$

特に1つの行がすべて0の行列式の値は0に等しい. □

【証明】

$$
\begin{aligned}
\text{左辺} &= \sum_{\sigma \in S_n} \mathrm{sgn}(\sigma) a_{1\sigma(1)} a_{2\sigma(2)} \cdots (\lambda a_{i\sigma(i)}) \cdots a_{n\sigma(n)} \\
&= \lambda \sum_{\sigma \in S_n} \mathrm{sgn}(\sigma) a_{1\sigma(1)} a_{2\sigma(2)} \cdots a_{i\sigma(i)} \cdots a_{n\sigma(n)} \\
&= \text{右辺}
\end{aligned}
$$

■

3 次の行列式の場合は例えば次である.

$$
\begin{vmatrix} \lambda a_{11} & \lambda a_{12} & \lambda a_{13} \\ a_{21} & a_{22} & a_{23} \\ a_{31} & a_{32} & a_{33} \end{vmatrix} = \lambda \begin{vmatrix} a_{11} & a_{12} & a_{13} \\ a_{21} & a_{22} & a_{23} \\ a_{31} & a_{32} & a_{33} \end{vmatrix}
$$

例 5.15

$$
\begin{vmatrix} 2 & 4 & 6 \\ 8 & 9 & 4 \\ 7 & 6 & 5 \end{vmatrix} = 2 \begin{vmatrix} 1 & 2 & 3 \\ 8 & 9 & 4 \\ 7 & 6 & 5 \end{vmatrix} = 2 \cdot (-48) = -96
$$

$$
\begin{vmatrix} 0 & 0 & 0 \\ 8 & 9 & 4 \\ 7 & 6 & 5 \end{vmatrix} = 0 \begin{vmatrix} 1 & 2 & 3 \\ 8 & 9 & 4 \\ 7 & 6 & 5 \end{vmatrix} = 0 \cdot (-48) = -0
$$

定理 5.4.3　第 i 行が 2 つの行ベクトルの和である行列の行列式の値は, 他の行は同じで第 i 行はそれぞれの行ベクトルとした行列の行列式の値の和に等しい.

$$
\begin{vmatrix} a_{11} & \cdots & a_{1n} \\ \vdots & \ddots & \vdots \\ a_{i1} + a'_{i1} & \cdots & a_{in} + a'_{in} \\ \vdots & \ddots & \vdots \\ a_{n1} & \cdots & a_{nn} \end{vmatrix} = \begin{vmatrix} a_{11} & \cdots & a_{1n} \\ \vdots & \ddots & \vdots \\ a_{i1} & \cdots & a_{in} \\ \vdots & \ddots & \vdots \\ a_{n1} & \cdots & a_{nn} \end{vmatrix} + \begin{vmatrix} a_{11} & \cdots & a_{1n} \\ \vdots & \ddots & \vdots \\ a'_{i1} & \cdots & a'_{in} \\ \vdots & \ddots & \vdots \\ a_{n1} & \cdots & a_{nn} \end{vmatrix}
$$

□

【証明】

$$
\text{左辺} = \sum_{\sigma \in S_n} \mathrm{sgn}(\sigma) a_{1\sigma(1)} a_{2\sigma(2)} \cdots (a_{i\sigma(i)} + a'_{i\sigma(i)}) \cdots a_{n\sigma(n)}
$$

$$
\begin{aligned}
&= \sum_{\sigma \in S_n} \mathrm{sgn}(\sigma) a_{1\sigma(1)} a_{2\sigma(2)} \cdots a_{i\sigma(i)} \cdots a_{n\sigma(n)} \\
&\qquad\qquad + \sum_{\sigma \in S_n} \mathrm{sgn}(\sigma) a_{1\sigma(1)} a_{2\sigma(2)} \cdots a'_{i\sigma(i)} \cdots a_{n\sigma(n)} \\
&= \text{右辺}
\end{aligned}
$$

■

3次の行列式の場合は例えば次である.

$$
\begin{vmatrix} a_{11}+a'_{11} & a_{12}+a'_{12} & a_{13}+a'_{13} \\ a_{21} & a_{22} & a_{23} \\ a_{31} & a_{32} & a_{33} \end{vmatrix} = \begin{vmatrix} a_{11} & a_{12} & a_{13} \\ a_{21} & a_{22} & a_{23} \\ a_{31} & a_{32} & a_{33} \end{vmatrix} + \begin{vmatrix} a'_{11} & a'_{12} & a'_{13} \\ a_{21} & a_{22} & a_{23} \\ a_{31} & a_{32} & a_{33} \end{vmatrix}
$$

例 5.16

$$
\begin{vmatrix} 2 & 4 & 6 \\ 8 & 9 & 4 \\ 7 & 6 & 5 \end{vmatrix} = \begin{vmatrix} 1+1 & 2+2 & 3+3 \\ 8 & 9 & 4 \\ 7 & 6 & 5 \end{vmatrix} = \begin{vmatrix} 1 & 2 & 3 \\ 8 & 9 & 4 \\ 7 & 6 & 5 \end{vmatrix} + \begin{vmatrix} 1 & 2 & 3 \\ 8 & 9 & 4 \\ 7 & 6 & 5 \end{vmatrix}
$$

$$
= -48 - 48 = -96
$$

定理 5.4.4　2つの行を入れ替えると行列式の値は -1 倍になる.

$$
\begin{vmatrix} a_{11} & \cdots & a_{1n} \\ \vdots & \ddots & \vdots \\ a_{i'1} & \cdots & a_{i'n} \\ \vdots & \ddots & \vdots \\ a_{i1} & \cdots & a_{in} \\ \vdots & \ddots & \vdots \\ a_{n1} & \cdots & a_{nn} \end{vmatrix} = - \begin{vmatrix} a_{11} & \cdots & a_{1n} \\ \vdots & \ddots & \vdots \\ a_{i1} & \cdots & a_{in} \\ \vdots & \ddots & \vdots \\ a_{i'1} & \cdots & a_{i'n} \\ \vdots & \ddots & \vdots \\ a_{n1} & \cdots & a_{nn} \end{vmatrix}
$$

特に2つの行が等しい行列式の値は0である.　□

【証明】　S_n 上の変換 f を

$$
f(\sigma) = \sigma(i\ i')
$$

で定めると f は全単射であり，

$$f(\sigma)(i) = \sigma(i'), \quad f(\sigma)(i') = \sigma(i), \quad f(\sigma)(k) = \sigma(k) \quad (k \neq i, i')$$

となる．また，$f(\sigma)$ は σ に比べて互換が1個多いので

$$\mathrm{sgn}(f(\sigma)) = -\mathrm{sgn}(\sigma)$$

が成り立つ．これより

$$\begin{aligned}
\text{左辺} &= \sum_{\sigma \in S_n} \mathrm{sgn}(\sigma) a_{1\sigma(1)} a_{2\sigma(2)} \cdots a_{i'\sigma(i)} \cdots a_{i\sigma(i')} \cdots a_{n\sigma(n)} \\
&= \sum_{\sigma \in S_n} \mathrm{sgn}(f(\sigma)) a_{1f(\sigma)(1)} a_{2f(\sigma)(2)} \cdots a_{i'f(\sigma)(i)} \cdots a_{if(\sigma)(i')} \cdots a_{nf(\sigma)(n)} \\
&= \sum_{\sigma \in S_n} (-\mathrm{sgn}(\sigma)) a_{1\sigma(1)} a_{2\sigma(2)} \cdots a_{i'\sigma(i')} \cdots a_{i\sigma(i)} \cdots a_{n\sigma(n)} \\
&= -\sum_{\sigma \in S_n} \mathrm{sgn}(\sigma) a_{1\sigma(1)} a_{2\sigma(2)} \cdots a_{i\sigma(i)} \cdots a_{i'\sigma(i')} \cdots a_{n\sigma(n)} \\
&= \text{右辺}
\end{aligned}$$

を得る． ■

3次の行列式の場合は例えば次である．

$$\begin{vmatrix} a_{21} & a_{22} & a_{23} \\ a_{11} & a_{12} & a_{13} \\ a_{31} & a_{32} & a_{33} \end{vmatrix} = - \begin{vmatrix} a_{11} & a_{12} & a_{13} \\ a_{21} & a_{22} & a_{23} \\ a_{31} & a_{32} & a_{33} \end{vmatrix}$$

例 5.17

$$\begin{vmatrix} 8 & 9 & 4 \\ 1 & 2 & 3 \\ 7 & 6 & 5 \end{vmatrix} = - \begin{vmatrix} 1 & 2 & 3 \\ 8 & 9 & 4 \\ 7 & 6 & 5 \end{vmatrix} = -(-48) = 48$$

$$\begin{vmatrix} 8 & 9 & 4 \\ 7 & 6 & 5 \\ 1 & 2 & 3 \end{vmatrix} = - \begin{vmatrix} 1 & 2 & 3 \\ 7 & 6 & 5 \\ 8 & 9 & 4 \end{vmatrix} = \begin{vmatrix} 1 & 2 & 3 \\ 8 & 9 & 4 \\ 7 & 6 & 5 \end{vmatrix} = -48$$

次は定理5.4.2, 定理5.4.3, 定理5.4.4から得られる．

定理 5.4.5　1つの行に他の行の定数倍を加えても行列式の値は変わらない.

$$\begin{vmatrix} a_{11} & \cdots & a_{1n} \\ \vdots & \ddots & \vdots \\ a_{i1}+\lambda a_{i'1} & \cdots & a_{in}+\lambda a_{i'n} \\ \vdots & \ddots & \vdots \\ a_{i'1} & \cdots & a_{i'n} \\ \vdots & \ddots & \vdots \\ a_{n1} & \cdots & a_{nn} \end{vmatrix} = \begin{vmatrix} a_{11} & \cdots & a_{1n} \\ \vdots & \ddots & \vdots \\ a_{i1} & \cdots & a_{in} \\ \vdots & \ddots & \vdots \\ a_{i'1} & \cdots & a_{i'n} \\ \vdots & \ddots & \vdots \\ a_{n1} & \cdots & a_{nn} \end{vmatrix}$$

特に1つの行が他の行の定数倍である行列式の値は0に等しい.　□

【証明】　定理5.4.2, 定理5.4.3より

$$左辺 = \begin{vmatrix} a_{11} & \cdots & a_{1n} \\ \vdots & \ddots & \vdots \\ a_{i1} & \cdots & a_{in} \\ \vdots & \ddots & \vdots \\ a_{i'1} & \cdots & a_{i'n} \\ \vdots & \ddots & \vdots \\ a_{n1} & \cdots & a_{nn} \end{vmatrix} + \lambda \begin{vmatrix} a_{11} & \cdots & a_{1n} \\ \vdots & \ddots & \vdots \\ a_{i'1} & \cdots & a_{i'n} \\ \vdots & \ddots & \vdots \\ a_{i'1} & \cdots & a_{i'n} \\ \vdots & \ddots & \vdots \\ a_{n1} & \cdots & a_{nn} \end{vmatrix}$$

となり, この右辺の第2項の行列式は定理5.4.4より0となることからこの性質が得られる.　■

3次の行列式の場合は例えば次である.

$$\begin{vmatrix} a_{11}+\lambda a_{21} & a_{12}+\lambda a_{22} & a_{13}+\lambda a_{23} \\ a_{21} & a_{22} & a_{23} \\ a_{31} & a_{32} & a_{33} \end{vmatrix} = \begin{vmatrix} a_{11} & a_{12} & a_{13} \\ a_{21} & a_{22} & a_{23} \\ a_{31} & a_{32} & a_{33} \end{vmatrix}$$

例 5.18

$$\begin{vmatrix} 17 & 20 & 11 \\ 8 & 9 & 4 \\ 7 & 6 & 5 \end{vmatrix} = \begin{vmatrix} 1+2\cdot 8 & 2+2\cdot 9 & 3+2\cdot 4 \\ 8 & 9 & 4 \\ 7 & 6 & 5 \end{vmatrix} = \begin{vmatrix} 1 & 2 & 3 \\ 8 & 9 & 4 \\ 7 & 6 & 5 \end{vmatrix} = -48$$

$$\begin{vmatrix} 16 & 18 & 8 \\ 8 & 9 & 4 \\ 7 & 6 & 5 \end{vmatrix} = \begin{vmatrix} 2\cdot 8 & 2\cdot 9 & 2\cdot 4 \\ 8 & 9 & 4 \\ 7 & 6 & 5 \end{vmatrix} = \begin{vmatrix} 0 & 0 & 0 \\ 8 & 9 & 4 \\ 7 & 6 & 5 \end{vmatrix} = 0$$

以上の性質を用いると, 次のように行列式の値が計算できる.

例 5.19

$$\begin{vmatrix} 1 & 2 & 3 \\ 8 & 9 & 4 \\ 7 & 6 & 5 \end{vmatrix} = \begin{vmatrix} 1 & 2 & 3 \\ 8-8\cdot 1 & 9-8\cdot 2 & 4-8\cdot 3 \\ 7-7\cdot 1 & 6-7\cdot 2 & 5-7\cdot 3 \end{vmatrix} = \begin{vmatrix} 1 & 2 & 3 \\ 0 & -7 & -20 \\ 0 & -8 & -16 \end{vmatrix}$$

$$= \begin{vmatrix} -7 & -20 \\ -8\cdot 1 & -8\cdot 2 \end{vmatrix} = -8\begin{vmatrix} -7 & -20 \\ 1 & 2 \end{vmatrix}$$

$$= -8\cdot\{-7\cdot 2-(-20)\cdot 1\} = -48$$

ここまで述べた行列式の性質は行の変形についてのものであった. ここで行列の行と列を入れ替える操作である転置について次が成り立つ.

定理 5.4.6 正方行列 A とその転置 ${}^tA$ の行列式の値は等しい.

$$|{}^tA| = |A|$$

□

【証明】 n 次正方行列 A の (i,j) 成分を a_{ij}, ${}^tA$ の (i,j) 成分を b_{ij} とすると $b_{ij} = a_{ji}$ であるので

$$\begin{aligned} |{}^tA| &= \sum_{\sigma\in S_n} \mathrm{sgn}(\sigma) b_{1\sigma(1)} b_{2\sigma(2)} \cdots b_{n\sigma(n)} \\ &= \sum_{\sigma\in S_n} \mathrm{sgn}(\sigma) a_{\sigma(1)1} a_{\sigma(2)2} \cdots a_{\sigma(n)n} \end{aligned}$$

となる. $\sigma \in S_n$ は $\{1, 2, \ldots, n\}$ 上の全単射な変換であったのでその逆変換 σ^{-1} が存在し, この逆変換は置換であるので S_n 上の変換 f を

$$f(\sigma) = \sigma^{-1}$$

と定めることができる．f は全単射であり，$\sigma = (i_1\ j_1)(i_2\ j_2)\cdots(i_m\ j_m)$ と互換の積で表すと $\sigma^{-1} = (i_m\ j_m)\cdots(i_2\ j_2)(i_1\ j_1)$ であるので

$$\mathrm{sgn}(f(\sigma)) = \mathrm{sgn}(\sigma)$$

が成り立つ．ここで $\{\sigma(1), \sigma(2), \ldots, \sigma(n)\}$ は $\{1, 2, \ldots . n\}$ に等しいので順序を入れ替えると

$$a_{\sigma(1)1}a_{\sigma(2)2}\cdots a_{\sigma(n)n} = a_{1\sigma^{-1}(1)}a_{2\sigma^{-1}(2)}\cdots a_{n\sigma^{-1}(n)}$$

となる．従って

$$\begin{aligned}
&\sum_{\sigma\in S_n} \mathrm{sgn}(\sigma)a_{\sigma(1)1}a_{\sigma(2)2}\cdots a_{\sigma(n)n}\\
=&\sum_{\sigma\in S_n} \mathrm{sgn}(\sigma)a_{1\sigma^{-1}(1)}a_{2\sigma^{-1}(2)}\cdots a_{n\sigma^{-1}(n)}\\
=&\sum_{\sigma\in S_n} \mathrm{sgn}(f(\sigma))a_{1f(\sigma)(1)}a_{2f(\sigma)(2)}\cdots a_{nf(\sigma)(n)}\\
=&\sum_{\sigma\in S_n} \mathrm{sgn}(\sigma)a_{1\sigma(1)}a_{2\sigma(2)}\cdots a_{n\sigma(n)}\\
=&|A|
\end{aligned}$$

を得る．■

定理5.4.6より，行列式の行の変形についての性質は列の変形についても成り立つ．定理5.4.1に対応する性質は次である．

$$\begin{vmatrix} a_{11} & 0 & \cdots & 0 \\ a_{21} & a_{22} & \cdots & a_{2n} \\ \vdots & \vdots & \ddots & \vdots \\ a_{n1} & a_{n2} & \cdots & a_{nn} \end{vmatrix} = a_{11}\begin{vmatrix} a_{22} & \cdots & a_{2n} \\ \vdots & \ddots & \vdots \\ a_{n2} & \cdots & a_{nn} \end{vmatrix}$$

定理5.4.2, 5.4.3, 5.4.4, 5.4.5に対応する性質は例えば次である．

- 定理5.4.2に対応する性質

$$\begin{vmatrix} \lambda a_{11} & a_{12} & a_{13} \\ \lambda a_{21} & a_{22} & a_{23} \\ \lambda a_{31} & a_{32} & a_{33} \end{vmatrix} = \lambda\begin{vmatrix} a_{11} & a_{12} & a_{13} \\ a_{21} & a_{22} & a_{23} \\ a_{31} & a_{32} & a_{33} \end{vmatrix}$$

- 定理 5.4.3 に対応する性質

$$\begin{vmatrix} a_{11}+a'_{11} & a_{12} & a_{13} \\ a_{21}+a'_{21} & a_{22} & a_{23} \\ a_{31}+a'_{31} & a_{32} & a_{33} \end{vmatrix} = \begin{vmatrix} a_{11} & a_{12} & a_{13} \\ a_{21} & a_{22} & a_{23} \\ a_{31} & a_{32} & a_{33} \end{vmatrix} + \begin{vmatrix} a'_{11} & a_{12} & a_{13} \\ a'_{21} & a_{22} & a_{23} \\ a'_{31} & a_{32} & a_{33} \end{vmatrix}$$

- 定理 5.4.4 に対応する性質

$$\begin{vmatrix} a_{12} & a_{11} & a_{13} \\ a_{22} & a_{21} & a_{23} \\ a_{32} & a_{31} & a_{33} \end{vmatrix} = - \begin{vmatrix} a_{11} & a_{12} & a_{13} \\ a_{21} & a_{22} & a_{23} \\ a_{31} & a_{32} & a_{33} \end{vmatrix}$$

- 定理 5.4.5 に対応する性質

$$\begin{vmatrix} a_{11}+\lambda a_{12} & a_{12} & a_{13} \\ a_{21}+\lambda a_{22} & a_{22} & a_{23} \\ a_{31}+\lambda a_{32} & a_{32} & a_{33} \end{vmatrix} = \begin{vmatrix} a_{11} & a_{12} & a_{13} \\ a_{21} & a_{22} & a_{23} \\ a_{31} & a_{32} & a_{33} \end{vmatrix}$$

例 5.19 において行の変形で計算した行列式の値は次のように列の変形を用いても計算できる.

例 5.20

$$\begin{vmatrix} 1 & 2 & 3 \\ 8 & 9 & 4 \\ 7 & 6 & 5 \end{vmatrix} = \begin{vmatrix} 1 & 2-2\cdot 1 & 3-3\cdot 1 \\ 8 & 9-2\cdot 8 & 4-3\cdot 8 \\ 7 & 6-2\cdot 7 & 5-3\cdot 7 \end{vmatrix} = \begin{vmatrix} 1 & 0 & 0 \\ 8 & -7 & -20 \\ 7 & -8 & -16 \end{vmatrix}$$

$$= \begin{vmatrix} -7 & -4\cdot 5 \\ -8 & -4\cdot 4 \end{vmatrix} = -4 \begin{vmatrix} -7 & 5 \\ -8 & 4 \end{vmatrix}$$

$$= -4\cdot\{-7\cdot 4 - 5\cdot(-8)\} = -48$$

例 5.21

次の行列式はヴァンデルモンドの行列式と呼ばれる.

$$\begin{vmatrix} 1 & \lambda_1 & \lambda_1^2 & \cdots & \lambda_1^{n-1} \\ 1 & \lambda_2 & \lambda_2^2 & \cdots & \lambda_2^{n-1} \\ \vdots & \vdots & \vdots & \ddots & \vdots \\ 1 & \lambda_n & \lambda_n^2 & \cdots & \lambda_n^{n-1} \end{vmatrix}$$

例えば $n=3$ の場合は

$$
\begin{aligned}
\begin{vmatrix} 1 & \lambda_1 & \lambda_1^2 \\ 1 & \lambda_2 & \lambda_2^2 \\ 1 & \lambda_3 & \lambda_3^2 \end{vmatrix} &= \begin{vmatrix} 1 & \lambda_1 - \lambda_1 & \lambda_1^2 - \lambda_1^2 \\ 1 & \lambda_2 - \lambda_1 & \lambda_2^2 - \lambda_1\lambda_2 \\ 1 & \lambda_3 - \lambda_1 & \lambda_3^2 - \lambda_1\lambda_3 \end{vmatrix} \\
&= \begin{vmatrix} 1 & 0 & 0 \\ 1 & \lambda_2 - \lambda_1 & \lambda_2(\lambda_2 - \lambda_1) \\ 1 & \lambda_3 - \lambda_1 & \lambda_3(\lambda_3 - \lambda_1) \end{vmatrix} \\
&= \begin{vmatrix} \lambda_2 - \lambda_1 & \lambda_2(\lambda_2 - \lambda_1) \\ \lambda_3 - \lambda_1 & \lambda_3(\lambda_3 - \lambda_1) \end{vmatrix} \\
&= (\lambda_2 - \lambda_1)(\lambda_3 - \lambda_1) \begin{vmatrix} 1 & \lambda_2 \\ 1 & \lambda_3 \end{vmatrix} \\
&= (\lambda_2 - \lambda_1)(\lambda_3 - \lambda_1)(\lambda_3 - \lambda_2)
\end{aligned}
$$

である．一般的にヴァンデルモンドの行列式に対して次が成り立つ．

$$
\prod_{1 \leq i < j \leq n} (\lambda_j - \lambda_i) = (\lambda_2 - \lambda_1)(\lambda_3 - \lambda_1) \cdots (\lambda_n - \lambda_{n-1})
$$

行列の積については次が成り立つ．

定理 5.4.7　正方行列 A, B の積の行列式の値はそれぞれの行列式の値の積と等しい．

$$
|AB| = |A||B|
$$

□

【証明】　一般の場合でも同様の方針で示すことができるので，ここでは2次正方行列

$$
A = \begin{pmatrix} \boldsymbol{a}_1 & \boldsymbol{a}_2 \end{pmatrix}, \quad B = \begin{pmatrix} b_{11} & b_{12} \\ b_{21} & b_{22} \end{pmatrix}
$$

の場合に示す．

$$
AB = \begin{pmatrix} \boldsymbol{a}_1 & \boldsymbol{a}_2 \end{pmatrix} \begin{pmatrix} b_{11} & b_{12} \\ b_{21} & b_{22} \end{pmatrix} = \begin{pmatrix} b_{11}\boldsymbol{a}_1 + b_{21}\boldsymbol{a}_2 & b_{12}\boldsymbol{a}_1 + b_{22}\boldsymbol{a}_2 \end{pmatrix}
$$

であるので行列式の性質より

$$
\begin{aligned}
|AB| &= \begin{vmatrix} b_{11}\boldsymbol{a}_1 + b_{21}\boldsymbol{a}_2 & b_{12}\boldsymbol{a}_1 + b_{22}\boldsymbol{a}_2 \end{vmatrix} \\
&= b_{11}b_{12}\begin{vmatrix} \boldsymbol{a}_1 & \boldsymbol{a}_1 \end{vmatrix} + b_{11}b_{22}\begin{vmatrix} \boldsymbol{a}_1 & \boldsymbol{a}_2 \end{vmatrix} + b_{21}b_{12}\begin{vmatrix} \boldsymbol{a}_2 & \boldsymbol{a}_1 \end{vmatrix} + b_{21}b_{22}\begin{vmatrix} \boldsymbol{a}_2 & \boldsymbol{a}_2 \end{vmatrix} \\
&= (b_{11}b_{22} - b_{12}b_{21})\begin{vmatrix} \boldsymbol{a}_1 & \boldsymbol{a}_2 \end{vmatrix} \\
&= |A||B|
\end{aligned}
$$

が成り立つ. ■

例 5.22

$A = \begin{pmatrix} 1 & 2 \\ 3 & 4 \end{pmatrix}, B = \begin{pmatrix} 5 & 6 \\ 7 & 8 \end{pmatrix}$ とすると $|AB|, |A||B|$ はそれぞれ

$$
|AB| = \begin{vmatrix} 19 & 22 \\ 43 & 50 \end{vmatrix} = 4, \quad |A||B| = (-2)\cdot(-2) = 4
$$

であり, その値は一致する.

これを用いると直交行列の行列式について次を得る.

定理 5.4.8 直交行列 A の行列式は ± 1 である. □

【証明】 直交行列 A は $A\,{}^tA = I$ を満たすので行列式を取ると

$$
|A\,{}^tA| = |I| = 1
$$

となる. ここで $|A\,{}^tA| = |A||{}^tA| = |A|^2$ より $|A|^2 = 1$ となり, $|A| = \pm 1$ を得る.

■

定義 5.4.1 $|A| = 1$ となる直交行列 A を**回転行列**と呼ぶ. □

例 5.23

次の行列はともに直交行列である. 左の行列は回転行列であるが, 右の行列は回転行列でない.

$$
\begin{pmatrix} 1/\sqrt{2} & -1/\sqrt{2} \\ 1/\sqrt{2} & 1/\sqrt{2} \end{pmatrix}, \quad \begin{pmatrix} 1/\sqrt{2} & 1/\sqrt{2} \\ 1/\sqrt{2} & -1/\sqrt{2} \end{pmatrix}
$$

一般的に2次回転行列は

$$\begin{pmatrix} \cos\theta & -\sin\theta \\ \sin\theta & \cos\theta \end{pmatrix}$$

と表される．一方，2次直交行列であって回転行列でないものは次のように表される．

$$\begin{pmatrix} \cos\theta & -\sin\theta \\ \sin\theta & \cos\theta \end{pmatrix}\begin{pmatrix} -1 & 0 \\ 0 & 1 \end{pmatrix} = \begin{pmatrix} -\cos\theta & -\sin\theta \\ -\sin\theta & \cos\theta \end{pmatrix}$$

第2章で述べたように，回転行列は文字通り回転を表すものである．このことについては第8章でさらに詳しく述べる．

正則行列 A は $AA^{-1} = I$ を満たすので行列式を取ると

$$|A||A^{-1}| = |AA^{-1}| = |I| = 1$$

となる．このことから次を得る．

定理 5.4.9　正則行列 A の行列式は $|A| \neq 0$ であり，次が成り立つ．

$$|A^{-1}| = \frac{1}{|A|}$$

□

連立1次方程式の解は行列式を計算することによっても求めることができる．

定理 5.4.10（クラメルの公式）　n 次正則行列 $A = \begin{pmatrix} \boldsymbol{a}_1 & \boldsymbol{a}_2 & \cdots & \boldsymbol{a}_n \end{pmatrix}$ を係数行列とする連立1次方程式 $A\boldsymbol{x} = \boldsymbol{b}$ の解 $\boldsymbol{x}$ の第 i 成分 x_i は次で与えられる．

$$x_i = \frac{1}{|A|}\begin{vmatrix} \boldsymbol{a}_1 & \boldsymbol{a}_2 & \cdots & \boldsymbol{a}_{i-1} & \boldsymbol{b} & \boldsymbol{a}_{i+1} & \cdots & \boldsymbol{a}_n \end{vmatrix}$$

ここで $\begin{vmatrix} \boldsymbol{a}_1 & \boldsymbol{a}_2 & \cdots & \boldsymbol{a}_{i-1} & \boldsymbol{b} & \boldsymbol{a}_{i+1} & \cdots & \boldsymbol{a}_n \end{vmatrix}$ は A の第 i 列を $\boldsymbol{b}$ で置きかえた行列の行列式である．　□

【証明】　ここでは解の第1成分について示す．連立1次方程式は

$$x_1\boldsymbol{a}_1 + x_2\boldsymbol{a}_2 + \cdots + x_n\boldsymbol{a}_n = \boldsymbol{b}$$

と表せるので

$$\left| x_1\boldsymbol{a}_1 + x_2\boldsymbol{a}_2 + \cdots + x_n\boldsymbol{a}_n \quad \boldsymbol{a}_2 \quad \cdots \quad \boldsymbol{a}_n \right| = \left| \boldsymbol{b} \quad \boldsymbol{a}_2 \quad \cdots \quad \boldsymbol{a}_n \right|$$

が成り立つ．この左辺は行列式の性質より

$$\begin{aligned} &\left| x_1\boldsymbol{a}_1 + x_2\boldsymbol{a}_2 + \cdots + x_n\boldsymbol{a}_n \quad \boldsymbol{a}_2 \quad \cdots \quad \boldsymbol{a}_n \right| \\ =&x_1\left| \boldsymbol{a}_1 \quad \boldsymbol{a}_2 \quad \cdots \quad \boldsymbol{a}_n \right| + x_2\left| \boldsymbol{a}_2 \quad \boldsymbol{a}_2 \quad \cdots \quad \boldsymbol{a}_n \right| + \cdots + x_n\left| \boldsymbol{a}_n \quad \boldsymbol{a}_2 \quad \cdots \quad \boldsymbol{a}_n \right| \\ =&x_1\left| \boldsymbol{a}_1 \quad \boldsymbol{a}_2 \quad \cdots \quad \boldsymbol{a}_n \right| + x_2 \cdot 0 + \cdots + x_n \cdot 0 \\ =&x_1|A| \end{aligned}$$

となる．従って $x_1|A| = \left| \boldsymbol{b} \quad \boldsymbol{a}_2 \quad \cdots \quad \boldsymbol{a}_n \right|$ が成り立つので

$$x_1 = \frac{1}{|A|}\left| \boldsymbol{b} \quad \boldsymbol{a}_2 \quad \cdots \quad \boldsymbol{a}_n \right|$$

を得る．■

例 5.24

$\begin{pmatrix} 1 & 2 & 3 \\ 8 & 9 & 4 \\ 7 & 6 & 5 \end{pmatrix} \boldsymbol{x} = \begin{pmatrix} 1 \\ 0 \\ 0 \end{pmatrix}$ の解の第 1, 第 2, 第 3 成分は $A = \begin{pmatrix} 1 & 2 & 3 \\ 8 & 9 & 4 \\ 7 & 6 & 5 \end{pmatrix}$ の行列式の値が -48 であるのでそれぞれ次である．

$$x_1 = \frac{1}{|A|}\begin{vmatrix} 1 & 2 & 3 \\ 0 & 9 & 4 \\ 0 & 6 & 5 \end{vmatrix} = -\frac{7}{16}, \quad x_2 = \frac{1}{|A|}\begin{vmatrix} 1 & 1 & 3 \\ 8 & 0 & 4 \\ 7 & 0 & 5 \end{vmatrix} = \frac{1}{4}$$

$$x_3 = \frac{1}{|A|}\begin{vmatrix} 1 & 2 & 1 \\ 8 & 9 & 0 \\ 7 & 6 & 0 \end{vmatrix} = \frac{5}{16}$$

連立 1 次方程式の具体的な解を求める場合はクラメルの公式よりも掃き出し法を用いるほうが一般的には容易である．ただし, 理論的に考える場合にクラメルの公式は重要である．

5.5　余因子

ここでは行列式を用いて定義される余因子について述べる．逆行列はこの余因子を用いて計算することもできる．

定義 5.5.1　n 次正方行列 A の (i,j) **余因子**を $\widetilde{a}_{ij} = (-1)^{i+j}|A_{ij}|$ と定める．ただし，A_{ij} は A の第 i 行と第 j 列を取り除いた $n-1$ 次正方行列である．　□

例えば，$A = \begin{pmatrix} a_{11} & a_{12} & a_{13} \\ a_{21} & a_{22} & a_{23} \\ a_{31} & a_{32} & a_{33} \end{pmatrix}$ の $(1,1)$ 余因子，$(1,2)$ 余因子，$(1,3)$ 余因子は

$$\widetilde{a}_{11} = \begin{vmatrix} a_{22} & a_{23} \\ a_{32} & a_{33} \end{vmatrix}, \quad \widetilde{a}_{12} = -\begin{vmatrix} a_{21} & a_{23} \\ a_{31} & a_{33} \end{vmatrix}, \quad \widetilde{a}_{13} = \begin{vmatrix} a_{21} & a_{22} \\ a_{31} & a_{32} \end{vmatrix}$$

である．

例 5.25

$A = \begin{pmatrix} 1 & 2 & 3 \\ 8 & 9 & 4 \\ 7 & 6 & 5 \end{pmatrix}$ の余因子は次である．

$$\begin{aligned} &\widetilde{a}_{11} = 21, && \widetilde{a}_{12} = -12, && \widetilde{a}_{13} = -15 \\ &\widetilde{a}_{21} = 8, && \widetilde{a}_{22} = -16, && \widetilde{a}_{23} = 8 \\ &\widetilde{a}_{31} = -19, && \widetilde{a}_{32} = 20, && \widetilde{a}_{33} = -7 \end{aligned}$$

この余因子に対して次が成り立つ．

定理 5.5.1

$$a_{i1}\widetilde{a}_{j1} + a_{i2}\widetilde{a}_{j2} + \cdots + a_{in}\widetilde{a}_{jn} = \begin{cases} |A| & (i = j) \\ 0 & (i \neq j) \end{cases}$$

$$a_{1i}\widetilde{a}_{1j} + a_{2i}\widetilde{a}_{2j} + \cdots + a_{ni}\widetilde{a}_{nj} = \begin{cases} |A| & (i = j) \\ 0 & (i \neq j) \end{cases}$$

□

【証明】 ここでは $a_{i1}\widetilde{a}_{11}+a_{i2}\widetilde{a}_{12}+\cdots+a_{in}\widetilde{a}_{1n}$ について考える．行列式の性質より

$$a_{ij}\widetilde{a}_{1j}=\begin{vmatrix} 0 & 0 & \cdots & a_{ij} & \cdots & 0 \\ a_{21} & a_{22} & \cdots & a_{2j} & \cdots & a_{2n} \\ \vdots & \vdots & \ddots & \vdots & \ddots & \vdots \\ a_{n1} & a_{n2} & \cdots & a_{nj} & \cdots & a_{nn} \end{vmatrix}$$

となるので

$$\begin{aligned} & a_{i1}\widetilde{a}_{11}+a_{i2}\widetilde{a}_{12}+\cdots+a_{in}\widetilde{a}_{1n} \\ &= \begin{vmatrix} a_{i1} & 0 & \cdots & 0 \\ a_{21} & a_{22} & \cdots & a_{2n} \\ \vdots & \vdots & \ddots & \vdots \\ a_{n1} & a_{n2} & \cdots & a_{nn} \end{vmatrix} + \begin{vmatrix} 0 & a_{i2} & \cdots & 0 \\ a_{21} & a_{22} & \cdots & a_{2n} \\ \vdots & \vdots & \ddots & \vdots \\ a_{n1} & a_{n2} & \cdots & a_{nn} \end{vmatrix} + \cdots + \begin{vmatrix} 0 & 0 & \cdots & a_{in} \\ a_{21} & a_{22} & \cdots & a_{2n} \\ \vdots & \vdots & \ddots & \vdots \\ a_{n1} & a_{n2} & \cdots & a_{nn} \end{vmatrix} \\ &= \begin{vmatrix} a_{i1} & a_{i2} & \cdots & a_{in} \\ a_{21} & a_{22} & \cdots & a_{2n} \\ \vdots & \vdots & \ddots & \vdots \\ a_{n1} & a_{n2} & \cdots & a_{nn} \end{vmatrix} \end{aligned}$$

を得る．これより $i=1$ の場合は

$$a_{11}\widetilde{a}_{11}+a_{12}\widetilde{a}_{12}+\cdots+a_{1n}\widetilde{a}_{1n}=\begin{vmatrix} a_{11} & a_{12} & \cdots & a_{1n} \\ a_{21} & a_{22} & \cdots & a_{2n} \\ \vdots & \vdots & \ddots & \vdots \\ a_{n1} & a_{n2} & \cdots & a_{nn} \end{vmatrix}=|A|$$

となり，$i\neq 1$ の場合は

$$a_{i1}\widetilde{a}_{11}+a_{i2}\widetilde{a}_{12}+\cdots+a_{in}\widetilde{a}_{1n}=\begin{vmatrix} a_{i1} & a_{i2} & \cdots & a_{in} \\ a_{21} & a_{22} & \cdots & a_{2n} \\ \vdots & \vdots & \ddots & \vdots \\ a_{i1} & a_{i2} & \cdots & a_{in} \\ \vdots & \vdots & \ddots & \vdots \\ a_{n1} & a_{n2} & \cdots & a_{nn} \end{vmatrix}=0$$

となる． ■

ここで

$$
\begin{aligned}
|A| =& a_{i1}\widetilde{a}_{i1} + a_{i2}\widetilde{a}_{i2} + \cdots + a_{in}\widetilde{a}_{in} \\
=& (-1)^{i+1}a_{i1}|A_{i1}| + (-1)^{i+2}a_{i2}|A_{i2}| + \cdot + (-1)^{i+n}a_{in}|A_{in}|
\end{aligned}
$$

を行列式 $|A|$ の第 i 行に関する余因子展開といい

$$
\begin{aligned}
|A| =& a_{1j}\widetilde{a}_{1j} + a_{2j}\widetilde{a}_{2j} + \cdots + a_{nj}\widetilde{a}_{nj} \\
=& (-1)^{1+j}a_{1j}|A_{1j}| + (-1)^{2+j}a_{2j}|A_{2j}| + \cdot + (-1)^{n+j}a_{nj}|A_{nj}|
\end{aligned}
$$

を行列式 $|A|$ の第 j 列に関する余因子展開という．これより n 次の行列式は $n-1$ 次の行列式を計算することにより求められる．例えば，3 次の行列式の第 1 行に関する余因子展開は次である．

$$
\begin{vmatrix} a_{11} & a_{12} & a_{13} \\ a_{21} & a_{22} & a_{23} \\ a_{31} & a_{32} & a_{33} \end{vmatrix} = a_{11}\begin{vmatrix} a_{22} & a_{23} \\ a_{32} & a_{33} \end{vmatrix} - a_{12}\begin{vmatrix} a_{21} & a_{23} \\ a_{31} & a_{33} \end{vmatrix} + a_{13}\begin{vmatrix} a_{21} & a_{22} \\ a_{31} & a_{32} \end{vmatrix}
$$

例 5.26

$\begin{vmatrix} 1 & 2 & 3 \\ 8 & 9 & 4 \\ 7 & 6 & 5 \end{vmatrix}$ を第 1 行に関する余因子展開で計算したものは次である．

$$
1\cdot\begin{vmatrix} 9 & 4 \\ 6 & 5 \end{vmatrix} - 2\cdot\begin{vmatrix} 8 & 4 \\ 7 & 5 \end{vmatrix} + 3\cdot\begin{vmatrix} 8 & 9 \\ 7 & 6 \end{vmatrix} = 1\cdot 21 - 2\cdot 12 + 3\cdot(-15) = -48
$$

定義 5.5.2　n 次正方行列 A の (i,j) 余因子 $\widetilde{a}_{ij}$ を (j,i) 成分とする行列

$$
\widetilde{A} = \begin{pmatrix} \widetilde{a}_{11} & \widetilde{a}_{21} & \cdots & \widetilde{a}_{n1} \\ \widetilde{a}_{12} & \widetilde{a}_{22} & \cdots & \widetilde{a}_{n2} \\ \vdots & \vdots & \ddots & \vdots \\ \widetilde{a}_{1n} & \widetilde{a}_{2n} & \cdots & \widetilde{a}_{nn} \end{pmatrix}
$$

を A の余因子行列という．　□

この余因子行列は次の性質を持つ．

定理 5.5.2　正方行列 A の余因子行列を $\widetilde{A}$ とするとき, 次が成り立つ.

$$A\widetilde{A} = \widetilde{A}A = |A|I$$

これより $|A| \neq 0$ ならば A は正則行列であり, その逆行列は次で与えられる.

$$A^{-1} = \frac{1}{|A|}\widetilde{A}$$

□

これは $A\widetilde{A}, \widetilde{A}A$ の (i,j) 成分が

$$a_{i1}\widetilde{a}_{j1} + a_{i2}\widetilde{a}_{j2} + \cdots + a_{in}\widetilde{a}_{jn}, \quad a_{1j}\widetilde{a}_{1i} + a_{2j}\widetilde{a}_{2i} + \cdots + a_{nj}\widetilde{a}_{ni}$$

であるので定理 5.5.1 を用いることによって得られる.

例 5.27

$A = \begin{pmatrix} 1 & 2 & 3 \\ 8 & 9 & 4 \\ 7 & 6 & 5 \end{pmatrix}$ の余因子行列は $\widetilde{A} = \begin{pmatrix} 21 & 8 & -19 \\ -12 & -16 & 20 \\ -15 & 8 & -7 \end{pmatrix}$ であり, これらの積は

$$A\widetilde{A} = \widetilde{A}A = \begin{pmatrix} -48 & 0 & 0 \\ 0 & -48 & 0 \\ 0 & 0 & -48 \end{pmatrix}$$

となる. 従って A の逆行列は次で与えられる.

$$A^{-1} = -\frac{1}{48}\begin{pmatrix} 21 & 8 & -19 \\ -12 & -16 & 20 \\ -15 & 8 & -7 \end{pmatrix}$$

定理 5.4.9, 定理 5.5.2 より次が得られる.

定理 5.5.3　正方行列 A に対して, 次は同値である.

- A は正則行列である.
- $|A| \neq 0$

□

最後に第3章の定理3.2.1を示す.

定理 5.5.4（定理3.2.1）　正方行列 A に対し, $AX = I$, あるいは $XA = I$ のどちらかを満たす X は A の逆行列である. □

【証明】 $AX = I$ の場合を考える. 行列式を取ると $|A||X| = |I| = 1$ となり, これより $|A| \neq 0$ なので A の逆行列 A^{-1} が存在する. さらに

$$X = IX = A^{-1}AX = A^{-1}I = A^{-1}$$

が成り立つ. $AX = I$ の場合も同様である. ■

章末問題

問題 1　置換 $\sigma = \begin{pmatrix} 1 & 2 & 3 & 4 & 5 \\ 4 & 5 & 2 & 1 & 3 \end{pmatrix}, \tau = \begin{pmatrix} 1 & 2 & 3 & 4 & 5 \\ 3 & 1 & 5 & 4 & 2 \end{pmatrix}$ に対し, 次を計算せよ.

(1) $\tau\sigma$　　(2) $\sigma\tau$

問題 2　次の置換を互換の積で表せ.

(1) $\begin{pmatrix} 1 & 2 & 3 & 4 & 5 \\ 4 & 5 & 2 & 1 & 3 \end{pmatrix}$　　(2) $\begin{pmatrix} 1 & 2 & 3 & 4 & 5 \\ 3 & 1 & 5 & 4 & 2 \end{pmatrix}$

問題 3　4 次の置換をすべて求め, さらにその符号を求めよ.

問題 4　次の行列式を計算せよ.

(1) $\begin{vmatrix} 7 & -5 \\ -2 & 1 \end{vmatrix}$　　(2) $\begin{vmatrix} 3 & 7 \\ 2 & 4 \end{vmatrix}$

(3) $\begin{vmatrix} 3 & 1 & -2 \\ 2 & -4 & 5 \\ 3 & -1 & 1 \end{vmatrix}$　　(4) $\begin{vmatrix} 5 & -1 & 3 \\ 1 & 0 & 1 \\ 7 & 4 & 2 \end{vmatrix}$

(5) $\begin{vmatrix} 0 & 3 & 2 & 0 \\ 1 & 1 & -1 & 2 \\ 2 & 1 & 1 & 2 \\ 4 & 1 & -2 & 3 \end{vmatrix}$　　(6) $\begin{vmatrix} 3 & 2 & 1 & 2 \\ 2 & 3 & 3 & 0 \\ 1 & 0 & 0 & -1 \\ -4 & -1 & 2 & 5 \end{vmatrix}$

(7) $\begin{vmatrix} -1 & 1 & 1 & 1 & 1 \\ 1 & -1 & 1 & 1 & 1 \\ 1 & 1 & -1 & 1 & 1 \\ 1 & 1 & 1 & -1 & 1 \\ 1 & 1 & 1 & 1 & -1 \end{vmatrix}$　　(8) $\begin{vmatrix} 1 & 1 & 1 & 1 & 1 \\ 1 & 2 & 3 & 4 & 5 \\ 1 & 4 & 9 & 16 & 25 \\ 1 & 8 & 27 & 64 & 125 \\ 1 & 16 & 81 & 256 & 625 \end{vmatrix}$

問題 5　次の行列式を計算し, 因数分解された形で答えよ.

(1) $\begin{vmatrix} x & 0 & 0 & 1 \\ 0 & x & 2 & 0 \\ 0 & 2 & x & 0 \\ 1 & 0 & 0 & x \end{vmatrix}$　　(2) $\begin{vmatrix} x & 1 & 2 & 1 \\ 1 & x & 1 & 2 \\ 2 & 1 & x & 1 \\ 1 & 2 & 1 & x \end{vmatrix}$

問題 6　次の連立 1 次方程式をクラメルの公式を用いて解け.

(1) $\begin{pmatrix} 1 & -3 \\ 2 & -7 \end{pmatrix} \boldsymbol{x} = \begin{pmatrix} 2 \\ 1 \end{pmatrix}$　　(2) $\begin{pmatrix} 1 & -1 & 2 \\ -1 & 1 & -1 \\ 1 & 0 & 1 \end{pmatrix} \boldsymbol{x} = \begin{pmatrix} 3 \\ 2 \\ 1 \end{pmatrix}$

問題7　次の行列の逆行列を余因子行列を用いて求めよ.

(1) $\begin{pmatrix} 1 & 0 & 2 \\ 2 & 1 & 3 \\ 2 & 1 & 2 \end{pmatrix}$　　(2) $\begin{pmatrix} 2 & 0 & 5 \\ -1 & 2 & 1 \\ 0 & 3 & 4 \end{pmatrix}$

(3) $\begin{pmatrix} 2 & -1 & 3 \\ 2 & 3 & 4 \\ 1 & 3 & 2 \end{pmatrix}$　　(4) $\begin{pmatrix} 2 & 1 & 3 \\ -1 & 2 & 3 \\ 2 & 2 & 3 \end{pmatrix}$

第 6 章

数ベクトル空間

これまでの章では連立 1 次方程式を解くことを主眼におき, 代数的な視点から説明した. 本章以降では幾何学的な視点から考える. ここでは次章以降の準備も兼ねて数ベクトル空間とその内積について述べる. さらに 3 次元数ベクトル空間に定まる外積, および数ベクトル空間の部分集合として定まる直線, 平面, 2 次曲線についても説明する.

6.1　数ベクトル空間

ここでは実数を成分とする n 次列ベクトル, つまり $n \times 1$ 行列を考え, これを n 次**数ベクトル**, あるいは単にベクトルという. n 次数ベクトルの集合を $\mathbb{R}^n$ で表し, n 次元**数ベクトル空間**という. 零ベクトル $\mathbf{0}$ は $\mathbb{R}^n$ に属する.

$\mathbb{R}^n$ は $n \times 1$ 行列を集めた集合であるので次のように和とスカラー倍が定まっていた.

- $\mathbb{R}^n$ の和　$\begin{pmatrix} x_1 \\ x_2 \\ \vdots \\ x_n \end{pmatrix} + \begin{pmatrix} x'_1 \\ x'_2 \\ \vdots \\ x'_n \end{pmatrix} = \begin{pmatrix} x_1 + x'_1 \\ x_2 + x'_2 \\ \vdots \\ x_n + x'_n \end{pmatrix}$
- $\mathbb{R}^n$ のスカラー倍　$\lambda \begin{pmatrix} x_1 \\ x_2 \\ \vdots \\ x_n \end{pmatrix} = \begin{pmatrix} \lambda x_1 \\ \lambda x_2 \\ \vdots \\ \lambda x_n \end{pmatrix}$

また, $\mathbb{R}^1$ は $\mathbb{R}$ と同じものと考えられるので, 1 次数ベクトル $\begin{pmatrix} x \end{pmatrix}$ を単に x と書く.

6.2　数ベクトルと幾何ベクトルとの対応

ここでは幾何ベクトルについて説明し, 数ベクトルとの対応を述べる. 以下では平面についてのみ説明するが空間の場合も同様である.

平面の線分の端点に順序をつけ, 一方を始点, もう一方を終点という. このように順序付けられた端点を持つ線分を**有向線分**という．平面の点 X_1 を始点, 点 X_2 を終点とする有向線分を $\overrightarrow{\mathrm{X}_1\mathrm{X}_2}$ と表す．2つの有向線分 $\overrightarrow{\mathrm{X}_1\mathrm{X}_2}, \overrightarrow{\mathrm{X}'_1\mathrm{X}'_2}$ の長さが等しく同じ向きであるとき, これらは等しいといい

$$\overrightarrow{\mathrm{X}_1\mathrm{X}_2} = \overrightarrow{\mathrm{X}'_1\mathrm{X}'_2}$$

と表す．このような等号を与えた有向線分を**幾何ベクトル**という．以下では幾何ベクトルを始点, 終点を用いずに $\vec{x}$ のように表すこともある．特に幾何ベクトル $\overrightarrow{\mathrm{XX}}$ を**零ベクトル**といい, $\vec{0}$ で表す．また, 幾何ベクトル $\vec{x}$ の長さを $|\vec{x}|$ で表す．

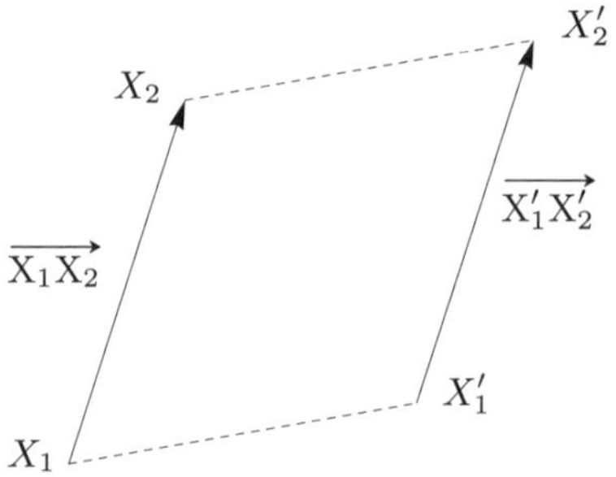

図 6.1　等しい幾何ベクトル

幾何ベクトルの和とスカラー倍を次で定める．

- 幾何ベクトル $\vec{x}, \vec{x}'$ の**和** $\vec{x} + \vec{x}'$ を

$$\vec{x} = \overrightarrow{\mathrm{X}_1\mathrm{X}_2}, \quad \vec{x}' = \overrightarrow{\mathrm{X}_2\mathrm{X}_3}$$

  となる点 X_1, X_2, X_3 を用いて $\overrightarrow{\mathrm{X}_1\mathrm{X}_3}$ と定める．
- スカラー λ による幾何ベクトル $\vec{x}$ の**スカラー倍** $\lambda\vec{x}$ を次で定める．
  - $\lambda > 0$ の場合, 長さが $\lambda|\vec{x}|$ であり, 向きが $\vec{x}$ と同じ幾何ベクトル．
  - $\lambda = 0$ の場合, 零ベクトル $\vec{0}$．
  - $\lambda < 0$ の場合, 長さが $-\lambda|\vec{x}|$ であり, 向きが $\vec{x}$ と逆の幾何ベクトル．

さらに, 幾何ベクトル $\vec{x}, \vec{x}'$ の**内積**を $\vec{x}$ と $\vec{x}'$ のなす角 $0 \leq \theta \leq \pi$ を用いて

$$(\vec{x}, \vec{x}') = |\vec{x}||\vec{x}'|\cos\theta$$

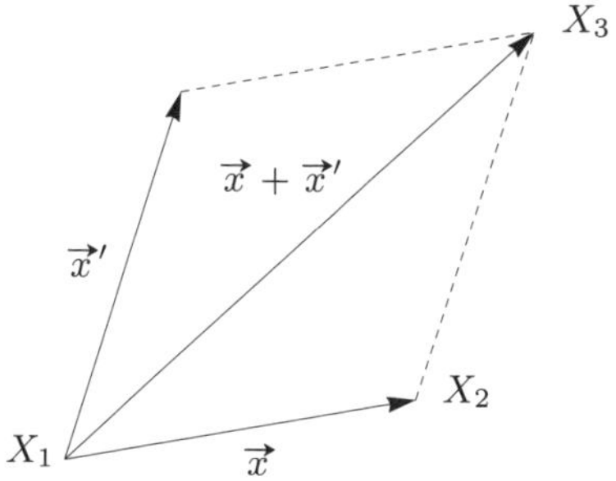

図 6.2　幾何ベクトルの和

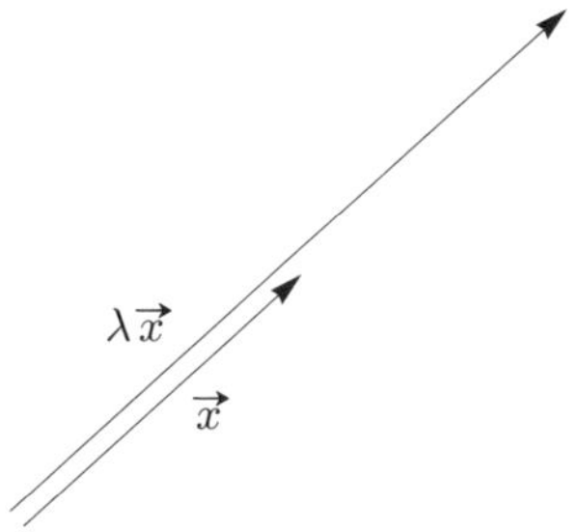

図 6.3　幾何ベクトルのスカラー倍

と定める．この内積は $\vec{x}$ と $\vec{x}'$ の関係を表すものである．例えば $\vec{0}$ でない $\vec{x}$ と $\vec{x}'$ が $(\vec{x}, \vec{x}') = |\vec{x}||\vec{x}'|$ を満たせば向きが同じであることを意味し，$(\vec{x}, \vec{x}') = -|\vec{x}||\vec{x}'|$ を満たせば向きが反対であることを意味する．また，$(\vec{x}, \vec{x}') = 0$ のときは $\vec{x}$ と $\vec{x}'$ が垂直であることを意味する．ここで $(\vec{x}, \vec{x}) = |\vec{x}||\vec{x}|\cos 0 = |\vec{x}|^2$ なので，幾何ベクトル $\vec{x}$ の長さは内積を用いて表すことができる．

$$|\vec{x}| = \sqrt{(\vec{x}, \vec{x})}$$

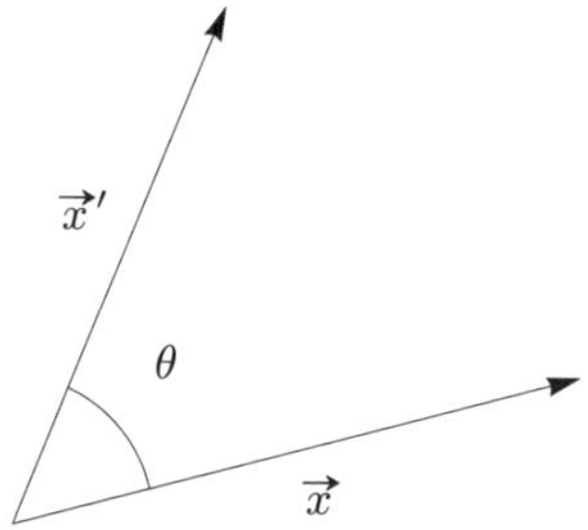

図 6.4　$\vec{x}$ と $\vec{x}'$ のなす角 θ

それでは幾何ベクトルと数ベクトルの対応を述べる．平面に座標軸，および座標軸に沿う長さが 1 の幾何ベクトル $\overrightarrow{e_1}, \overrightarrow{e_2}$ を図 6.5 のように定める．この $\overrightarrow{e_1}, \overrightarrow{e_2}$ を

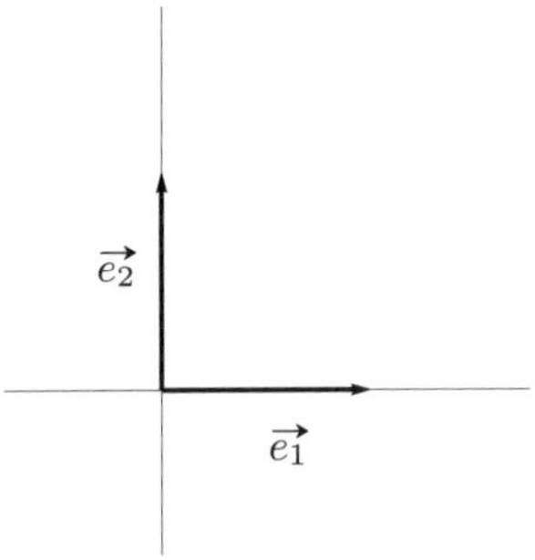

図 6.5　幾何ベクトル $\overrightarrow{e_1}, \overrightarrow{e_2}$

用いれば, 任意の幾何ベクトル $\vec{x}$ はスカラー x_1, x_2 が存在して $\vec{x} = x_1\overrightarrow{e_1} + x_2\overrightarrow{e_2}$ と表すことができる．この x_1, x_2 を用いた数ベクトル $\begin{pmatrix} x_1 \\ x_2 \end{pmatrix}$ を $\vec{x}$ の**成分ベクトル**という．逆に数ベクトル $\begin{pmatrix} x_1 \\ x_2 \end{pmatrix}$ から幾何ベクトル $x_1\overrightarrow{e_1} + x_2\overrightarrow{e_2}$ を定めることができる．このように幾何ベクトルと数ベクトルは同一視することができる．

次に幾何ベクトルと数ベクトルの演算も同一視できることを述べる．まず, 幾何ベクトル $\vec{x} = x_1\overrightarrow{e_1} + x_2\overrightarrow{e_2}$, $\vec{x}' = x_1'\overrightarrow{e_1} + x_2'\overrightarrow{e_2}$ の和は

$$\vec{x} + \vec{x}' = (x_1 + x_1')\overrightarrow{e_1} + (x_2 + x_2')\overrightarrow{e_2}$$

なので $\vec{x} + \vec{x}'$ の成分ベクトルは次である．

$$\begin{pmatrix} x_1 + x_1' \\ x_2 + x_2' \end{pmatrix}$$

つまり, $\vec{x}, \vec{x}'$ の成分ベクトルとして得られる数ベクトルの和と一致する．次にスカラー λ による幾何ベクトル $\vec{x} = x_1\overrightarrow{e_1} + x_2\overrightarrow{e_2}$ のスカラー倍は

$$\lambda\vec{x} = \lambda x_1\overrightarrow{e_1} + \lambda x_2\overrightarrow{e_2}$$

なので $\lambda\vec{x}$ の成分ベクトルは次である．

$$\begin{pmatrix} \lambda x_1 \\ \lambda x_2 \end{pmatrix}$$

つまり, $\vec{x}$ の成分ベクトルとして得られる数ベクトルのスカラー λ によるスカラー倍と一致する.

以上のように平面の幾何ベクトルは 2 次元数ベクトルと同一視することができる. ここで平面上で原点 O が与えられている場合, 平面の点 X の位置は**位置ベクトル** $\overrightarrow{\mathrm{OX}}$ で表せる. このことから平面の点と 2 次元数ベクトル, 従って平面と 2 次元数ベクトル空間 $\mathbb{R}^2$ は同一視することができる.

6.3 内積

平面の幾何ベクトル $\vec{x} = x_1\vec{e_1} + x_2\vec{e_2}, \vec{x}' = x_1'\vec{e_1} + x_2'\vec{e_2}$ の内積は

$$(\vec{x}, \vec{x}') = x_1x_1' + x_2x_2'$$

と表すことができる. これより $\boldsymbol{x} = \begin{pmatrix} x_1 \\ x_2 \end{pmatrix}, \boldsymbol{x}' = \begin{pmatrix} x_1' \\ x_2' \end{pmatrix} \in \mathbb{R}^2$ の内積を

$$(\boldsymbol{x}, \boldsymbol{x}') = {}^t\boldsymbol{x}\boldsymbol{x}' = x_1x_1' + x_2x_2'$$

と定めることができる. これを $\mathbb{R}^n$ に一般化したものが次である.

定義 6.3.1 $\boldsymbol{x} = \begin{pmatrix} x_1 \\ x_2 \\ \vdots \\ x_n \end{pmatrix}, \boldsymbol{x}' = \begin{pmatrix} x_1' \\ x_2' \\ \vdots \\ x_n' \end{pmatrix} \in \mathbb{R}^n$ の**標準内積** $(\boldsymbol{x}, \boldsymbol{x}')$ を次で定める.

$$\begin{aligned}(\boldsymbol{x}, \boldsymbol{x}') &= {}^t\boldsymbol{x}\boldsymbol{x}' \\ &= x_1x_1' + x_2x_2' + \cdots + x_nx_n'\end{aligned}$$

□

$\mathbb{R}^n$ における内積は第 10 章で述べるように様々なものが考えられる. ただし, 本章では標準内積しか扱わないので, 以下では単に内積という.

内積は次の性質を持つことが定義から確かめられる.

(1) $(\boldsymbol{x}_1 + \boldsymbol{x}_2, \boldsymbol{x}') = (\boldsymbol{x}_1, \boldsymbol{x}') + (\boldsymbol{x}_2, \boldsymbol{x}')$

(2) $(\lambda\boldsymbol{x}, \boldsymbol{x}') = \lambda(\boldsymbol{x}, \boldsymbol{x}')$

(3) $(\boldsymbol{x}, \boldsymbol{x}') = (\boldsymbol{x}', \boldsymbol{x})$

(4)　$(\boldsymbol{x}, \boldsymbol{x}) \geq 0$であり, $(\boldsymbol{x}, \boldsymbol{x}) = 0$となるのは$\boldsymbol{x} = \boldsymbol{0}$のみである.

ここで$(\boldsymbol{x}, \boldsymbol{x}) \geq 0$であるので次が定義できる.

定義 6.3.2　$\boldsymbol{x} \in \mathbb{R}^n$の長さ, あるいはノルムを

$$\|\boldsymbol{x}\| = \sqrt{(\boldsymbol{x}, \boldsymbol{x})}$$

で定める. 長さ1のベクトルを**単位ベクトル**, あるいは**正規ベクトル**という.　□

$\mathbb{R}^2$の場合, この長さは幾何ベクトルの長さと一致する.

例 6.1

$\boldsymbol{x} = \begin{pmatrix} 1 \\ 2 \\ 0 \end{pmatrix}, \boldsymbol{x}' = \begin{pmatrix} 0 \\ 3 \\ 1 \end{pmatrix}$の内積とそれぞれの長さは次である.

$$(\boldsymbol{x}, \boldsymbol{x}') = 1 \cdot 0 + 2 \cdot 3 + 0 \cdot 1 = 6$$
$$\|\boldsymbol{x}\| = \sqrt{1^2 + 2^2 + 0^2} = \sqrt{5}, \quad \|\boldsymbol{x}'\| = \sqrt{0^2 + 3^2 + 1^2} = \sqrt{10}$$

定理 6.3.1　$\boldsymbol{x}, \boldsymbol{x}' \in \mathbb{R}^n, \lambda \in \mathbb{R}$に対して次が成り立つ.

(1)　$\|\lambda \boldsymbol{x}\| = |\lambda| \, \|\boldsymbol{x}\|$
(2)　$|(\boldsymbol{x}, \boldsymbol{x}')| \leq \|\boldsymbol{x}\| \, \|\boldsymbol{x}'\|$ (シュワルツの不等式)
(3)　$\|\boldsymbol{x} + \boldsymbol{x}'\| \leq \|\boldsymbol{x}\| + \|\boldsymbol{x}'\|$ (三角不等式)

□

【証明】 (1)　$\|\lambda \boldsymbol{x}\|^2 = (\lambda \boldsymbol{x}, \lambda \boldsymbol{x}) = \lambda^2 (\boldsymbol{x}, \boldsymbol{x}) = \lambda^2 \|\boldsymbol{x}\|^2$となるので, この平方根を取ることにより得られる.

(2)　$\boldsymbol{x} = \boldsymbol{0}$の場合は$|(\boldsymbol{x}, \boldsymbol{x}')| = 0, \|\boldsymbol{x}\| \, \|\boldsymbol{x}'\| = 0$であるので等号が成り立つ. $\boldsymbol{x} \neq \boldsymbol{0}$の場合は$f(t) = \|t\boldsymbol{x} + \boldsymbol{x}'\|^2$とすると内積の性質より

$$\begin{aligned} f(t) &= \|t\boldsymbol{x} + \boldsymbol{x}'\|^2 = (t\boldsymbol{x} + \boldsymbol{x}', t\boldsymbol{x} + \boldsymbol{x}') \\ &= \|\boldsymbol{x}\|^2 t^2 + 2(\boldsymbol{x}, \boldsymbol{x}')t + \|\boldsymbol{x}'\|^2 \\ &= \|\boldsymbol{x}\|^2 \left(t + \frac{(\boldsymbol{x}, \boldsymbol{x}')}{\|\boldsymbol{x}\|^2} \right)^2 - \frac{(\boldsymbol{x}, \boldsymbol{x}')^2}{\|\boldsymbol{x}\|^2} + \|\boldsymbol{x}'\|^2 \end{aligned}$$

となる．ここで $f(t) \geq 0$ であるので $f(t)$ の最小値は0以上，つまり次が成り立つ．

$$-\frac{(\boldsymbol{x}, \boldsymbol{x}')^2}{\|\boldsymbol{x}\|^2} + \|\boldsymbol{x}'\|^2 \geq 0$$

これより $(\boldsymbol{x}, \boldsymbol{x}')^2 \leq \|\boldsymbol{x}\|^2 \|\boldsymbol{x}'\|^2$ となるので，この平方根を取ることによりシュワルツの不等式を得る．

(3) シュワルツの不等式より

$$\begin{aligned}\|\boldsymbol{x} + \boldsymbol{x}'\|^2 &= (\boldsymbol{x} + \boldsymbol{x}', \boldsymbol{x} + \boldsymbol{x}') = \|\boldsymbol{x}\|^2 + 2(\boldsymbol{x}, \boldsymbol{x}') + \|\boldsymbol{x}'\|^2 \\ &\leq \|\boldsymbol{x}\|^2 + 2\|\boldsymbol{x}\| \|\boldsymbol{x}'\| + \|\boldsymbol{x}'\|^2 = (\|\boldsymbol{x}\| + \|\boldsymbol{x}'\|)^2\end{aligned}$$

となるので，この平方根を取ることにより三角不等式を得る． ■

シュワルツの不等式より $\mathbf{0}$ でない $\boldsymbol{x}, \boldsymbol{x}' \in \mathbb{R}^n$ に対して

$$-1 \leq \frac{(\boldsymbol{x}, \boldsymbol{x}')}{\|\boldsymbol{x}\| \|\boldsymbol{x}'\|} \leq 1$$

となり，これより

$$(\boldsymbol{x}, \boldsymbol{x}') = \|\boldsymbol{x}\| \|\boldsymbol{x}'\| \cos\theta$$

となる $0 \leq \theta \leq \pi$ が存在する．平面の幾何ベクトルの場合と同様にこの θ を $\boldsymbol{x}$ と $\boldsymbol{x}'$ のなす**角**という．また，$(\boldsymbol{x}, \boldsymbol{x}') = 0$ であるとき $\boldsymbol{x}$ と $\boldsymbol{x}'$ は**直交**するという．

例 6.2

$\boldsymbol{x} = \begin{pmatrix} 1 \\ 2 \\ 0 \end{pmatrix}$ と $\boldsymbol{x}' = \begin{pmatrix} 0 \\ 3 \\ 1 \end{pmatrix}$ のなす角を θ とすると，その $\cos\theta$ の値は次である．

$$\cos\theta = \frac{(\boldsymbol{x}, \boldsymbol{x}')}{\|\boldsymbol{x}\| \|\boldsymbol{x}'\|} = \frac{6}{\sqrt{5} \cdot \sqrt{10}} = \frac{3\sqrt{2}}{5}$$

内積を用いることにより，2次，あるいは3次数ベクトル (に対応する幾何ベクトル) が張る平行四辺形の面積を表すことができる．

定理 6.3.2 $\boldsymbol{x}, \boldsymbol{x}' \in \mathbb{R}^2$，あるいは $\boldsymbol{x}, \boldsymbol{x}' \in \mathbb{R}^3$ が張る平行四辺形の面積は次で与えられる．

$$\sqrt{\|\boldsymbol{x}\|^2 \|\boldsymbol{x}'\|^2 - (\boldsymbol{x}, \boldsymbol{x}')^2}$$

□

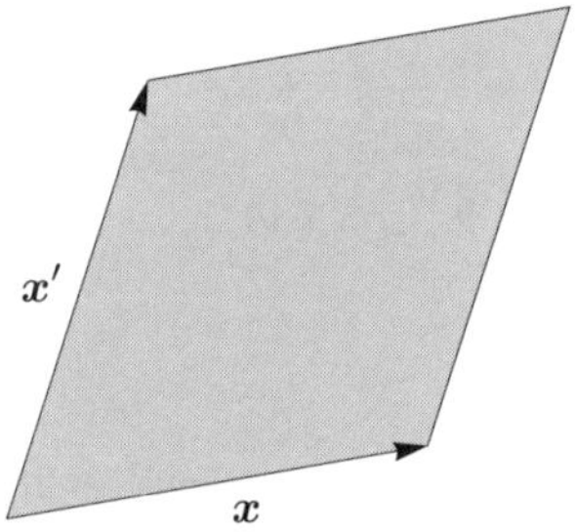

図 **6.6**　$\boldsymbol{x}, \boldsymbol{x}'$ が張る平行四辺形

【証明】 $\boldsymbol{x}$ と $\boldsymbol{x}'$ のなす角を θ とすると面積 S は $S = \|\boldsymbol{x}\| \left\|\boldsymbol{x}'\right\| \sin\theta$ と表される．ここで $\sin\theta = \sqrt{1 - \cos^2\theta}$ と $\cos\theta = \dfrac{(\boldsymbol{x}, \boldsymbol{x}')}{\|\boldsymbol{x}\| \, \|\boldsymbol{x}'\|}$ を用いれば，これは次のように書きかえられる．

$$
\begin{aligned}
S &= \|\boldsymbol{x}\| \left\|\boldsymbol{x}'\right\| \sin\theta = \|\boldsymbol{x}\| \left\|\boldsymbol{x}'\right\| \sqrt{1 - \cos^2\theta} \\
&= \|\boldsymbol{x}\| \left\|\boldsymbol{x}'\right\| \sqrt{1 - \frac{(\boldsymbol{x}, \boldsymbol{x}')^2}{\|\boldsymbol{x}\|^2 \, \|\boldsymbol{x}'\|^2}} = \sqrt{\|\boldsymbol{x}\|^2 \, \|\boldsymbol{x}'\|^2 - (\boldsymbol{x}, \boldsymbol{x}')^2}
\end{aligned}
$$

■

$\mathbb{R}^2$ の場合，$\boldsymbol{x} = \begin{pmatrix} x_1 \\ x_2 \end{pmatrix}, \boldsymbol{x}' = \begin{pmatrix} x'_1 \\ x'_2 \end{pmatrix}$ が張る平行四辺形の面積は第5章で述べたように行列式を用いて表すことができる．

$$
\begin{aligned}
\sqrt{\|\boldsymbol{x}\|^2 \, \|\boldsymbol{x}'\|^2 - (\boldsymbol{x}, \boldsymbol{x}')^2} &= \sqrt{(x_1 x'_2 - x'_1 x_2)^2} \\
&= |x_1 x'_2 - x'_1 x_2| = \left| \det \begin{pmatrix} \boldsymbol{x} & \boldsymbol{x}' \end{pmatrix} \right|
\end{aligned}
$$

例 6.3

$\boldsymbol{x} = \begin{pmatrix} 1 \\ 2 \\ 0 \end{pmatrix}, \boldsymbol{x}' = \begin{pmatrix} 0 \\ 3 \\ 1 \end{pmatrix}$ が張る平行四辺形の面積は次である．

$$
\sqrt{\|\boldsymbol{x}\|^2 \, \|\boldsymbol{x}'\|^2 - (\boldsymbol{x}, \boldsymbol{x}')^2} = \sqrt{5 \cdot 10 - 6^2} = \sqrt{14}
$$

6.4 外積

内積は2つのベクトルに数を対応させた．ここで述べる外積は2つのベクトルから新たなベクトルを作り出す．ただし，この外積は$\mathbb{R}^3$においてのみ意味を持つ．

定義 6.4.1 $\boldsymbol{x} = \begin{pmatrix} x_1 \\ x_2 \\ x_3 \end{pmatrix}, \boldsymbol{x}' = \begin{pmatrix} x'_1 \\ x'_2 \\ x'_3 \end{pmatrix} \in \mathbb{R}^3$ の**外積** $\boldsymbol{x} \times \boldsymbol{x}'$ を次で定める．

$$\boldsymbol{x} \times \boldsymbol{x}' = \begin{pmatrix} \begin{vmatrix} x_2 & x'_2 \\ x_3 & x'_3 \end{vmatrix} \\ \begin{vmatrix} x_3 & x'_3 \\ x_1 & x'_1 \end{vmatrix} \\ \begin{vmatrix} x_1 & x'_1 \\ x_2 & x'_2 \end{vmatrix} \end{pmatrix} = \begin{pmatrix} x_2x'_3 - x'_2x_3 \\ x_3x'_1 - x'_3x_1 \\ x_1x'_2 - x'_1x_2 \end{pmatrix}$$

□

外積は次の性質を持つことが定義より確かめられる．

(1) $(\boldsymbol{x}_1 + \boldsymbol{x}_2) \times \boldsymbol{x}' = \boldsymbol{x}_1 \times \boldsymbol{x}' + \boldsymbol{x}_2 \times \boldsymbol{x}'$

(2) $(\lambda \boldsymbol{x}) \times \boldsymbol{x}' = \lambda(\boldsymbol{x} \times \boldsymbol{x}')$

(3) $\boldsymbol{x} \times \boldsymbol{x}' = -\boldsymbol{x}' \times \boldsymbol{x}$

(3) より $\boldsymbol{x} \times \boldsymbol{x} = -\boldsymbol{x} \times \boldsymbol{x}$ なので $\boldsymbol{x} \times \boldsymbol{x} = \boldsymbol{0}$ となることに注意する．

例 6.4

$\boldsymbol{x} = \begin{pmatrix} 1 \\ 2 \\ 0 \end{pmatrix}, \boldsymbol{x}' = \begin{pmatrix} 0 \\ 3 \\ 1 \end{pmatrix}$ の外積は

$$\boldsymbol{x} \times \boldsymbol{x}' = \begin{pmatrix} 2 \\ -1 \\ 3 \end{pmatrix}$$

である．さらに $\boldsymbol{x}'' = \begin{pmatrix} 0 \\ 4 \\ 0 \end{pmatrix}$ に対して

$$(\boldsymbol{x} \times \boldsymbol{x}') \times \boldsymbol{x}'' = \begin{pmatrix} 2 \\ -1 \\ 3 \end{pmatrix} \times \begin{pmatrix} 0 \\ 4 \\ 0 \end{pmatrix} = \begin{pmatrix} -12 \\ 0 \\ 8 \end{pmatrix}$$

$$\boldsymbol{x} \times (\boldsymbol{x}' \times \boldsymbol{x}'') = \begin{pmatrix} 1 \\ 2 \\ 0 \end{pmatrix} \times \begin{pmatrix} -4 \\ 0 \\ 0 \end{pmatrix} = \begin{pmatrix} 0 \\ 0 \\ 8 \end{pmatrix}$$

となるので, $(\boldsymbol{x} \times \boldsymbol{x}') \times \boldsymbol{x}'' \neq \boldsymbol{x} \times (\boldsymbol{x}' \times \boldsymbol{x}'')$ が成り立つ.

この例のように, 一般的に $(\boldsymbol{x} \times \boldsymbol{x}') \times \boldsymbol{x}'' \neq \boldsymbol{x} \times (\boldsymbol{x}' \times \boldsymbol{x}'')$ であることに注意する.

定理 6.4.1　$\boldsymbol{x}, \boldsymbol{x}' \in \mathbb{R}^3$ の外積 $\boldsymbol{x} \times \boldsymbol{x}'$ は次の性質を持つ.

(1)　$\boldsymbol{x} \times \boldsymbol{x}'$ の長さは $\boldsymbol{x}, \boldsymbol{x}'$ が張る平行四辺形の面積に等しい.

(2)　$\boldsymbol{x} \times \boldsymbol{x}'$ は $\boldsymbol{x}, \boldsymbol{x}'$ と直交する.

□

【証明】　$\boldsymbol{x} = \begin{pmatrix} x_1 \\ x_2 \\ x_3 \end{pmatrix}, \boldsymbol{x}' = \begin{pmatrix} x_1' \\ x_2' \\ x_3' \end{pmatrix}$ とする. (1) は

$$\begin{aligned} \|\boldsymbol{x}\|^2 \|\boldsymbol{x}'\|^2 - (\boldsymbol{x}, \boldsymbol{x}')^2 &= (x_2 x_3' - x_2' x_3)^2 + (x_3 x_1' - x_3' x_1)^2 + (x_1 x_2' - x_1' x_2)^2 \\ &= \|\boldsymbol{x} \times \boldsymbol{x}'\|^2 \end{aligned}$$

であるので, 定理 6.3.2 より得ることができる.

(2) は $(\boldsymbol{x} \times \boldsymbol{x}', \boldsymbol{x}) = (\boldsymbol{x} \times \boldsymbol{x}', \boldsymbol{x}') = 0$ が成り立つことを見ればよいが, これは次のようにして確かめられる.

$$(\boldsymbol{x} \times \boldsymbol{x}', \boldsymbol{x}) = (x_2 x_3' - x_2' x_3) x_1 + (x_3 x_1' - x_3' x_1) x_2 + (x_1 x_2' - x_1' x_2) x_3 = 0$$

$$(\boldsymbol{x} \times \boldsymbol{x}', \boldsymbol{x}') = (x_2 x_3' - x_2' x_3) x_1' + (x_3 x_1' - x_3' x_1) x_2' + (x_1 x_2' - x_1' x_2) x_3' = 0$$

■

例 6.5

$\boldsymbol{x} = \begin{pmatrix} 1 \\ 2 \\ 0 \end{pmatrix}, \boldsymbol{x}' = \begin{pmatrix} 0 \\ 3 \\ 1 \end{pmatrix}$ の外積は $\boldsymbol{x} \times \boldsymbol{x}' = \begin{pmatrix} 2 \\ -1 \\ 3 \end{pmatrix}$ であるので $\boldsymbol{x}, \boldsymbol{x}'$ が張る平行四辺形の面積は

$$\|\boldsymbol{x} \times \boldsymbol{x}'\| = \sqrt{2^2 + (-1)^2 + 3^2} = \sqrt{14}$$

となる．これは例 6.3 で求めたものと一致する．

6.5　直線

6.2 節で述べたように，平面や空間は数ベクトル空間と同一視することができた．このことから平面内の直線や空間内の平面などは数ベクトル空間の部分集合と考えられる．そこで，本章の以下の節では，数ベクトル空間の部分集合として定まる直線，平面，そして 2 次曲線について考える．

まずここでは直線について述べる．

定義 6.5.1　$\boldsymbol{x}_0, \boldsymbol{d} \in \mathbb{R}^n$ とし，$\boldsymbol{d}$ は $\boldsymbol{0}$ ではないとする．次を $\boldsymbol{x}_0$ を通り，$\boldsymbol{d}$ を方向ベクトルとする直線という．

$$\begin{aligned} &\{\boldsymbol{x} \in \mathbb{R}^n \mid t \in \mathbb{R} \text{ が存在し，} \boldsymbol{x} = \boldsymbol{x}_0 + t\boldsymbol{d}\} \\ =&\{\boldsymbol{x}_0 + t\boldsymbol{d} \in \mathbb{R}^n \mid t \in \mathbb{R}\} \end{aligned}$$

$\boldsymbol{x} = \boldsymbol{x}_0 + t\boldsymbol{d}$ を直線のパラメータ表示という．　□

例えば，2 点 $\boldsymbol{x}_0, \boldsymbol{x}_1$ を通る直線のパラメータ表示は

$$\boldsymbol{x} = \boldsymbol{x}_0 + t(\boldsymbol{x}_1 - \boldsymbol{x}_0)$$

である．実際，$t = 0, 1$ とすれば次が成り立つ．

$$\boldsymbol{x} = \boldsymbol{x}_0 + 0 \cdot (\boldsymbol{x}_1 - \boldsymbol{x}_0) = \boldsymbol{x}_0, \quad \boldsymbol{x} = \boldsymbol{x}_0 + 1 \cdot (\boldsymbol{x}_1 - \boldsymbol{x}_0) = \boldsymbol{x}_1$$

直線のこの定義にはパラメータ t が含まれていたが，これを消去することを考える．まず $\mathbb{R}^2$ の場合にパラメータ表示 $\boldsymbol{x} = \boldsymbol{x}_0 + t\boldsymbol{d}$ から定まる直線を考える．こ

の直線の方向ベクトル $\boldsymbol{d} = \begin{pmatrix} d_1 \\ d_2 \end{pmatrix}$ に対して

$$\boldsymbol{n} = \begin{pmatrix} -d_2 \\ d_1 \end{pmatrix}$$

とすると, これは $\boldsymbol{d}$ を反時計回りに $\pi/2$ だけ回転させたものである. このような直線に直交するベクトルを**法線ベクトル**という.

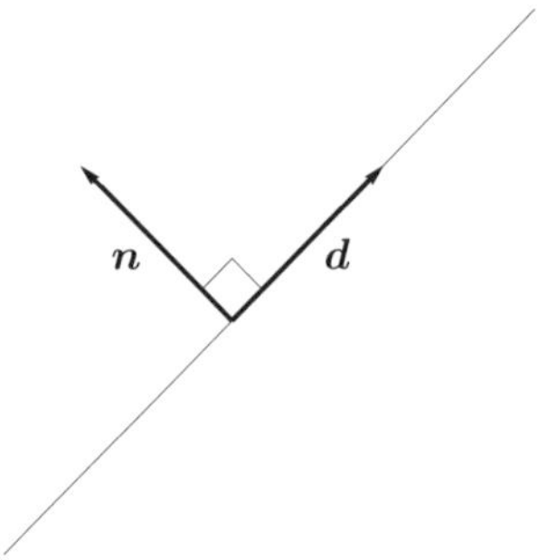

図 6.7　直線の方向ベクトル $\boldsymbol{d}$ とその法線ベクトル $\boldsymbol{n}$

$(\boldsymbol{n}, \boldsymbol{d}) = 0$ であることに注意すると, 直線上の点 $\boldsymbol{x}$ に対して

$$(\boldsymbol{n}, \boldsymbol{x} - \boldsymbol{x}_0) = (\boldsymbol{n}, t\boldsymbol{d}) = t(\boldsymbol{n}, \boldsymbol{d}) = 0$$

が成り立つ. これを $\boldsymbol{x} = \begin{pmatrix} x_1 \\ x_2 \end{pmatrix}, \boldsymbol{x}_0 = \begin{pmatrix} x_{01} \\ x_{02} \end{pmatrix}, \boldsymbol{d} = \begin{pmatrix} d_1 \\ d_2 \end{pmatrix}$ と成分で表すと

$$-d_2(x_1 - x_{01}) + d_1(x_2 - x_{02}) = 0$$

が得られる. このような直線のパラメータ表示からパラメータを消去して得られる方程式を直線の定義方程式という. もとの直線はこの定義方程式を用いて表すことができる.

$$\begin{aligned} &\left\{ \boldsymbol{x} \in \mathbb{R}^2 \;\middle|\; t \in \mathbb{R} \text{ が存在し}, \boldsymbol{x} = \boldsymbol{x}_0 + t\boldsymbol{d} \right\} \\ =&\left\{ \begin{pmatrix} x_1 \\ x_2 \end{pmatrix} \in \mathbb{R}^2 \;\middle|\; -d_2(x_1 - x_{01}) + d_1(x_2 - x_{02}) = 0 \right\} \end{aligned}$$

例 6.6

$\boldsymbol{x}_0 = \begin{pmatrix} 1 \\ 2 \end{pmatrix}, \boldsymbol{x}_1 = \begin{pmatrix} 0 \\ 3 \end{pmatrix}$ を通る直線のパラメータ表示は

$$\begin{pmatrix} x_1 \\ x_2 \end{pmatrix} = \begin{pmatrix} 1 \\ 2 \end{pmatrix} + t \begin{pmatrix} -1 \\ 1 \end{pmatrix} = \begin{pmatrix} 1-t \\ 2+t \end{pmatrix}$$

である. また, $\boldsymbol{n} = \begin{pmatrix} -1 \\ -1 \end{pmatrix}$ であるので直線の定義方程式は次である.

$$-x_1 - x_2 + 3 = 0$$

次に $\mathbb{R}^n$ $(n \geq 3)$ の場合を考えるが, 一般の場合でも同様なのでここでは $n = 3$ で説明する. パラメータ表示 $\boldsymbol{x} = \boldsymbol{x}_0 + t\boldsymbol{d}$ から定まる直線を $\boldsymbol{x} = \begin{pmatrix} x_1 \\ x_2 \\ x_3 \end{pmatrix}, \boldsymbol{x}_0 = \begin{pmatrix} x_{01} \\ x_{02} \\ x_{03} \end{pmatrix}, \boldsymbol{d} = \begin{pmatrix} d_1 \\ d_2 \\ d_3 \end{pmatrix}$ と成分で表すと

$$\begin{pmatrix} x_1 - x_{01} \\ x_2 - x_{02} \\ x_3 - x_{03} \end{pmatrix} = t \begin{pmatrix} d_1 \\ d_2 \\ d_3 \end{pmatrix}$$

となる. d_1, d_2, d_3 がすべて 0 でないときにパラメータ t を消去して得られる直線の定義方程式は

$$\frac{x_1 - x_{01}}{d_1} = \frac{x_2 - x_{02}}{d_2} = \frac{x_3 - x_{03}}{d_3}$$

である. つまり, 次が成り立つ.

$$\left\{ \boldsymbol{x} \in \mathbb{R}^3 \;\middle|\; t \in \mathbb{R} \text{ が存在し}, \boldsymbol{x} = \boldsymbol{x}_0 + t\boldsymbol{d} \right\}$$
$$= \left\{ \begin{pmatrix} x_1 \\ x_2 \\ x_3 \end{pmatrix} \in \mathbb{R}^3 \;\middle|\; \frac{x_1 - x_{01}}{d_1} = \frac{x_2 - x_{02}}{d_2} = \frac{x_3 - x_{03}}{d_3} \right\}$$

d_1, d_2, d_3 に 0 があるときはこの定義方程式をそのまま用いることはできない. 例えば, $d_1 \neq 0, d_2 \neq 0, d_3 = 0$ であるときの直線の定義方程式は

$$\frac{x_1 - x_{01}}{d_1} = \frac{x_2 - x_{02}}{d_2}, \quad x_3 - x_{03} = 0$$

である.

例 6.7

- $\boldsymbol{x}_0 = \begin{pmatrix} 1 \\ 2 \\ 0 \end{pmatrix}, \boldsymbol{x}_1 = \begin{pmatrix} 0 \\ 3 \\ 1 \end{pmatrix}$ を通る直線のパラメータ表示は

$$\begin{pmatrix} x_1 \\ x_2 \\ x_3 \end{pmatrix} = \begin{pmatrix} 1 \\ 2 \\ 0 \end{pmatrix} + t \begin{pmatrix} -1 \\ 1 \\ 1 \end{pmatrix} = \begin{pmatrix} 1-t \\ 2+t \\ t \end{pmatrix}$$

　であり, この直線の定義方程式は次である.

$$-x_1 + 1 = x_2 - 2 = x_3$$

- $\boldsymbol{x}_0 = \begin{pmatrix} 1 \\ 2 \\ 0 \end{pmatrix}, \boldsymbol{x}_1 = \begin{pmatrix} 0 \\ 4 \\ 0 \end{pmatrix}$ を通る直線のパラメータ表示は

$$\begin{pmatrix} x_1 \\ x_2 \\ x_3 \end{pmatrix} = \begin{pmatrix} 1 \\ 2 \\ 0 \end{pmatrix} + t \begin{pmatrix} -1 \\ 2 \\ 0 \end{pmatrix} = \begin{pmatrix} 1-t \\ 2+2t \\ 0 \end{pmatrix}$$

　であり, この直線の定義方程式は次である.

$$-x_1 + 1 = \frac{x_2 - 2}{2}, \quad x_3 = 0$$

6.6　平面

次に ($\mathbb{R}^n$ 内の) 平面について考えるが, ここでは外積を用いるため $\mathbb{R}^3$ に限って説明する.

定義 6.6.1　$\boldsymbol{x}_0, \boldsymbol{d}_1, \boldsymbol{d}_2 \in \mathbb{R}^3$ とし, $\boldsymbol{d}_1, \boldsymbol{d}_2$ はどちらも $\boldsymbol{0}$ ではないとする. 次を $\boldsymbol{x}_0$ を通り, $\boldsymbol{d}_1, \boldsymbol{d}_2$ が張る平面という.

$$\left\{ \boldsymbol{x} \in \mathbb{R}^3 \;\middle|\; t_1, t_2 \in \mathbb{R} \text{ が存在し, } \boldsymbol{x} = \boldsymbol{x}_0 + t_1 \boldsymbol{d}_1 + t_2 \boldsymbol{d}_2 \right\}$$

$$= \left\{ \boldsymbol{x}_0 + t_1\boldsymbol{d}_1 + t_2\boldsymbol{d}_2 \in \mathbb{R}^3 \;\middle|\; t_1, t_2 \in \mathbb{R} \right\}$$

$\boldsymbol{x} = \boldsymbol{x}_0 + t_1\boldsymbol{d}_1 + t_2\boldsymbol{d}_2$ を**平面のパラメータ表示**という. □

例えば, $\boldsymbol{x}_0, \boldsymbol{x}_1, \boldsymbol{x}_2$ を通る平面のパラメータ表示は

$$\boldsymbol{x} = \boldsymbol{x}_0 + t_1(\boldsymbol{x}_1 - \boldsymbol{x}_0) + t_2(\boldsymbol{x}_2 - \boldsymbol{x}_0)$$

である. 実際, $(t_1, t_2) = (0, 0), (1, 0), (0, 1)$ とすれば次が成り立つ.

$$\boldsymbol{x} = \boldsymbol{x}_0 + 0 \cdot (\boldsymbol{x}_1 - \boldsymbol{x}_0) + 0 \cdot (\boldsymbol{x}_2 - \boldsymbol{x}_0) = \boldsymbol{x}_0$$
$$\boldsymbol{x} = \boldsymbol{x}_0 + 1 \cdot (\boldsymbol{x}_1 - \boldsymbol{x}_0) + 0 \cdot (\boldsymbol{x}_2 - \boldsymbol{x}_0) = \boldsymbol{x}_1$$
$$\boldsymbol{x} = \boldsymbol{x}_0 + 0 \cdot (\boldsymbol{x}_1 - \boldsymbol{x}_0) + 1 \cdot (\boldsymbol{x}_2 - \boldsymbol{x}_0) = \boldsymbol{x}_2$$

ここで $\boldsymbol{d}_1, \boldsymbol{d}_2$ が平行になっている, つまり $\boldsymbol{d}_2 = \lambda\boldsymbol{d}_1$ となる $\lambda \in \mathbb{R}$ が存在する場合

$$\boldsymbol{x}_0 + t_1\boldsymbol{d}_1 + t_2\boldsymbol{d}_2 = \boldsymbol{x} = \boldsymbol{x}_0 + (t_1 + t_2\lambda)\boldsymbol{d}_1$$

が成り立ち, $\boldsymbol{d}_1, \boldsymbol{d}_2$ が張る平面は $\boldsymbol{d}_1$ を方向ベクトルとする直線となる. 同様のことは $\lambda_1\boldsymbol{d}_1 + \lambda_2\boldsymbol{d}_2 = \boldsymbol{0}$ を満たす $\lambda_1, \lambda_2 \in \mathbb{R}$ が存在する場合にも成り立つ. $\boldsymbol{d}_1, \boldsymbol{d}_2$ がこの条件を満たすときは1次従属, 満たさないときは1次独立といい, 第7章において詳しく説明する. このように定義6.6.1の $\boldsymbol{d}_1, \boldsymbol{d}_2$ に対する仮定は不十分であり, 1次独立であるとする必要がある. 以下の $\boldsymbol{d}_1, \boldsymbol{d}_2$ はこの仮定が満たされているとする.

パラメータ表示 $\boldsymbol{x} = \boldsymbol{x}_0 + t_1\boldsymbol{d}_1 + t_2\boldsymbol{d}_2$ から定まる平面に対して

$$\boldsymbol{n} = \boldsymbol{d}_1 \times \boldsymbol{d}_2$$

とすると, これは平面に直交するベクトルである. このような平面に直交するベクトルを**法線ベクトル**という. $(\boldsymbol{n}, \boldsymbol{d}_1) = (\boldsymbol{n}, \boldsymbol{d}_2) = 0$ であることに注意すると, 平面上の点 $\boldsymbol{x}$ に対して

$$(\boldsymbol{n}, \boldsymbol{x} - \boldsymbol{x}_0) = (\boldsymbol{n}, t_1\boldsymbol{d}_1 + t_2\boldsymbol{d}_2) = t_1(\boldsymbol{n}, \boldsymbol{d}_1) + t_2(\boldsymbol{n}, \boldsymbol{d}_2) = 0$$

が成り立つ. これを $\boldsymbol{x} = \begin{pmatrix} x_1 \\ x_2 \\ x_3 \end{pmatrix}, \boldsymbol{x}_0 = \begin{pmatrix} x_{01} \\ x_{02} \\ x_{03} \end{pmatrix}, \boldsymbol{n} = \begin{pmatrix} n_1 \\ n_2 \\ n_3 \end{pmatrix}$ と成分で表すと

$$n_1(x_1 - x_{01}) + n_2(x_2 - x_{02}) + n_3(x_3 - x_{03}) = 0$$

が得られる．これを平面の定義方程式といい，直線の場合と同様に次が成り立つ．

$$\left\{\boldsymbol{x} \in \mathbb{R}^3 \;\middle|\; t_1, t_2 \in \mathbb{R} \text{ が存在し}, \boldsymbol{x} = \boldsymbol{x}_0 + t_1\boldsymbol{d}_1 + t_2\boldsymbol{d}_2\right\}$$
$$= \left\{\begin{pmatrix} x_1 \\ x_2 \\ x_3 \end{pmatrix} \in \mathbb{R}^3 \;\middle|\; n_1(x_1 - x_{01}) + n_2(x_2 - x_{02}) + n_3(x_3 - x_{03}) = 0\right\}$$

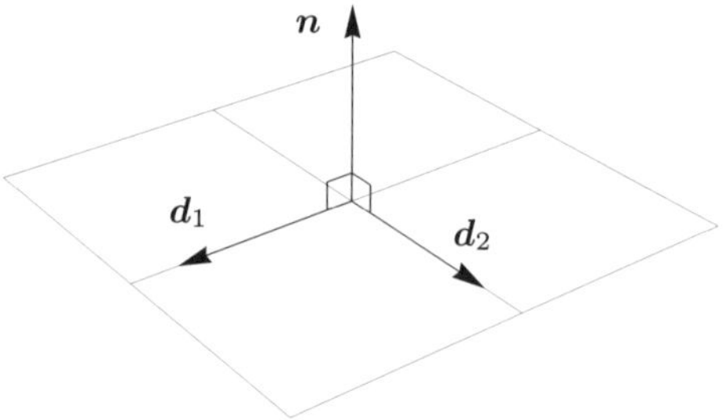

図 **6.8**　平面とその法線ベクトル $\boldsymbol{n}$

例 6.8

$\boldsymbol{x}_0 = \begin{pmatrix} 1 \\ 2 \\ 0 \end{pmatrix}, \boldsymbol{x}_1 = \begin{pmatrix} 0 \\ 3 \\ 1 \end{pmatrix}, \boldsymbol{x}_2 = \begin{pmatrix} 0 \\ 4 \\ 0 \end{pmatrix}$ を通る平面のパラメータ表示は

$$\begin{pmatrix} x_1 \\ x_2 \\ x_3 \end{pmatrix} = \begin{pmatrix} 1 \\ 2 \\ 0 \end{pmatrix} + t_1 \begin{pmatrix} -1 \\ 1 \\ 1 \end{pmatrix} + t_2 \begin{pmatrix} -1 \\ 2 \\ 0 \end{pmatrix} = \begin{pmatrix} 1 - t_1 - t_2 \\ 2 + t_1 + 2t_2 \\ t_1 \end{pmatrix}$$

である．また

$$\boldsymbol{n} = \begin{pmatrix} -1 \\ 1 \\ 1 \end{pmatrix} \times \begin{pmatrix} -1 \\ 2 \\ 0 \end{pmatrix} = \begin{pmatrix} -2 \\ -1 \\ -1 \end{pmatrix}$$

であるので平面の定義方程式は次である．

$$-2x_1 - x_2 - x_3 + 4 = 0$$

6.7　2次曲線

最後に2次曲線について述べる．これらは円や楕円, 放物線などを一般化した曲線であり, 以下で述べるように行列を用いて表すことができる．この2次曲線も $\mathbb{R}^n$ においても考えられるが, ここでは $\mathbb{R}^2$ に限って説明する．

定義 6.7.1　次を **2** 次曲線という．

$$\left\{ \begin{pmatrix} x_1 \\ x_2 \end{pmatrix} \in \mathbb{R}^2 \;\middle|\; a_{11}x_1^2 + 2a_{12}x_1x_2 + a_{22}x_2^2 + b_1x_1 + b_2x_2 + c = 0 \right\}$$

$a_{11}x_1^2 + 2a_{12}x_1x_2 + a_{22}x_2^2 + b_1x_1 + b_2x_2 + c = 0$ を2次曲線の定義方程式という． □

2次曲線の定義方程式 $a_{11}x_1^2 + 2a_{12}x_1x_2 + a_{22}x_2^2 + b_1x_1 + b_2x_2 + c = 0$ は

$$A = \begin{pmatrix} a_{11} & a_{12} \\ a_{12} & a_{22} \end{pmatrix}, \quad \boldsymbol{b} = \begin{pmatrix} b_1 \\ b_2 \end{pmatrix}, \quad \boldsymbol{x} = \begin{pmatrix} x_1 \\ x_2 \end{pmatrix}$$

と定めた対称行列とベクトルを用いると次のように表せる．

$${}^t\boldsymbol{x}A\boldsymbol{x} + {}^t\boldsymbol{b}\boldsymbol{x} + c = 0$$

例 6.9

- $(a_{11}, a_{12}, a_{22}, b_1, b_2, c) = (1, 0, 1, 0, 0, -1)$ とした2次曲線の定義方程式は $x_1^2 + x_2^2 - 1 = 0$ であり, 対称行列とベクトルを用いて次のように表せる．この2次曲線は単位円である．

$$\begin{pmatrix} x_1 & x_2 \end{pmatrix} \begin{pmatrix} 1 & 0 \\ 0 & 1 \end{pmatrix} \begin{pmatrix} x_1 \\ x_2 \end{pmatrix} - 1 = 0$$

- $(a_{11}, a_{12}, a_{22}, b_1, b_2, c) = (3, 0, 1, 0, 0, -1)$ とした2次曲線の定義方程式は $3x_1^2 + x_2^2 - 1 = 0$ であり, 対称行列とベクトルを用いて次のように表せる．この2次曲線は楕円である．

$$\begin{pmatrix} x_1 & x_2 \end{pmatrix} \begin{pmatrix} 3 & 0 \\ 0 & 1 \end{pmatrix} \begin{pmatrix} x_1 \\ x_2 \end{pmatrix} - 1 = 0$$

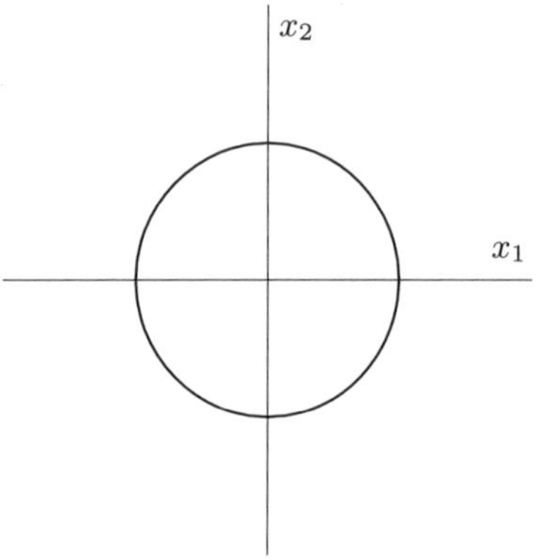

図 6.9　$x_1^2 + x_2^2 - 1 = 0$ から定まる2次曲線

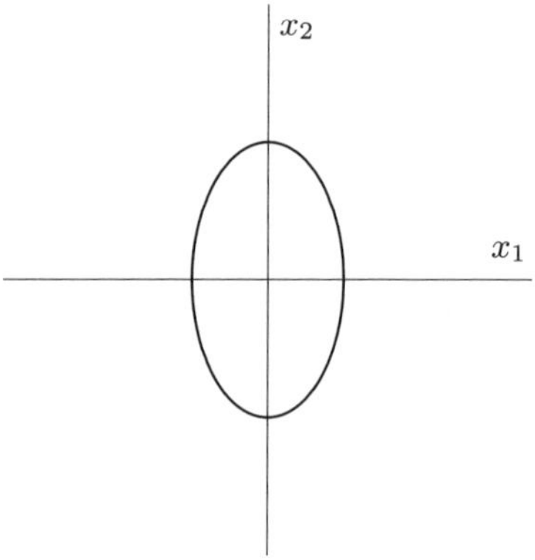

図 6.10　$3x_1^2 + x_2^2 - 1 = 0$ から定まる2次曲線

- $(a_{11}, a_{12}, a_{22}, b_1, b_2, c) = (1, 0, 0, 0, -1, 0)$ とした2次曲線の定義方程式は $x_1^2 - x_2 = 0$ であり，対称行列とベクトルを用いて次のように表せる．この2次曲線は放物線である．

$$\begin{pmatrix} x_1 & x_2 \end{pmatrix} \begin{pmatrix} 1 & 0 \\ 0 & 0 \end{pmatrix} \begin{pmatrix} x_1 \\ x_2 \end{pmatrix} + \begin{pmatrix} 0 & -1 \end{pmatrix} \begin{pmatrix} x_1 \\ x_2 \end{pmatrix} = 0$$

- $(a_{11}, a_{12}, a_{22}, b_1, b_2, c) = (1, 0, -1, 0, 0, -1)$ とした2次曲線の定義方程式は $x_1^2 - x_2^2 - 1 = 0$ であり，対称行列とベクトルを用いて次のように表せる．この2次曲線は双曲線である．

$$\begin{pmatrix} x_1 & x_2 \end{pmatrix} \begin{pmatrix} 1 & 0 \\ 0 & -1 \end{pmatrix} \begin{pmatrix} x_1 \\ x_2 \end{pmatrix} - 1 = 0$$

次の例で述べていることは第10章において説明する．

例 6.10

定義方程式 $2x_1^2 + 2x_1x_2 + 2x_2^2 - 1 = 0$ から定まる2次曲線を考える．定義方程式の x_1, x_2 に回転行列を用いた

$$\begin{pmatrix} x_1 \\ x_2 \end{pmatrix} = \begin{pmatrix} \cos(\pi/4) & -\sin(\pi/4) \\ \sin(\pi/4) & \cos(\pi/4) \end{pmatrix} \begin{pmatrix} x_1' \\ x_2' \end{pmatrix} = \begin{pmatrix} 1/\sqrt{2} & -1/\sqrt{2} \\ 1/\sqrt{2} & 1/\sqrt{2} \end{pmatrix} \begin{pmatrix} x_1' \\ x_2' \end{pmatrix}$$

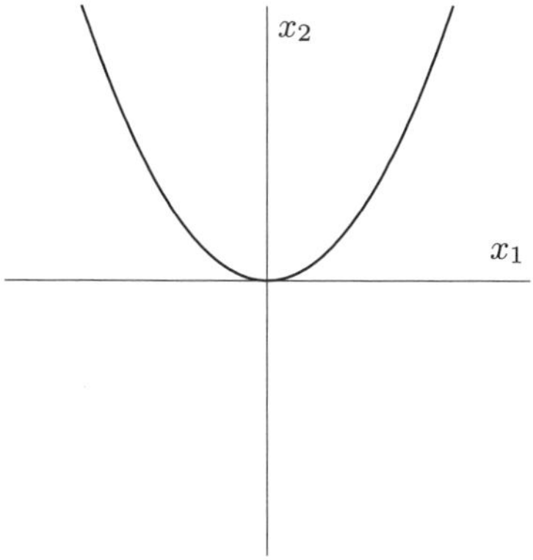

図**6.11**　$x_1^2 - x_2 = 0$から定まる2次曲線

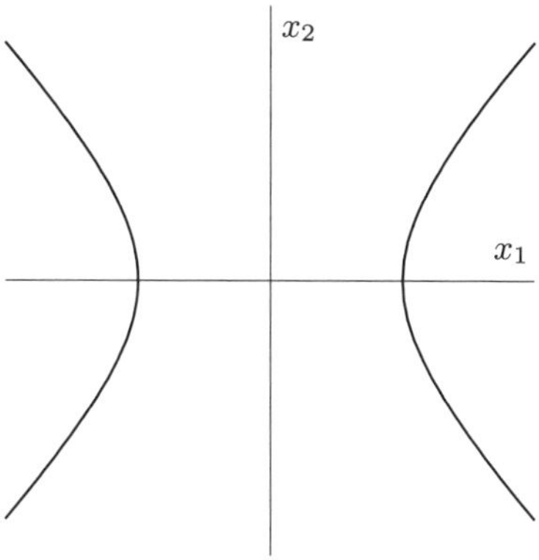

図**6.12**　$x_1^2 - x_2^2 - 1 = 0$から定まる2次曲線

を代入すると例6.9の楕円の定義方程式$3(x_1')^2 + (x_2')^2 - 1 = 0$が得られる．このことは$2x_1^2 + 2x_1x_2 + 2x_2^2 - 1 = 0$から定まる2次曲線は$3(x_1')^2 + (x_2')^2 - 1 = 0$から定まる楕円を回転させたものであるということを意味する．

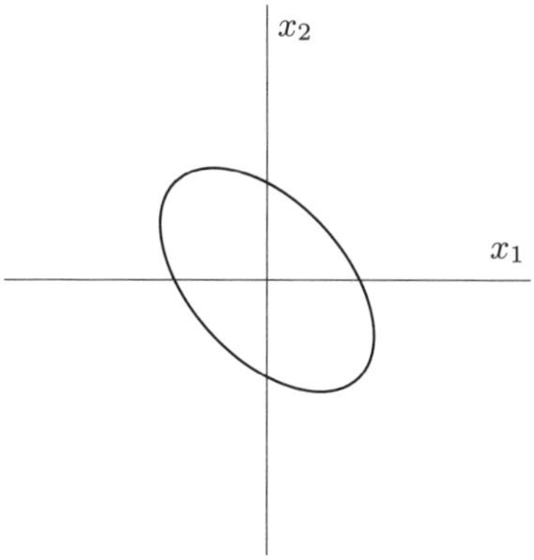

図**6.13**　$2x_1^2 + 2x_1x_2 + 2x_2^2 - 1 = 0$から定まる2次曲線

章末問題

問題 1　次のベクトル $\boldsymbol{x}, \boldsymbol{x}'$ の内積 $(\boldsymbol{x}, \boldsymbol{x}')$, 長さ $\|\boldsymbol{x}\|$, $\|\boldsymbol{x}'\|$, $\boldsymbol{x}$ と $\boldsymbol{x}'$ のなす角を θ としたときの $\cos\theta$, $\boldsymbol{x}$ と $\boldsymbol{x}'$ が張る平行四辺形の面積, 外積 $\boldsymbol{x} \times \boldsymbol{x}'$ を求めよ.

(1) $\boldsymbol{x} = \begin{pmatrix} 3 \\ 2 \\ -1 \end{pmatrix}, \boldsymbol{x}' = \begin{pmatrix} 4 \\ 5 \\ -6 \end{pmatrix}$　　(2) $\boldsymbol{x} = \begin{pmatrix} 2 \\ -2 \\ 1 \end{pmatrix}, \boldsymbol{x}' = \begin{pmatrix} 2 \\ 3 \\ 2 \end{pmatrix}$

問題 2　次のベクトル $\boldsymbol{x}, \boldsymbol{x}', \boldsymbol{x}'$ に対し, $(\boldsymbol{x} \times \boldsymbol{x}') \times \boldsymbol{x}''$, $\boldsymbol{x} \times (\boldsymbol{x}' \times \boldsymbol{x}'')$ を求めよ.

$$\boldsymbol{x} = \begin{pmatrix} 1 \\ 8 \\ 7 \end{pmatrix}, \boldsymbol{x}' = \begin{pmatrix} 2 \\ 9 \\ 6 \end{pmatrix}, \boldsymbol{x}'' = \begin{pmatrix} 3 \\ 4 \\ 5 \end{pmatrix}$$

問題 3　次のベクトル $\boldsymbol{x}, \boldsymbol{x}'$ が直交するように a の値を定めよ.

(1) $\boldsymbol{x} = \begin{pmatrix} 1 \\ 2 \\ 3 \end{pmatrix}, \boldsymbol{x}' = \begin{pmatrix} 7 \\ -5 \\ a \end{pmatrix}$　　(2) $\boldsymbol{x} = \begin{pmatrix} 4 \\ -1 \\ 4 \\ 5 \end{pmatrix}, \boldsymbol{x}' = \begin{pmatrix} 1 \\ a \\ -3 \\ 2 \end{pmatrix}$

問題 4　次の2点 $\boldsymbol{x}_0, \boldsymbol{x}_1$ を通る直線のパラメータ表示, 定義方程式を求めよ.

(1) $\boldsymbol{x}_0 = \begin{pmatrix} 1 \\ 2 \\ 3 \end{pmatrix}, \boldsymbol{x}_1 = \begin{pmatrix} 4 \\ -5 \\ 6 \end{pmatrix}$　　(2) $\boldsymbol{x}_0 = \begin{pmatrix} 1 \\ -3 \\ 2 \end{pmatrix}, \boldsymbol{x}_1 = \begin{pmatrix} 3 \\ -9 \\ 2 \end{pmatrix}$

問題 5　次の3点 $\boldsymbol{x}_0, \boldsymbol{x}_1, \boldsymbol{x}_2$ を通る平面のパラメータ表示, 定義方程式を求めよ.

(1) $\boldsymbol{x}_0 = \begin{pmatrix} 1 \\ 0 \\ 2 \end{pmatrix}, \boldsymbol{x}_1 = \begin{pmatrix} 2 \\ 3 \\ 5 \end{pmatrix}, \boldsymbol{x}_2 = \begin{pmatrix} 0 \\ 5 \\ 6 \end{pmatrix}$

(2) $\boldsymbol{x}_0 = \begin{pmatrix} 2 \\ 0 \\ -1 \end{pmatrix}, \boldsymbol{x}_1 = \begin{pmatrix} -1 \\ 2 \\ 3 \end{pmatrix}, \boldsymbol{x}_2 = \begin{pmatrix} 0 \\ 5 \\ 6 \end{pmatrix}$

第 7 章

ベクトル空間

本章では, 数ベクトル空間 $\mathbb{R}^n$ を一般化したベクトル空間, およびその部分空間を定義する. さらにベクトルの組の関係を表す 1 次独立, 1 次従属について述べ, これを用いてベクトル空間の基底と次元を説明する.

7.1 ベクトル空間

数ベクトル空間 $\mathbb{R}^n$ には和とスカラー倍という 2 つの演算があり, これらについて次の性質が成り立つ.

(1) $\boldsymbol{x} + \boldsymbol{x}' = \boldsymbol{x}' + \boldsymbol{x}$

(2) $(\boldsymbol{x} + \boldsymbol{x}') + \boldsymbol{x}'' = \boldsymbol{x} + (\boldsymbol{x}' + \boldsymbol{x}'')$

(3) 零ベクトル $\mathbf{0}$ と呼ばれる要素が存在し, 任意の $\boldsymbol{x}$ に対して次が成り立つ.

$$\boldsymbol{x} + \mathbf{0} = \boldsymbol{x}$$

(4) 任意の $\boldsymbol{x}$ に対して, 次の性質を満たす $\boldsymbol{x}'$ がある.

$$\boldsymbol{x} + \boldsymbol{x}' = \mathbf{0}$$

(5) $\lambda(\boldsymbol{x} + \boldsymbol{x}') = \lambda\boldsymbol{x} + \lambda\boldsymbol{x}'$

(6) $(\lambda + \mu)\boldsymbol{x} = \lambda\boldsymbol{x} + \mu\boldsymbol{x}$

(7) $(\lambda\mu)\boldsymbol{x} = \lambda(\mu\boldsymbol{x})$

(8) $1\boldsymbol{x} = \boldsymbol{x}$

一般のベクトル空間は次のように定義される.

定義 7.1.1 集合 V に和 $\boldsymbol{v} + \boldsymbol{v}'$ $(\boldsymbol{v}, \boldsymbol{v}' \in V)$ とスカラー倍 $\lambda\boldsymbol{v}$ $(\boldsymbol{v} \in V, \lambda \in \mathbb{R})$ が定まっており, 上記 (1) から (8) の性質を満たすものを**ベクトル空間**という. ベクトル空間の要素をベクトルという. □

(3) の条件を満たすベクトルをこれまでと同様に**零ベクトル**といい, $\mathbf{0}$ で表す. なお, 和とスカラー倍の性質より, $0\boldsymbol{v} = \mathbf{0}$ が示される. また, $\boldsymbol{v} \in V$ に対して

$\boldsymbol{v}+\boldsymbol{v}'=\boldsymbol{0}$ となる $\boldsymbol{v}'$ を $-\boldsymbol{v}$ で表す．

ここでスカラーは実数であるので，この定義のベクトル空間は $\mathbb{R}$ 上のベクトル空間というのが正確である．ただし，本書では第10章を除き $\mathbb{R}$ 上のベクトル空間のみを考えるので，以下では単にベクトル空間という．

例 7.1

- $x_1-x_2=0$ の解の集合
$$\left\{\begin{pmatrix}x_1\\x_2\end{pmatrix}\in\mathbb{R}^2 \;\middle|\; x_1-x_2=0\right\}$$
は $\mathbb{R}^2$ の和とスカラー倍でベクトル空間である．
- 実数係数の高々 n 次の多項式の集合
$$\mathbb{R}[x]_n=\left\{a_nx^n+a_{n-1}x^{n-1}+\cdots+a_1x+a_0 \;\middle|\; a_0,a_1,\ldots,a_{n-1},a_n\in\mathbb{R}\right\}$$
は多項式の和，定数倍によりベクトル空間である．零ベクトルはすべての係数が0の多項式である．
- $\mathbb{R}$ 上の連続関数の集合 $C(\mathbb{R})$ は連続関数の和，定数倍によりベクトル空間である．零ベクトルは恒等的に0の関数である．

ここで1つ目の例はベクトル空間 $\mathbb{R}^2$ の部分集合になっているベクトル空間である．このようなものを部分空間という．一般的には次のように定義される．

定義 7.1.2　ベクトル空間 V の空でない部分集合 W が V の和とスカラー倍によってベクトル空間となるとき，W を V の**部分空間**という．　□

定理 7.1.1　ベクトル空間 V の空でない部分集合 W が次を満たせば V の部分空間となる．

- $\boldsymbol{w},\boldsymbol{w}'\in W$ ならば $\boldsymbol{w}+\boldsymbol{w}'\in W$．
- $\boldsymbol{w}\in W,\lambda\in\mathbb{R}$ ならば $\lambda\boldsymbol{w}\in W$．

□

【証明】　仮定より W に和とスカラー倍が定まっている．また，$\boldsymbol{w}\in W$ に対して $0\boldsymbol{w}=\boldsymbol{0}$ より $\boldsymbol{0}\in W$ となり，$(-1)\boldsymbol{w}=-\boldsymbol{w}$ より $-\boldsymbol{w}\in W$ となる．従って W の要素は V の要素であることに注意すると，W はベクトル空間となる．　■

例 7.2

- $W_1 = \left\{ \begin{pmatrix} x_1 \\ x_2 \end{pmatrix} \in \mathbb{R}^2 \;\middle|\; x_1 + 2x_2 = 0 \right\}$ は $\begin{pmatrix} 0 \\ 0 \end{pmatrix} \in W_1$ なので空でなく，次が成り立つので $\mathbb{R}^2$ の部分空間である．
  - $\begin{pmatrix} x_1 \\ x_2 \end{pmatrix}, \begin{pmatrix} x_1' \\ x_2' \end{pmatrix} \in W_1$ とする．このとき，$x_1 + 2x_2 = 0, x_1' + 2x_2' = 0$ より
  $$(x_1 + x_1') + 2(x_2 + x_2') = (x_1 + 2x_2) + (x_1' + 2x_2') = 0$$
  なので $\begin{pmatrix} x_1 \\ x_2 \end{pmatrix} + \begin{pmatrix} x_1' \\ x_2' \end{pmatrix} = \begin{pmatrix} x_1 + x_1' \\ x_2 + x_2' \end{pmatrix} \in W_1$ となる．
  - $\begin{pmatrix} x_1 \\ x_2 \end{pmatrix} \in W_1, \lambda \in \mathbb{R}$ とする．このとき，$x_1 + 2x_2 = 0$ より
  $$(\lambda x_1) + 2(\lambda x_2) = \lambda(x_1 + 2x_2) = 0$$
  なので $\lambda \begin{pmatrix} x_1 \\ x_2 \end{pmatrix} = \begin{pmatrix} \lambda x_1 \\ \lambda x_2 \end{pmatrix} \in W_1$ となる．
- $W_2 = \left\{ \begin{pmatrix} x_1 \\ x_2 \end{pmatrix} \in \mathbb{R}^2 \;\middle|\; x_1 + x_2 - 1 = 0 \right\}$ は $\begin{pmatrix} 1 \\ 0 \end{pmatrix} \in W_2$ だが $2 \begin{pmatrix} 1 \\ 0 \end{pmatrix} \notin W_2$ なので $\mathbb{R}^2$ の部分空間でない．

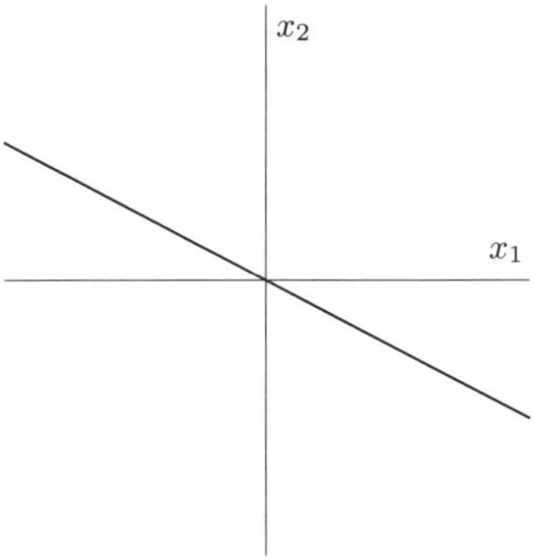

図 7.1 W_1

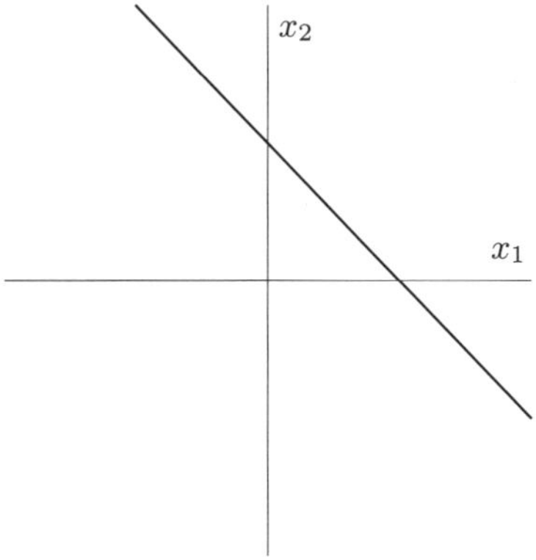

図 7.2 W_2

- $W_3 = \left\{ \begin{pmatrix} x_1 \\ x_2 \end{pmatrix} \in \mathbb{R}^2 \;\middle|\; x_1^2 - x_2 = 0 \right\}$ は $\begin{pmatrix} 1 \\ 1 \end{pmatrix} \in W_3$ だが $2\begin{pmatrix} 1 \\ 1 \end{pmatrix} \notin W_3$ なので $\mathbb{R}^2$ の部分空間でない.
- $W_4 = \left\{ \begin{pmatrix} x_1 \\ x_2 \end{pmatrix} \in \mathbb{R}^2 \;\middle|\; x_1 \leq 1 \right\}$ は $\begin{pmatrix} 1 \\ 0 \end{pmatrix} \in W_4$ だが $2\begin{pmatrix} 1 \\ 0 \end{pmatrix} \notin W_4$ なので $\mathbb{R}^2$ の部分空間でない.

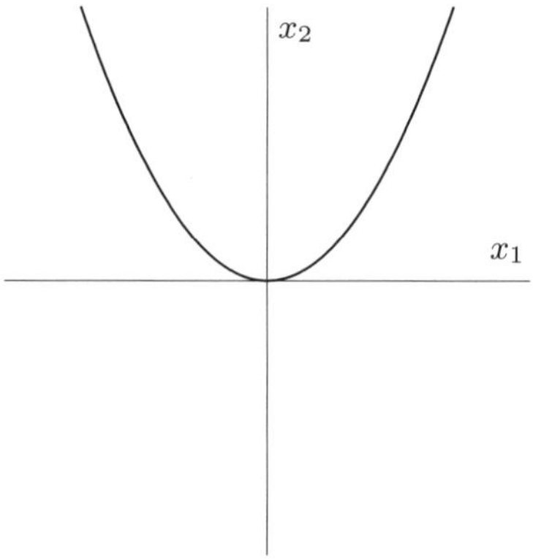

図 **7.3**　W_3

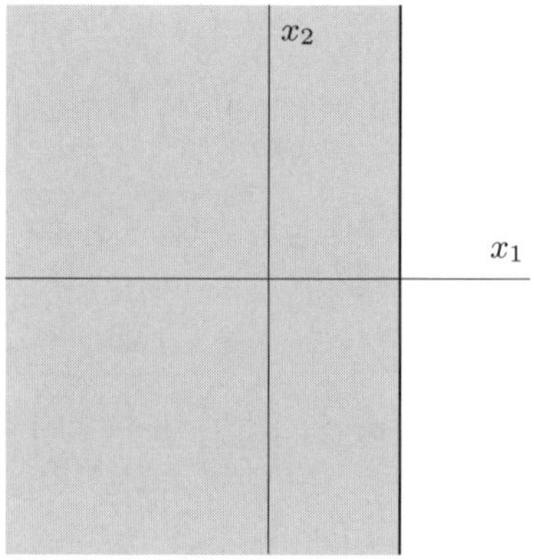

図 **7.4**　W_4

部分空間の部分空間を考えることもできる.

例 7.3

$W_1, W_2 \subset \mathbb{R}^3$ を

$$W_1 = \left\{ \begin{pmatrix} x_1 \\ x_2 \\ x_3 \end{pmatrix} \in \mathbb{R}^3 \;\middle|\; x_2 = x_3 = 0 \right\}, \quad W_2 = \left\{ \begin{pmatrix} x_1 \\ x_2 \\ x_3 \end{pmatrix} \in \mathbb{R}^3 \;\middle|\; x_3 = 0 \right\}$$

と定めると, W_1, W_2 は $\mathbb{R}^3$ の部分空間であり, さらに W_1 は W_2 の部分空間である.

これらの例で説明した部分空間は同次形の連立1次方程式

$$A\boldsymbol{x} = \boldsymbol{0}$$

の解のなす集合と考えられる．これについて次が成り立つ．

定理 7.1.2 $m \times n$ 行列 A を係数行列とする同次形の連立 1 次方程式 $A\boldsymbol{x} = \boldsymbol{0}$ の解のなす集合

$$\{\boldsymbol{x} \in \mathbb{R}^n \mid A\boldsymbol{x} = \boldsymbol{0}\}$$

は $\mathbb{R}^n$ の部分空間である． □

【証明】 $W = \{\boldsymbol{x} \in \mathbb{R}^n \mid A\boldsymbol{x} = \boldsymbol{0}\}$ とする．$A\boldsymbol{0} = \boldsymbol{0}$ なので $\boldsymbol{0} \in W$ より W は空ではない．さらに次が成り立つので W は部分空間である．

- $\boldsymbol{x}, \boldsymbol{x}' \in W$ とする．このとき，$A\boldsymbol{x} = \boldsymbol{0}, A\boldsymbol{x}' = \boldsymbol{0}$ より

$$A(\boldsymbol{x} + \boldsymbol{x}') = A\boldsymbol{x} + A\boldsymbol{x}' = \boldsymbol{0} + \boldsymbol{0} = \boldsymbol{0}$$

なので $\boldsymbol{x} + \boldsymbol{x}' \in W$ となる．

- $\boldsymbol{x} \in W, \lambda \in \mathbb{R}$ とする．このとき，$A\boldsymbol{x} = \boldsymbol{0}$ より

$$A(\lambda\boldsymbol{x}) = \lambda A\boldsymbol{x} = \lambda\boldsymbol{0} = \boldsymbol{0}$$

なので $\lambda\boldsymbol{x} \in W$ となる．

■

以下では $\{\boldsymbol{x} \in \mathbb{R}^n \mid A\boldsymbol{x} = \boldsymbol{0}\}$ を同次形の連立 1 次方程式 $A\boldsymbol{x} = \boldsymbol{0}$ の**解空間**という．

例 7.4

- $\left\{ \begin{pmatrix} x_1 \\ x_2 \end{pmatrix} \in \mathbb{R}^2 \;\middle|\; x_1 + 2x_2 = 0 \right\}$ は $A = \begin{pmatrix} 1 & 2 \end{pmatrix}$ を係数行列とする同次形の連立 1 次方程式 $A\boldsymbol{x} = \boldsymbol{0}$ の解空間である．
- $\left\{ \begin{pmatrix} x_1 \\ x_2 \\ x_3 \end{pmatrix} \in \mathbb{R}^3 \;\middle|\; \begin{aligned} x_1 + x_2 + 5x_3 &= 0 \\ x_2 + 3x_3 &= 0 \end{aligned} \right\}$ は $A = \begin{pmatrix} 1 & 1 & 5 \\ 0 & 1 & 3 \end{pmatrix}$ を係数行列とする同次形の連立 1 次方程式 $A\boldsymbol{x} = \boldsymbol{0}$ の解空間である．
- $\left\{ \begin{pmatrix} x_1 \\ x_2 \\ x_3 \end{pmatrix} \in \mathbb{R}^3 \;\middle|\; \begin{aligned} x_1 + 2x_2 + 3x_3 &= 0 \\ 2x_1 + 4x_2 + 6x_3 &= 0 \end{aligned} \right\}$ は $A = \begin{pmatrix} 1 & 2 & 3 \\ 2 & 4 & 6 \end{pmatrix}$ を係数行列とする同次形の連立 1 次方程式 $A\boldsymbol{x} = \boldsymbol{0}$ の解空間である．

これらの部分空間の例は数ベクトル空間の部分集合となるものであった．数ベクトル空間でないベクトル空間の部分空間は例えば次である．

例 7.5

- $\mathbb{R}[x]_n$ の要素は高々 n 次の多項式であり，多項式は $\mathbb{R}$ 上の連続関数である．これより $\mathbb{R}[x]_n$ は $C(\mathbb{R})$ の部分集合であり，さらに部分空間であることを示せる．
- $\{p \in \mathbb{R}[x]_n \mid p(1) = 0\}$ は $\mathbb{R}[x]_n$ の部分空間である．

7.2　1次独立と1次従属

$\mathbb{R}^2$ の任意のベクトルは次のように $\begin{pmatrix} 1 \\ 0 \end{pmatrix}, \begin{pmatrix} 0 \\ 1 \end{pmatrix}$ を用いて表すことができる．

$$\begin{pmatrix} x_1 \\ x_2 \end{pmatrix} = x_1 \begin{pmatrix} 1 \\ 0 \end{pmatrix} + x_2 \begin{pmatrix} 0 \\ 1 \end{pmatrix}$$

ここで $\begin{pmatrix} 1 \\ 0 \end{pmatrix}, \begin{pmatrix} 0 \\ 1 \end{pmatrix}$ の係数は一意的に定まる．この性質を持つベクトルの組を基底という．一方，$\begin{pmatrix} 1 \\ 0 \end{pmatrix}, \begin{pmatrix} 0 \\ 1 \end{pmatrix}, \begin{pmatrix} 1 \\ 1 \end{pmatrix}$ を用いても $\mathbb{R}^2$ の任意のベクトルを表すことができるが，次のように係数は様々な選び方があり，基底ではない．

$$\begin{pmatrix} x_1 \\ x_2 \end{pmatrix} = x_1 \begin{pmatrix} 1 \\ 0 \end{pmatrix} + x_2 \begin{pmatrix} 0 \\ 1 \end{pmatrix} + 0 \begin{pmatrix} 1 \\ 1 \end{pmatrix} = (x_1 - x_2) \begin{pmatrix} 1 \\ 0 \end{pmatrix} + 0 \begin{pmatrix} 0 \\ 1 \end{pmatrix} + x_2 \begin{pmatrix} 1 \\ 1 \end{pmatrix}$$

このことは考えているベクトルに

$$\begin{pmatrix} 1 \\ 1 \end{pmatrix} = \begin{pmatrix} 1 \\ 0 \end{pmatrix} + \begin{pmatrix} 0 \\ 1 \end{pmatrix}$$

の関係があることが理由である．このような関係があるベクトルの組を1次従属であるといい，そうでないものを1次独立であるという．この1次独立，1次従属は線形代数において最も重要なもののひとつであり，以下ではその定義や判定法などについて述べる．

定義 7.2.1　ベクトル $\boldsymbol{v}_1, \boldsymbol{v}_2, \ldots, \boldsymbol{v}_m$ と $\lambda_1, \lambda_2, \ldots, \lambda_m \in \mathbb{R}$ から定まる次を $\boldsymbol{v}_1, \ldots, \boldsymbol{v}_m$ の **1次結合**という.

$$\lambda_1 \boldsymbol{v}_1 + \lambda_2 \boldsymbol{v}_2 + \cdots + \lambda_m \boldsymbol{v}_m$$

□

例 7.6

$\begin{pmatrix} 2 \\ 1 \end{pmatrix}$ は $\begin{pmatrix} 1 \\ 0 \end{pmatrix}$, $\begin{pmatrix} 1 \\ 1 \end{pmatrix}$ の1次結合で表せる. 実際

$$\lambda_1 \begin{pmatrix} 1 \\ 0 \end{pmatrix} + \lambda_2 \begin{pmatrix} 1 \\ 1 \end{pmatrix} = \begin{pmatrix} 2 \\ 1 \end{pmatrix}$$

を書きかえた連立1次方程式は

$$\begin{pmatrix} 1 & 1 \\ 0 & 1 \end{pmatrix} \begin{pmatrix} \lambda_1 \\ \lambda_2 \end{pmatrix} = \begin{pmatrix} 2 \\ 1 \end{pmatrix}$$

であり, 解は $\lambda_1 = 1, \lambda_2 = 1$ であるので次が成り立つ.

$$\begin{pmatrix} 1 \\ 0 \end{pmatrix} + \begin{pmatrix} 1 \\ 1 \end{pmatrix} = \begin{pmatrix} 2 \\ 1 \end{pmatrix}$$

定義 7.2.2　ベクトル $\boldsymbol{v}_1, \boldsymbol{v}_2, \ldots, \boldsymbol{v}_m$ の **1次関係**

$$\lambda_1 \boldsymbol{v}_1 + \lambda_2 \boldsymbol{v}_2 + \cdots + \lambda_m \boldsymbol{v}_m = \boldsymbol{0}$$

を満たす $\lambda_1, \lambda_2, \ldots, \lambda_m \in \mathbb{R}$ が $\lambda_1 = \lambda_2 = \cdots = \lambda_m = 0$ のみであるとき, $\boldsymbol{v}_1, \boldsymbol{v}_2, \ldots, \boldsymbol{v}_m$ は **1次独立**であるという. $\boldsymbol{v}_1, \boldsymbol{v}_2, \ldots, \boldsymbol{v}_m$ が1次独立でないとき, **1次従属**であるという. □

$\boldsymbol{v}_1, \boldsymbol{v}_2, \ldots, \boldsymbol{v}_m$ が1次従属であるとする. つまり

$$\lambda_1 \boldsymbol{v}_1 + \lambda_2 \boldsymbol{v}_2 + \cdots + \lambda_m \boldsymbol{v}_m = \boldsymbol{0}$$

を満たすすべてが0ではない $\lambda_1, \lambda_2, \ldots, \lambda_m \in \mathbb{R}$ が存在したとする. このとき, $\lambda_i \neq 0$ となるものがあるので

$$\boldsymbol{v}_i = \left(-\frac{\lambda_1}{\lambda_i}\right) \boldsymbol{v}_1 + \left(-\frac{\lambda_2}{\lambda_i}\right) \boldsymbol{v}_2 + \cdots + \left(-\frac{\lambda_{i-1}}{\lambda_i}\right) \boldsymbol{v}_{i-1}$$

$$+\left(-\frac{\lambda_{i+1}}{\lambda_i}\right)\boldsymbol{v}_{i+1}+\cdots+\left(-\frac{\lambda_m}{\lambda_i}\right)\boldsymbol{v}_m$$

となる．つまり，$\boldsymbol{v}_i$ は $\boldsymbol{v}_1, \boldsymbol{v}_2, \ldots, \boldsymbol{v}_{i-1}, \boldsymbol{v}_{i+1}, \ldots, \boldsymbol{v}_m$ の1次結合で表すことができる．

例 7.7

- $\boldsymbol{x}_1 = \begin{pmatrix} 1 \\ 0 \end{pmatrix}, \boldsymbol{x}_2 = \begin{pmatrix} 1 \\ 1 \end{pmatrix}$ が1次独立か1次従属かを考える．1次関係 $\lambda_1 \boldsymbol{x}_1 + \lambda_2 \boldsymbol{x}_2 = \boldsymbol{0}$ を書きかえた連立1次方程式は

$$\begin{pmatrix} 1 & 1 \\ 0 & 1 \end{pmatrix}\begin{pmatrix} \lambda_1 \\ \lambda_2 \end{pmatrix} = \begin{pmatrix} 0 \\ 0 \end{pmatrix}$$

であり，$\mathrm{rank}\begin{pmatrix} 1 & 1 \\ 0 & 1 \end{pmatrix} = 2$ より解は $\lambda_1 = \lambda_2 = 0$ のみなので $\boldsymbol{x}_1, \boldsymbol{x}_2$ は1次独立である．

- $\boldsymbol{x}_1 = \begin{pmatrix} 1 \\ 1 \end{pmatrix}, \boldsymbol{x}_2 = \begin{pmatrix} 2 \\ 2 \end{pmatrix}$ が1次独立か1次従属かを考える．1次関係 $\lambda_1 \boldsymbol{x}_1 + \lambda_2 \boldsymbol{x}_2 = \boldsymbol{0}$ を書きかえた連立1次方程式は

$$\begin{pmatrix} 1 & 2 \\ 1 & 2 \end{pmatrix}\begin{pmatrix} \lambda_1 \\ \lambda_2 \end{pmatrix} = \begin{pmatrix} 0 \\ 0 \end{pmatrix}$$

であり，$\mathrm{rank}\begin{pmatrix} 1 & 2 \\ 1 & 2 \end{pmatrix} = 1 < 2$ より $\lambda_1 = \lambda_2 = 0$ でない解 λ_1, λ_2 が存在する．これより $\boldsymbol{x}_1, \boldsymbol{x}_2$ は1次従属である．この連立1次方程式の解は $\lambda_1 = -2t, \lambda_2 = t$ であるので1次関係

$$(-2t)\boldsymbol{x}_1 + t\boldsymbol{x}_2 = \boldsymbol{0}$$

が成り立つ．例えば $t = 1$ とした1次関係は

$$-2\boldsymbol{x}_1 + \boldsymbol{x}_2 = \boldsymbol{0}$$

である．

- $\boldsymbol{x}_1 = \begin{pmatrix} 1 \\ 0 \end{pmatrix}, \boldsymbol{x}_2 = \begin{pmatrix} 1 \\ 1 \end{pmatrix}, \boldsymbol{x}_3 = \begin{pmatrix} 2 \\ 1 \end{pmatrix}$ が1次独立か1次従属かを考える．1次関係 $\lambda_1 \boldsymbol{x}_1 + \lambda_2 \boldsymbol{x}_2 + \lambda_3 \boldsymbol{x}_3 = \boldsymbol{0}$ を書きかえた連立1次方程式は

$$\begin{pmatrix} 1 & 1 & 2 \\ 0 & 1 & 1 \end{pmatrix} \begin{pmatrix} \lambda_1 \\ \lambda_2 \\ \lambda_3 \end{pmatrix} = \begin{pmatrix} 0 \\ 0 \end{pmatrix}$$

であり，$\mathrm{rank} \begin{pmatrix} 1 & 1 & 2 \\ 0 & 1 & 1 \end{pmatrix} = 2 < 3$ より $\lambda_1 = \lambda_2 = \lambda_3 = 0$ でない解 $\lambda_1, \lambda_2, \lambda_3$ が存在する．これより $\boldsymbol{x}_1, \boldsymbol{x}_2, \boldsymbol{x}_3$ は1次従属である．この連立1次方程式の解は $\lambda_1 = -t, \lambda_2 = -t, \lambda_3 = t$ であるので1次関係

$$(-t)\boldsymbol{x}_1 + (-t)\boldsymbol{x}_2 + t\boldsymbol{x}_3 = \boldsymbol{0}$$

が成り立つ．例えば $t = 1$ とした1次関係は

$$-\boldsymbol{x}_1 - \boldsymbol{x}_2 + \boldsymbol{x}_3 = \boldsymbol{0}$$

である．

- $\boldsymbol{x}_1 = \begin{pmatrix} 1 \\ 12 \\ 11 \end{pmatrix}, \boldsymbol{x}_2 = \begin{pmatrix} 2 \\ 13 \\ 10 \end{pmatrix}, \boldsymbol{x}_3 = \begin{pmatrix} 3 \\ 14 \\ 9 \end{pmatrix}, \boldsymbol{x}_4 = \begin{pmatrix} 4 \\ 15 \\ 8 \end{pmatrix}, \boldsymbol{x}_5 = \begin{pmatrix} 5 \\ 6 \\ 7 \end{pmatrix}$ が1次独立か1次従属かを考える．1次関係 $\lambda_1\boldsymbol{x}_1 + \lambda_2\boldsymbol{x}_2 + \lambda_3\boldsymbol{x}_3 + \lambda_4\boldsymbol{x}_4 + \lambda_5\boldsymbol{x}_5 = \boldsymbol{0}$ を書きかえた連立1次方程式は

$$\begin{pmatrix} 1 & 2 & 3 & 4 & 5 \\ 12 & 13 & 14 & 15 & 6 \\ 11 & 10 & 9 & 8 & 7 \end{pmatrix} \begin{pmatrix} \lambda_1 \\ \lambda_2 \\ \lambda_3 \\ \lambda_4 \\ \lambda_5 \end{pmatrix} = \begin{pmatrix} 0 \\ 0 \\ 0 \\ 0 \\ 0 \end{pmatrix}$$

であり，$\mathrm{rank} \begin{pmatrix} 1 & 2 & 3 & 4 & 5 \\ 12 & 13 & 14 & 15 & 6 \\ 11 & 10 & 9 & 8 & 7 \end{pmatrix} = 3 < 5$ より $\lambda_1 = \lambda_2 = \lambda_3 = \lambda_4 = \lambda_5 = 0$ でない解 $\lambda_1, \lambda_2, \lambda_3, \lambda_4, \lambda_5$ が存在する．これより $\boldsymbol{x}_1, \boldsymbol{x}_2, \boldsymbol{x}_3, \boldsymbol{x}_4, \boldsymbol{x}_5$ は1次従属である．この連立1次方程式の解は $\lambda_1 = t_1 + 2t_2, \lambda_2 = -2t_1 - 3t_2, \lambda_3 = t_1, \lambda_4 = t_2, \lambda_5 = 0$ であるので1次関係

$$(t_1 + 2t_2)\boldsymbol{x}_1 + (-2t_1 - 3t_2)\boldsymbol{x}_2 + t_1\boldsymbol{x}_3 + t_2\boldsymbol{x}_4 + 0\boldsymbol{x}_5 = \boldsymbol{0}$$

が成り立つ．例えば $t_1 = 1, t_2 = 0$ とした1次関係は

$$\boldsymbol{x}_1 - 2\boldsymbol{x}_2 + \boldsymbol{x}_3 = \boldsymbol{0}$$

であり, $t_1 = 0, t_2 = 1$ とした1次関係は

$$2\boldsymbol{x}_1 - 3\boldsymbol{x}_2 + \boldsymbol{x}_4 = \boldsymbol{0}$$

である.

これらの例では $\boldsymbol{x}_1, \boldsymbol{x}_2, \ldots, \boldsymbol{x}_m \in \mathbb{R}^n$ の1次関係 $\lambda_1\boldsymbol{x}_1 + \lambda_2\boldsymbol{x}_2 + \cdots + \lambda_m\boldsymbol{x}_m = \boldsymbol{0}$ を書きかえた連立1次方程式

$$\begin{pmatrix} \boldsymbol{x}_1 & \boldsymbol{x}_2 & \cdots & \boldsymbol{x}_m \end{pmatrix} \begin{pmatrix} \lambda_1 \\ \lambda_2 \\ \vdots \\ \lambda_n \end{pmatrix} = \boldsymbol{0}$$

を考え, その係数行列 $\begin{pmatrix} \boldsymbol{x}_1 & \boldsymbol{x}_2 & \cdots & \boldsymbol{x}_m \end{pmatrix}$ を調べることにより, $\boldsymbol{x}_1, \boldsymbol{x}_2, \ldots, \boldsymbol{x}_m$ の1次独立, 1次従属の判定を行い, 1次従属である場合には1次関係を求めることができた. このことについて, さらに次が成り立つ.

定理 7.2.1　$\boldsymbol{x}_1, \boldsymbol{x}_2, \ldots, \boldsymbol{x}_m \in \mathbb{R}^n$ を並べて得られる行列 $\begin{pmatrix} \boldsymbol{x}_1 & \boldsymbol{x}_2 & \cdots & \boldsymbol{x}_m \end{pmatrix}$ の階数を r とし, この行列から得られる階段行列の第 i 行 $(1 \leq i \leq r)$ の主成分を含む列の番号を p_i とする. このとき, 次が成り立つ.

- $\boldsymbol{x}_{p_1}, \boldsymbol{x}_{p_2}, \ldots, \boldsymbol{x}_{p_r}$ は1次独立である.
- $\boldsymbol{x}_j\ (j \neq p_1, p_2, \ldots, p_r)$ は $\boldsymbol{x}_{p_1}, \boldsymbol{x}_{p_2}, \ldots, \boldsymbol{x}_{p_r}$ の1次結合で表せる.

□

【証明】　D を基本行列を組み合わせて得られる行列であって

$$D\begin{pmatrix} \boldsymbol{x}_1 & \boldsymbol{x}_2 & \cdots & \boldsymbol{x}_m \end{pmatrix} = \begin{pmatrix} D\boldsymbol{x}_1 & D\boldsymbol{x}_2 & \cdots & D\boldsymbol{x}_m \end{pmatrix}$$

が階段行列となっているものとする. $D\boldsymbol{x}_{p_i}$ は基本ベクトル $\boldsymbol{e}_i$ であり, $D\boldsymbol{x}_j\ (j \neq p_1, p_2, \ldots, p_r)$ の第 $r+1$ 成分から第 n 成分はすべて0である. また, D は正則行列である基本行列の積となるので正則行列である.

まず $\boldsymbol{x}_{p_1}, \boldsymbol{x}_{p_2}, \ldots, \boldsymbol{x}_{p_r}$ が1次独立であることを示す. そのために1次関係

$$\lambda_{p_1}\boldsymbol{x}_{p_1} + \lambda_{p_2}\boldsymbol{x}_{p_2} + \cdots + \lambda_{p_r}\boldsymbol{x}_{p_r} = \boldsymbol{0}$$

を考える．これより

$$\begin{aligned}\lambda_{p_1}\boldsymbol{e}_1+\lambda_{p_2}\boldsymbol{e}_2+\cdots+\lambda_{p_r}\boldsymbol{e}_r =&\lambda_{p_1}D\boldsymbol{x}_{p_1}+\lambda_{p_2}D\boldsymbol{x}_{p_2}+\cdots+\lambda_{p_r}D\boldsymbol{x}_{p_r}\\ =&D(\lambda_{p_1}\boldsymbol{x}_{p_1}+\lambda_{p_2}\boldsymbol{x}_{p_2}+\cdots+\lambda_{p_r}\boldsymbol{x}_{p_r})=\mathbf{0}\end{aligned}$$

となるので $\lambda_{p_1}=\lambda_{p_2}=\cdots=\lambda_{p_r}=0$ を得る．従って $\boldsymbol{x}_{p_1},\boldsymbol{x}_{p_2},\ldots,\boldsymbol{x}_{p_r}$ は 1 次独立である．

次に $\boldsymbol{x}_j$ $(j\neq p_1,p_2,\ldots,p_r)$ を考える．D の取り方より $\lambda_{1j},\lambda_{2j},\ldots,\lambda_{rj}\in\mathbb{R}$ が存在して

$$D\boldsymbol{x}_j=\lambda_{1j}\boldsymbol{e}_1+\lambda_{2j}\boldsymbol{e}_2+\cdots+\lambda_{rj}\boldsymbol{e}_r$$

となる．これより

$$D\boldsymbol{x}_j=D(\lambda_{1j}\boldsymbol{x}_{p_1}+\lambda_{2j}\boldsymbol{x}_{p_2}+\cdots+\lambda_{rj}\boldsymbol{x}_{p_r})$$

となり，D は正則行列であるので

$$\boldsymbol{x}_j=\lambda_{1j}\boldsymbol{x}_{p_1}+\lambda_{2j}\boldsymbol{x}_{p_2}+\cdots+\lambda_{rj}\boldsymbol{x}_{p_r}$$

が成り立つ．■

例 7.8

- $\boldsymbol{x}_1=\begin{pmatrix}1\\1\end{pmatrix},\boldsymbol{x}_2=\begin{pmatrix}2\\2\end{pmatrix}$ は，これらを並べて得られる行列 $\begin{pmatrix}\boldsymbol{x}_1 & \boldsymbol{x}_2\end{pmatrix}$ を階段行列にすると

$$\begin{pmatrix}1 & 2\\ 0 & 0\end{pmatrix}$$

であるので次が成り立つ．

  - $\boldsymbol{x}_1$ は 1 次独立である．
  - $\boldsymbol{x}_2$ は $\boldsymbol{x}_1$ の 1 次結合で表せる．

$\boldsymbol{x}_2$ を $\boldsymbol{x}_1$ の 1 次結合で表したものは

$$\boldsymbol{x}_2=2\boldsymbol{x}_1$$

である．これは例 7.7 で得られた 1 次関係 $-2\boldsymbol{x}_1+\boldsymbol{x}_2=\mathbf{0}$ を書きかえたものである．

- $\boldsymbol{x}_1 = \begin{pmatrix}1\\0\end{pmatrix}, \boldsymbol{x}_2 = \begin{pmatrix}1\\1\end{pmatrix}, \boldsymbol{x}_3 = \begin{pmatrix}2\\1\end{pmatrix}$ は，これらを並べて得られる行列 $\begin{pmatrix}\boldsymbol{x}_1 & \boldsymbol{x}_2 & \boldsymbol{x}_3\end{pmatrix}$ を階段行列にすると

$$\begin{pmatrix}1 & 0 & 1\\0 & 1 & 1\end{pmatrix}$$

であるので次が成り立つ．

  - $\boldsymbol{x}_1, \boldsymbol{x}_2$ は1次独立である．
  - $\boldsymbol{x}_3$ は $\boldsymbol{x}_1, \boldsymbol{x}_2$ の1次結合で表せる．

$\boldsymbol{x}_3$ を $\boldsymbol{x}_1, \boldsymbol{x}_2$ の1次結合で表したものは

$$\boldsymbol{x}_3 = \boldsymbol{x}_1 + \boldsymbol{x}_2$$

である．これは例7.7で得られた1次関係 $-\boldsymbol{x}_1 - \boldsymbol{x}_2 + \boldsymbol{x}_3 = \boldsymbol{0}$ を書きかえたものである．

- $\boldsymbol{x}_1 = \begin{pmatrix}1\\12\\11\end{pmatrix}, \boldsymbol{x}_2 = \begin{pmatrix}2\\13\\10\end{pmatrix}, \boldsymbol{x}_3 = \begin{pmatrix}3\\14\\9\end{pmatrix}, \boldsymbol{x}_4 = \begin{pmatrix}4\\15\\8\end{pmatrix}, \boldsymbol{x}_5 = \begin{pmatrix}5\\6\\7\end{pmatrix}$ は，これらを並べて得られる行列 $\begin{pmatrix}\boldsymbol{x}_1 & \boldsymbol{x}_2 & \boldsymbol{x}_3 & \boldsymbol{x}_4 & \boldsymbol{x}_5\end{pmatrix}$ を階段行列にすると

$$\begin{pmatrix}1 & 0 & -1 & -2 & 0\\0 & 1 & 2 & 3 & 0\\0 & 0 & 0 & 0 & 1\end{pmatrix}$$

であるので次が成り立つ．

  - $\boldsymbol{x}_1, \boldsymbol{x}_2, \boldsymbol{x}_5$ は1次独立である．
  - $\boldsymbol{x}_3, \boldsymbol{x}_4$ は $\boldsymbol{x}_1, \boldsymbol{x}_2, \boldsymbol{x}_5$ の1次結合で表せる．

$\boldsymbol{x}_3, \boldsymbol{x}_4$ を $\boldsymbol{x}_1, \boldsymbol{x}_2, \boldsymbol{x}_5$ の1次結合で表したものは

$$\boldsymbol{x}_3 = -\boldsymbol{x}_1 + 2\boldsymbol{x}_2, \quad \boldsymbol{x}_4 = -2\boldsymbol{x}_1 + 3\boldsymbol{x}_2$$

である．これは例7.7で得られた1次関係 $\boldsymbol{x}_1 - 2\boldsymbol{x}_2 + \boldsymbol{x}_3 = \boldsymbol{0}, 2\boldsymbol{x}_1 - 3\boldsymbol{x}_2 + \boldsymbol{x}_4 = \boldsymbol{0}$ を書きかえたものである．

定理7.2.1を用いると次を示すことができる．

定理 7.2.2　n 次正方行列 $A = \begin{pmatrix} \boldsymbol{a}_1 & \boldsymbol{a}_2 & \cdots & \boldsymbol{a}_n \end{pmatrix}$ に対して, 次は同値である.

- A は正則行列である.
- $\boldsymbol{a}_1, \boldsymbol{a}_2, \ldots, \boldsymbol{a}_n$ は1次独立である.

□

【証明】　A が正則行列であるとすると定理 4.2.4 より A から得られる階段行列は単位行列である. 従って定理 7.2.1 より $\boldsymbol{a}_1, \boldsymbol{a}_2, \ldots, \boldsymbol{a}_n$ は1次独立である.

一方, A が正則行列でないとすると定理 4.2.4 より $\mathrm{rank} A < n$ であるので, 定理 4.2.3 より

$$A \begin{pmatrix} x_1 \\ x_2 \\ \vdots \\ x_n \end{pmatrix} = \boldsymbol{0}$$

は $x_1 = x_2 = \cdots = x_n = 0$ でない解 $x_1, x_2, \ldots, x_n$ を持つ. この $x_1, x_2, \ldots, x_n$ は

$$x_1 \boldsymbol{a}_1 + x_2 \boldsymbol{a}_2 + \cdots + x_n \boldsymbol{a}_n = \boldsymbol{0}$$

を満たすので $\boldsymbol{a}_1, \boldsymbol{a}_2, \ldots, \boldsymbol{a}_n$ は1次従属である. 従って対偶をとれば $\boldsymbol{a}_1, \boldsymbol{a}_2, \ldots, \boldsymbol{a}_n$ が1次独立ならば A は正則行列であることがわかる. ■

関数の1次独立, 1次従属は次のように調べることができる.

例 7.9

- 関数 $1, x$ が1次独立か1次従属かを考える. この関数の1次関係は $\lambda_1 1 + \lambda_2 x = 0$ である. これは任意の x に対して $\lambda_1 1 + \lambda_2 x$ は 0 に等しいことを意味する. 1次関係に $x = 0, 1$ を代入すると連立1次方程式

$$\begin{cases} \lambda_1 = 0 \\ \lambda_1 + \lambda_2 = 0 \end{cases}$$

  を得る. この解は $\lambda_1 = \lambda_2 = 0$ のみなので $1, x$ は1次独立である.
- 関数 $1, x, x^2$ が1次独立か1次従属かを考える. 1次関係 $\lambda_1 1 + \lambda_2 x + \lambda_3 x^2 = 0$ に $x = 0, 1, 2$ を代入すると連立1次方程式

$$\begin{cases} \lambda_1 & = 0 \\ \lambda_1 + \lambda_2 + \lambda_3 = 0 \\ \lambda_1 + 2\lambda_2 + 4\lambda_3 = 0 \end{cases}$$

を得る．この解は $\lambda_1 = \lambda_2 = \lambda_3 = 0$ のみなので $1, x, x^2$ は1次独立である．

- 関数 $\log x, \log x^2$ が1次独立か1次従属かを考える．1次関係 $\lambda_1 \log x + \lambda_2 \log x^2 = 0$ の左辺は

$$\lambda_1 \log x + \lambda_2 \log x^2 = (\lambda_1 + 2\lambda_2) \log x$$

であるので，$\lambda_1 = 2, \lambda_2 = -1$ とすると $\lambda_1 \log x + \lambda_2 \log x^2 = 0$ は任意の x に対して成り立つ．つまり，$\log x, \log x^2$ は1次従属である．

次の例のように微分を利用することもできる．

例 7.10

関数 e^x, e^{2x} が1次独立か1次従属かを考える．1次関係 $\lambda_1 e^x + \lambda_2 e^{2x} = 0$ とこれを x で微分した $\lambda_1 e^x + \lambda_2 (2e^{2x}) = 0$ より

$$\begin{pmatrix} e^x & e^{2x} \\ e^x & 2e^{2x} \end{pmatrix} \begin{pmatrix} \lambda_1 \\ \lambda_2 \end{pmatrix} = \begin{pmatrix} 0 \\ 0 \end{pmatrix}$$

を得る．これに $x = 0$ を代入すると

$$\begin{pmatrix} 1 & 1 \\ 1 & 2 \end{pmatrix} \begin{pmatrix} \lambda_1 \\ \lambda_2 \end{pmatrix} = \begin{pmatrix} 0 \\ 0 \end{pmatrix}$$

となり，この解は $\lambda_1 = \lambda_2 = 0$ のみなので e^x, e^{2x} は1次独立である．

以下ではベクトル $\boldsymbol{v}_1, \boldsymbol{v}_2, \ldots, \boldsymbol{v}_m$ の1次結合 $\lambda_1 \boldsymbol{v}_1 + \lambda_2 \boldsymbol{v}_2 + \cdots + \lambda_m \boldsymbol{v}_m$ を

$$\begin{pmatrix} \boldsymbol{v}_1 & \boldsymbol{v}_2 & \cdots & \boldsymbol{v}_m \end{pmatrix} \begin{pmatrix} \lambda_1 \\ \lambda_2 \\ \vdots \\ \lambda_m \end{pmatrix}$$

と表すことがある．さらにベクトル $\boldsymbol{v}'_1, \boldsymbol{v}'_2, \ldots, \boldsymbol{v}'_{m'}$ との間に成り立つ関係

$$\boldsymbol{v}'_i = a_{1i} \boldsymbol{v}_1 + a_{2i} \boldsymbol{v}_2 + \cdots + a_{mi} \boldsymbol{v}_m$$

$$= \begin{pmatrix} \boldsymbol{v}_1 & \boldsymbol{v}_2 & \cdots & \boldsymbol{v}_m \end{pmatrix} \begin{pmatrix} a_{1i} \\ a_{2i} \\ \vdots \\ a_{mi} \end{pmatrix}$$

をまとめて次のように表すことがある.

$$\begin{pmatrix} \boldsymbol{v}'_1 & \boldsymbol{v}'_2 & \cdots & \boldsymbol{v}'_{m'} \end{pmatrix} = \begin{pmatrix} \boldsymbol{v}_1 & \boldsymbol{v}_2 & \cdots & \boldsymbol{v}_m \end{pmatrix} \begin{pmatrix} a_{11} & a_{12} & \cdots & a_{1m'} \\ a_{21} & a_{22} & \cdots & a_{2m'} \\ \vdots & \vdots & \ddots & \vdots \\ a_{m1} & a_{m2} & \cdots & a_{mm'} \end{pmatrix}$$

このことについて次が成り立つ.

定理 7.2.3　1 次独立なベクトル $\boldsymbol{v}_1, \boldsymbol{v}_2, \ldots, \boldsymbol{v}_m$ に対し, $m \times m'$ 行列 A が

$$\begin{pmatrix} \boldsymbol{v}_1 & \boldsymbol{v}_2 & \cdots & \boldsymbol{v}_m \end{pmatrix} A = \begin{pmatrix} \boldsymbol{0} & \boldsymbol{0} & \cdots & \boldsymbol{0} \end{pmatrix}$$

を満たすならば $A = O$ である. □

【証明】　$A = \begin{pmatrix} a_{ij} \end{pmatrix}$ とすると $\begin{pmatrix} \boldsymbol{v}_1 & \boldsymbol{v}_2 & \cdots & \boldsymbol{v}_m \end{pmatrix} A = \begin{pmatrix} \boldsymbol{0} & \boldsymbol{0} & \cdots & \boldsymbol{0} \end{pmatrix}$ は

$$a_{1i}\boldsymbol{v}_1 + a_{2i}\boldsymbol{v}_2 + \cdots + a_{mi}\boldsymbol{v}_m = \boldsymbol{0}$$

となる. ここで $\boldsymbol{v}_1, \boldsymbol{v}_2, \ldots, \boldsymbol{v}_m$ は 1 次独立より $a_{1i} = a_{2i} = \cdots = a_{mi} = 0$ を得る. これは任意の i について成り立つので A の成分はすべて 0, つまり $A = O$ である. ■

7.3　基底と次元

ここではベクトル空間に定まる特別なベクトルの組である基底について述べる. さらに, 基底を用いてベクトル空間に定まる重要な量である次元を定義する.

定義 7.3.1　ベクトル空間 V のベクトル $\boldsymbol{v}_1, \boldsymbol{v}_2, \ldots, \boldsymbol{v}_m$ の 1 次結合を集めた集合

$$\{\lambda_1\boldsymbol{v}_1 + \lambda_2\boldsymbol{v}_2 + \cdots + \lambda_m\boldsymbol{v}_m \in V \mid \lambda_1, \lambda_2, \ldots, \lambda_m \in \mathbb{R}\}$$

を $\boldsymbol{v}_1, \boldsymbol{v}_2, \ldots, \boldsymbol{v}_m$ により**生成される部分空間**といい, $[\boldsymbol{v}_1, \boldsymbol{v}_2, \ldots, \boldsymbol{v}_m]$ と表す. □

生成される部分空間は次のように $\mathbf{0}$ を通る直線や平面を一般化したものである.

例 7.11

- $\left[\begin{pmatrix}1\\2\\3\end{pmatrix}\right] \subset \mathbb{R}^3$ に含まれるベクトルは

$$\begin{pmatrix}x_1\\x_2\\x_3\end{pmatrix} = \lambda\begin{pmatrix}1\\2\\3\end{pmatrix} = \begin{pmatrix}\lambda\\2\lambda\\3\lambda\end{pmatrix}$$

　なので次の関係を満たす.

$$x_1 = \frac{x_2}{2} = \frac{x_3}{3}$$

　これより生成される部分空間は $\mathbf{0}$ を通る直線である.

- $\left[\begin{pmatrix}1\\1\\0\end{pmatrix}, \begin{pmatrix}0\\1\\1\end{pmatrix}\right] \subset \mathbb{R}^3$ に含まれるベクトルは

$$\begin{pmatrix}x_1\\x_2\\x_3\end{pmatrix} = \lambda_1\begin{pmatrix}1\\1\\0\end{pmatrix} + \lambda_2\begin{pmatrix}0\\1\\1\end{pmatrix} = \begin{pmatrix}\lambda_1\\\lambda_1+\lambda_2\\\lambda_2\end{pmatrix}$$

　なので次の関係を満たす.

$$x_1 - x_2 + x_3 = 0$$

　これより生成される部分空間は $\mathbf{0}$ を通る平面である.

定義 7.3.2　ベクトル空間 V のベクトル $\boldsymbol{v}_1, \boldsymbol{v}_2, \ldots, \boldsymbol{v}_n$ が次を満たすとき, V の基底という.

- $V = [\boldsymbol{v}_1, \boldsymbol{v}_2, \ldots, \boldsymbol{v}_n]$
- $\boldsymbol{v}_1, \boldsymbol{v}_2, \ldots, \boldsymbol{v}_n$ は1次独立である

□

基底はベクトルの順番も考えている. 例えば $\boldsymbol{v}_1, \boldsymbol{v}_2, \ldots, \boldsymbol{v}_n$ が基底であるとき, 最初の2つの順番を入れかえた $\boldsymbol{v}_2, \boldsymbol{v}_1, \ldots, \boldsymbol{v}_n$ も基底であるが, これらは順

番が異なるので別のものと考える．以下では順序を考慮したベクトルの組を $\langle \boldsymbol{v}_1, \boldsymbol{v}_2, \ldots, \boldsymbol{v}_n \rangle$ と表す．

定理 7.3.1 ベクトル空間 V の基底を $\langle \boldsymbol{v}_1, \boldsymbol{v}_2, \ldots, \boldsymbol{v}_n \rangle$ とする．このとき，任意の $\boldsymbol{v} \in V$ は $\boldsymbol{v}_1, \boldsymbol{v}_2, \ldots, \boldsymbol{v}_n$ の 1 次結合により一意的に表せる． □

【証明】 $V = [\boldsymbol{v}_1, \boldsymbol{v}_2, \ldots, \boldsymbol{v}_n]$ なので任意の $\boldsymbol{v} \in V$ は $\boldsymbol{v}_1, \boldsymbol{v}_2, \ldots, \boldsymbol{v}_n$ の 1 次結合により表せる．

$$\boldsymbol{v} = \lambda_1 \boldsymbol{v}_1 + \lambda_2 \boldsymbol{v}_2 + \cdots + \lambda_n \boldsymbol{v}_n$$

さらに

$$\boldsymbol{v} = \lambda_1' \boldsymbol{v}_1 + \lambda_2' \boldsymbol{v}_2 + \cdots + \lambda_n' \boldsymbol{v}_n$$

と表せたとすると

$$\begin{aligned}
\boldsymbol{0} =& \boldsymbol{v} - \boldsymbol{v} \\
=& (\lambda_1 \boldsymbol{v}_1 + \lambda_2 \boldsymbol{v}_2 + \cdots + \lambda_n \boldsymbol{v}_n) - (\lambda_1' \boldsymbol{v}_1 + \lambda_2' \boldsymbol{v}_2 + \cdots + \lambda_n' \boldsymbol{v}_n) \\
=& (\lambda_1 - \lambda_1') \boldsymbol{v}_1 + (\lambda_2 - \lambda_2') \boldsymbol{v}_2 + \cdots + (\lambda_n - \lambda_n') \boldsymbol{v}_n
\end{aligned}$$

となり，$\boldsymbol{v}_1, \boldsymbol{v}_2, \ldots, \boldsymbol{v}_n$ が 1 次独立より

$$\lambda_1 - \lambda_1' = 0, \quad \lambda_2 - \lambda_2' = 0, \quad \ldots, \quad \lambda_n - \lambda_n' = 0$$

が成り立つ．つまり，次を得る．

$$\lambda_1 = \lambda_1', \quad \lambda_2 = \lambda_2', \quad \ldots, \quad \lambda_n = \lambda_n'$$

■

例 7.12

- $\mathbb{R}^2$ の基本ベクトル $\boldsymbol{e}_1 = \begin{pmatrix} 1 \\ 0 \end{pmatrix}, \boldsymbol{e}_2 = \begin{pmatrix} 0 \\ 1 \end{pmatrix}$ を考える．任意の $\begin{pmatrix} x_1 \\ x_2 \end{pmatrix} \in \mathbb{R}^2$ に対し，次が成り立つので $\mathbb{R}^2 = [\boldsymbol{e}_1, \boldsymbol{e}_2]$ となる．

  $$\begin{pmatrix} x_1 \\ x_2 \end{pmatrix} = x_1 \boldsymbol{e}_1 + x_2 \boldsymbol{e}_2$$

  また，$\boldsymbol{e}_1, \boldsymbol{e}_2$ は 1 次独立である．従って $\langle \boldsymbol{e}_1, \boldsymbol{e}_2 \rangle$ は $\mathbb{R}^2$ の基底である．同様にして $\mathbb{R}^n$ の基本ベクトル $\boldsymbol{e}_1, \boldsymbol{e}_2, \ldots, \boldsymbol{e}_n$ から定まる $\langle \boldsymbol{e}_1, \boldsymbol{e}_2, \ldots, \boldsymbol{e}_n \rangle$ は $\mathbb{R}^n$ の基底である．

- $\mathbb{R}^2$ のベクトル $\begin{pmatrix}1\\0\end{pmatrix}, \begin{pmatrix}1\\1\end{pmatrix}$ を考える．任意の $\begin{pmatrix}x_1\\x_2\end{pmatrix} \in \mathbb{R}^2$ に対し，次が成り立つので $\mathbb{R}^2 = \left[\begin{pmatrix}1\\0\end{pmatrix}, \begin{pmatrix}1\\1\end{pmatrix}\right]$ となる．

$$\begin{pmatrix}x_1\\x_2\end{pmatrix} = (x_1 - x_2)\begin{pmatrix}1\\0\end{pmatrix} + x_2\begin{pmatrix}1\\1\end{pmatrix}$$

また，$\begin{pmatrix}1\\0\end{pmatrix}, \begin{pmatrix}1\\1\end{pmatrix}$ は1次独立である．従って $\left\langle\begin{pmatrix}1\\0\end{pmatrix}, \begin{pmatrix}1\\1\end{pmatrix}\right\rangle$ は $\mathbb{R}^2$ の基底である．

- $\mathbb{R}^2$ のベクトル $\begin{pmatrix}1\\0\end{pmatrix}, \begin{pmatrix}1\\1\end{pmatrix}, \begin{pmatrix}2\\1\end{pmatrix}$ を考える．任意の $\begin{pmatrix}x_1\\x_2\end{pmatrix} \in \mathbb{R}^2$ に対し，次が成り立つので $\mathbb{R}^2 = \left[\begin{pmatrix}1\\0\end{pmatrix}, \begin{pmatrix}1\\1\end{pmatrix}, \begin{pmatrix}2\\1\end{pmatrix}\right]$ となる．

$$\begin{pmatrix}x_1\\x_2\end{pmatrix} = (x_1 - x_2)\begin{pmatrix}1\\0\end{pmatrix} + x_2\begin{pmatrix}1\\1\end{pmatrix} + 0\begin{pmatrix}2\\1\end{pmatrix}$$

しかし，$\begin{pmatrix}1\\0\end{pmatrix}, \begin{pmatrix}1\\1\end{pmatrix}, \begin{pmatrix}2\\1\end{pmatrix}$ は1次独立でない．これより $\left\langle\begin{pmatrix}1\\0\end{pmatrix}, \begin{pmatrix}1\\1\end{pmatrix}, \begin{pmatrix}2\\1\end{pmatrix}\right\rangle$ は $\mathbb{R}^2$ の基底でない．

この例で説明したように，$\mathbb{R}^2$ の基底は様々な取り方があり，基本ベクトルから定まる $\langle \boldsymbol{e}_1, \boldsymbol{e}_2\rangle$ や $\boldsymbol{x}_1 = \begin{pmatrix}1\\0\end{pmatrix}, \boldsymbol{x}_2 = \begin{pmatrix}1\\1\end{pmatrix}$ とした $\langle \boldsymbol{x}_1, \boldsymbol{x}_2\rangle$ 以外にも，例えば $\boldsymbol{x}'_1 = \begin{pmatrix}1\\1\end{pmatrix}, \boldsymbol{x}'_2 = \begin{pmatrix}2\\1\end{pmatrix}$ とした $\langle \boldsymbol{x}'_1, \boldsymbol{x}'_2\rangle$ も基底である．これらの基底には

$$\begin{pmatrix}\boldsymbol{x}_1 & \boldsymbol{x}_2\end{pmatrix} = \begin{pmatrix}\boldsymbol{e}_1 & \boldsymbol{e}_2\end{pmatrix}\begin{pmatrix}1 & 1\\0 & 1\end{pmatrix}, \quad \begin{pmatrix}\boldsymbol{x}'_1 & \boldsymbol{x}'_2\end{pmatrix} = \begin{pmatrix}\boldsymbol{x}_1 & \boldsymbol{x}_2\end{pmatrix}\begin{pmatrix}0 & 1\\1 & 1\end{pmatrix}$$

などの関係が成り立っている．実は一般のベクトル空間でも基底に行列をかけることによって新たな基底を構成できる．

定理 7.3.2　ベクトル空間 V の基底を $\langle \boldsymbol{v}_1, \boldsymbol{v}_2, \ldots, \boldsymbol{v}_n\rangle$ とし，$\boldsymbol{v}'_1, \boldsymbol{v}'_2, \ldots . \boldsymbol{v}'_n \in V$ を n 次正方行列 P を用いて

$$\begin{pmatrix} \boldsymbol{v}_1' & \boldsymbol{v}_2' & \cdots & \boldsymbol{v}_n' \end{pmatrix} = \begin{pmatrix} \boldsymbol{v}_1 & \boldsymbol{v}_2 & \cdots & \boldsymbol{v}_n \end{pmatrix} P$$

と定める．このとき，次は同値である．

- P は正則行列である．
- $\langle \boldsymbol{v}_1', \boldsymbol{v}_2', \ldots, \boldsymbol{v}_n' \rangle$ は V の基底である．

□

【証明】 P が正則行列であるとする．このとき

$$\begin{pmatrix} \boldsymbol{v}_1 & \boldsymbol{v}_2 & \cdots & \boldsymbol{v}_n \end{pmatrix} = \begin{pmatrix} \boldsymbol{v}_1' & \boldsymbol{v}_2' & \cdots & \boldsymbol{v}_n' \end{pmatrix} P^{-1}$$

が成り立つので，任意の $\boldsymbol{v}_i$ は $\boldsymbol{v}_1', \boldsymbol{v}_2', \ldots, \boldsymbol{v}_n'$ の 1 次結合で表せる．従って，$V = [\boldsymbol{v}_1, \boldsymbol{v}_2, \ldots, \boldsymbol{v}_n]$ であることから任意の $\boldsymbol{v} \in V$ は $\boldsymbol{v}_1, \boldsymbol{v}_2, \ldots, \boldsymbol{v}_n$ の 1 次結合で表せるので，$\boldsymbol{v}_1', \boldsymbol{v}_2', \ldots, \boldsymbol{v}_n'$ の 1 次結合でも表すことができる．つまり，$V = \left[\boldsymbol{v}_1', \boldsymbol{v}_2', \ldots, \boldsymbol{v}_n'\right]$ が成り立つ．次に 1 次関係 $\lambda_1 \boldsymbol{v}_1' + \lambda_2 \boldsymbol{v}_2' + \cdots + \lambda_n \boldsymbol{v}_n' = \boldsymbol{0}$ を考える．$\boldsymbol{\lambda} = \begin{pmatrix} \lambda_1 \\ \lambda_2 \\ \vdots \\ \lambda_n \end{pmatrix}$ とすると，この 1 次関係の左辺は

$$\begin{aligned} \lambda_1 \boldsymbol{v}_1' + \lambda_2 \boldsymbol{v}_2' + \cdots + \lambda_n \boldsymbol{v}_n' &= \begin{pmatrix} \boldsymbol{v}_1' & \boldsymbol{v}_2' & \cdots & \boldsymbol{v}_n' \end{pmatrix} \boldsymbol{\lambda} \\ &= \begin{pmatrix} \boldsymbol{v}_1 & \boldsymbol{v}_2 & \cdots & \boldsymbol{v}_n \end{pmatrix} P\boldsymbol{\lambda} \end{aligned}$$

であり，$\boldsymbol{v}_1, \boldsymbol{v}_2, \ldots, \boldsymbol{v}_n$ は 1 次独立であることから $P\boldsymbol{\lambda} = \boldsymbol{0}$ を得る．定理 4.2.4 より $P\boldsymbol{\lambda} = \boldsymbol{0}$ の解は $\boldsymbol{\lambda} = \boldsymbol{0}$ のみなので $\boldsymbol{v}_1', \boldsymbol{v}_2', \ldots, \boldsymbol{v}_n'$ が 1 次独立であることがわかる．以上より $\langle \boldsymbol{v}_1', \boldsymbol{v}_2', \ldots, \boldsymbol{v}_n' \rangle$ は V の基底である．

$\langle \boldsymbol{v}_1', \boldsymbol{v}_2', \ldots, \boldsymbol{v}_n' \rangle$ が V の基底であるとする．P が正則行列でないとすると定理 4.2.4 より $P\boldsymbol{\lambda} = \boldsymbol{0}$ を満たす $\boldsymbol{0}$ でない $\boldsymbol{\lambda} \in \mathbb{R}^n$ が存在する．この $\boldsymbol{\lambda}$ は

$$\begin{pmatrix} \boldsymbol{v}_1' & \boldsymbol{v}_2' & \cdots & \boldsymbol{v}_n' \end{pmatrix} \boldsymbol{\lambda} = \begin{pmatrix} \boldsymbol{v}_1 & \boldsymbol{v}_2 & \cdots & \boldsymbol{v}_n \end{pmatrix} P\boldsymbol{\lambda} = \boldsymbol{0}$$

を満たすが，このことは $\boldsymbol{v}_1', \boldsymbol{v}_2', \ldots, \boldsymbol{v}_n'$ が 1 次従属であることを表している．これは矛盾しているので P は正則行列である． ■

この定理で述べている基底 $\langle \boldsymbol{v}_1, \boldsymbol{v}_2, \ldots, \boldsymbol{v}_n \rangle$ から基底 $\langle \boldsymbol{v}'_1, \boldsymbol{v}'_2, \ldots, \boldsymbol{v}'_n \rangle$ への変更を**基底の取り替え**といい, P を**基底の変換行列**という.

このようにベクトル空間の基底は様々な取り方があるが, それを構成するベクトルの数について次が成り立つことが知られている.

定理 7.3.3　ベクトル空間の基底を構成するベクトルの数は基底の取り方によらず一定である. □

このことより次が定義できる.

定義 7.3.3　ベクトル空間 V の基底を構成するベクトルの数を**次元**といい, $\dim V$ と表す. □

例 7.13

例 7.12 より $\mathbb{R}^n$ の基本ベクトルから定まる $\langle \boldsymbol{e}_1, \boldsymbol{e}_2, \ldots, \boldsymbol{e}_n \rangle$ は基底であるので, $\dim \mathbb{R}^n = n$ となる.

数ベクトル空間のベクトルから生成される部分空間については次が成り立つ.

定理 7.3.4　$\boldsymbol{x}_1, \boldsymbol{x}_2, \ldots, \boldsymbol{x}_m \in \mathbb{R}^n$ に対して

$$\dim [\boldsymbol{x}_1, \boldsymbol{x}_2, \ldots, \boldsymbol{x}_m] = \operatorname{rank} \begin{pmatrix} \boldsymbol{x}_1 & \boldsymbol{x}_2 & \cdots & \boldsymbol{x}_m \end{pmatrix}$$

が成り立つ. □

【証明】　行列 $\begin{pmatrix} \boldsymbol{x}_1 & \boldsymbol{x}_2 & \cdots & \boldsymbol{x}_m \end{pmatrix}$ の階数を r とし, この行列から得られる階段行列の第 i 行 $(1 \leq i \leq r)$ の主成分を含む列の番号を p_i とする. 定理 7.2.1 より任意の $\boldsymbol{x} \in [\boldsymbol{x}_1, \boldsymbol{x}_2, \ldots, \boldsymbol{x}_m]$ は 1 次独立なベクトル $\boldsymbol{x}_{p_1}, \boldsymbol{x}_{p_2}, \ldots, \boldsymbol{x}_{p_r}$ を用いて

$$\boldsymbol{x} = \lambda_1 \boldsymbol{x}_{p_1} + \lambda_2 \boldsymbol{x}_{p_2} + \cdots + \lambda_r \boldsymbol{x}_{p_r}$$

と表すことができる. これより $\langle \boldsymbol{x}_{p_1}, \boldsymbol{x}_{p_2}, \ldots, \boldsymbol{x}_{p_r} \rangle$ は $[\boldsymbol{x}_1, \boldsymbol{x}_2, \ldots, \boldsymbol{x}_m]$ の基底であることがわかるので, 次元について

$$\dim [\boldsymbol{x}_1, \boldsymbol{x}_2, \ldots, \boldsymbol{x}_m] = r = \operatorname{rank} \begin{pmatrix} \boldsymbol{x}_1 & \boldsymbol{x}_2 & \cdots & \boldsymbol{x}_m \end{pmatrix}$$

が成り立つ. ■

例 7.14

- $\boldsymbol{x}_1 = \begin{pmatrix} 1 \\ 1 \end{pmatrix}, \boldsymbol{x}_2 = \begin{pmatrix} 2 \\ 2 \end{pmatrix}$ により生成される部分空間 $[\boldsymbol{x}_1, \boldsymbol{x}_2]$ の次元は次である.

$$\dim [\boldsymbol{x}_1, \boldsymbol{x}_2] = \text{rank} \begin{pmatrix} \boldsymbol{x}_1 & \boldsymbol{x}_2 \end{pmatrix} = \text{rank} \begin{pmatrix} 1 & 2 \\ 0 & 0 \end{pmatrix} = 1$$

実際, 例 7.8 より $\boldsymbol{x}_1$ は 1 次独立であり, $\boldsymbol{x}_2 = 2\boldsymbol{x}_1$ となる. これより $[\boldsymbol{x}_1, \boldsymbol{x}_2]$ のベクトルは

$$\lambda_1 \boldsymbol{x}_1 + \lambda_2 \boldsymbol{x}_2 = \lambda_1 \boldsymbol{x}_1 + \lambda_2 (2\boldsymbol{x}_1) = (\lambda_1 + 2\lambda_2)\boldsymbol{x}_1$$

と表すことができるので $[\boldsymbol{x}_1, \boldsymbol{x}_2] = [\boldsymbol{x}_1]$ が成り立つ. 従って $\langle \boldsymbol{x}_1 \rangle$ は $[\boldsymbol{x}_1, \boldsymbol{x}_2]$ の基底なので次元は 1 となる.

- $\boldsymbol{x}_1 = \begin{pmatrix} 1 \\ 0 \end{pmatrix}, \boldsymbol{x}_2 = \begin{pmatrix} 1 \\ 1 \end{pmatrix}, \boldsymbol{x}_3 = \begin{pmatrix} 2 \\ 1 \end{pmatrix}$ により生成される部分空間 $[\boldsymbol{x}_1, \boldsymbol{x}_2, \boldsymbol{x}_3]$ の次元は次である.

$$\dim [\boldsymbol{x}_1, \boldsymbol{x}_2, \boldsymbol{x}_3] = \text{rank} \begin{pmatrix} \boldsymbol{x}_1 & \boldsymbol{x}_2 & \boldsymbol{x}_3 \end{pmatrix} = \text{rank} \begin{pmatrix} 1 & 0 & 1 \\ 0 & 1 & 1 \end{pmatrix} = 2$$

実際, 例 7.8 より $\boldsymbol{x}_1, \boldsymbol{x}_2$ は 1 次独立であり, $\boldsymbol{x}_3 = \boldsymbol{x}_1 + \boldsymbol{x}_2$ となる. これより $[\boldsymbol{x}_1, \boldsymbol{x}_2, \boldsymbol{x}_3]$ のベクトルは

$$\begin{aligned} \lambda_1 \boldsymbol{x}_1 + \lambda_2 \boldsymbol{x}_2 + \lambda_3 \boldsymbol{x}_3 &= \lambda_1 \boldsymbol{x}_1 + \lambda_2 \boldsymbol{x}_2 + \lambda_3 (\boldsymbol{x}_1 + \boldsymbol{x}_2) \\ &= (\lambda_1 + \lambda_3)\boldsymbol{x}_1 + (\lambda_2 + \lambda_3)\boldsymbol{x}_2 \end{aligned}$$

と表すことができるので $[\boldsymbol{x}_1, \boldsymbol{x}_2, \boldsymbol{x}_3] = [\boldsymbol{x}_1, \boldsymbol{x}_2]$ が成り立つ. 従って $\langle \boldsymbol{x}_1, \boldsymbol{x}_2 \rangle$ は $[\boldsymbol{x}_1, \boldsymbol{x}_2, \boldsymbol{x}_3]$ の基底なので次元は 2 となる.

- $\boldsymbol{x}_1 = \begin{pmatrix} 1 \\ 12 \\ 11 \end{pmatrix}, \boldsymbol{x}_2 = \begin{pmatrix} 2 \\ 13 \\ 10 \end{pmatrix}, \boldsymbol{x}_3 = \begin{pmatrix} 3 \\ 14 \\ 9 \end{pmatrix}, \boldsymbol{x}_4 = \begin{pmatrix} 4 \\ 15 \\ 8 \end{pmatrix}, \boldsymbol{x}_5 = \begin{pmatrix} 5 \\ 6 \\ 7 \end{pmatrix}$ により生成される部分空間 $[\boldsymbol{x}_1, \boldsymbol{x}_2, \boldsymbol{x}_3, \boldsymbol{x}_4, \boldsymbol{x}_5]$ の次元は次である.

$$\begin{aligned} \dim [\boldsymbol{x}_1, \boldsymbol{x}_2, \boldsymbol{x}_3, \boldsymbol{x}_4, \boldsymbol{x}_5] &= \text{rank} \begin{pmatrix} \boldsymbol{x}_1 & \boldsymbol{x}_2 & \boldsymbol{x}_3 & \boldsymbol{x}_4 & \boldsymbol{x}_5 \end{pmatrix} \\ &= \text{rank} \begin{pmatrix} 1 & 0 & -1 & -2 & 0 \\ 0 & 1 & 2 & 3 & 0 \\ 0 & 0 & 0 & 0 & 1 \end{pmatrix} = 3 \end{aligned}$$

実際, 例 7.8 より $\boldsymbol{x}_1, \boldsymbol{x}_2, \boldsymbol{x}_5$ は 1 次独立であり, $\boldsymbol{x}_3 = -\boldsymbol{x}_1 + 2\boldsymbol{x}_2, \boldsymbol{x}_4 = -2\boldsymbol{x}_1 + 3\boldsymbol{x}_2$ となる. これより $[\boldsymbol{x}_1, \boldsymbol{x}_2, \boldsymbol{x}_3, \boldsymbol{x}_4, \boldsymbol{x}_5]$ のベクトルは

$$\begin{aligned} & \lambda_1\boldsymbol{x}_1 + \lambda_2\boldsymbol{x}_2 + \lambda_3\boldsymbol{x}_3 + \lambda_4\boldsymbol{x}_4 + \lambda_5\boldsymbol{x}_5 \\ =& \lambda_1\boldsymbol{x}_1 + \lambda_2\boldsymbol{x}_2 + \lambda_3(-\boldsymbol{x}_1 + 2\boldsymbol{x}_2) + \lambda_4(-2\boldsymbol{x}_1 + 3\boldsymbol{x}_2) + \lambda_5\boldsymbol{x}_5 \\ =& (\lambda_1 - \lambda_3 - 2\lambda_4)\boldsymbol{x}_1 + (\lambda_2 + 2\lambda_3 + 3\lambda_4)\boldsymbol{x}_2 + \boldsymbol{x}_5 \end{aligned}$$

と表すことができるので $[\boldsymbol{x}_1, \boldsymbol{x}_2, \boldsymbol{x}_3, \boldsymbol{x}_4, \boldsymbol{x}_5] = [\boldsymbol{x}_1, \boldsymbol{x}_2, \boldsymbol{x}_5]$ が成り立つ. 従って $\langle \boldsymbol{x}_1, \boldsymbol{x}_2, \boldsymbol{x}_5 \rangle$ は $[\boldsymbol{x}_1, \boldsymbol{x}_2, \boldsymbol{x}_3, \boldsymbol{x}_4, \boldsymbol{x}_5]$ の基底なので次元は 3 となる.

4.2 節では, $m \times n$ 行列 A を係数行列とする同次形の連立 1 次方程式 $A\boldsymbol{x} = \boldsymbol{0}$ の解は $\boldsymbol{0}$ でない $\boldsymbol{c}_1, \boldsymbol{c}_2, \ldots, \boldsymbol{c}_{n-r} \in \mathbb{R}^n$ の 1 次結合

$$\boldsymbol{x} = t_1\boldsymbol{c}_1 + t_2\boldsymbol{c}_2 + \cdots t_{n-r}\boldsymbol{c}_{n-r}$$

で表されることを述べた. ただし, $r = \mathrm{rank}A$ である. 例 4.13 を見ればわかるように, 解 $\boldsymbol{x}$ を与えれば $t_1, t_2, \ldots, t_{n-r}$ は一意的に定まる. 特に解 $\boldsymbol{0}$ に対しては $t_1 = t_2 = \cdots = t_{n-r} = 0$ である. このことは $\boldsymbol{c}_1, \boldsymbol{c}_2, \ldots, \boldsymbol{c}_{n-r}$ が 1 次独立であることを意味する. つまり, 次が成り立つ.

定理 7.3.5　$m \times n$ 行列 A の階数を $r = \mathrm{rank}A$ とする. 同次形の連立 1 次方程式 $A\boldsymbol{x} = \boldsymbol{0}$ の解は $n - r$ 個の 1 次独立なベクトル $\boldsymbol{c}_1, \boldsymbol{c}_2, \ldots, \boldsymbol{c}_{n-r}$ を用いて次のように表せる.

$$\boldsymbol{x} = t_1\boldsymbol{c}_1 + t_2\boldsymbol{c}_2 + \cdots t_{n-r}\boldsymbol{c}_{n-r}$$

つまり, $\langle \boldsymbol{c}_1, \boldsymbol{c}_2, \ldots, \boldsymbol{c}_{n-r} \rangle$ は $A\boldsymbol{x} = \boldsymbol{0}$ の解空間の基底であり, その次元は $n - r$ である. □

例 7.15

- $A = \begin{pmatrix} 1 & 2 \end{pmatrix}$ を係数行列とする同次形の連立 1 次方程式 $A\boldsymbol{x} = \boldsymbol{0}$ の解空間 W の次元は $\mathrm{rank}A = 1$ より $\dim W = 2 - \mathrm{rank}A = 1$ である. 実際, $A\boldsymbol{x} = \boldsymbol{0}$ の解は

$$\boldsymbol{x} = \begin{pmatrix} -2t \\ t \end{pmatrix} = t\boldsymbol{c}, \quad \boldsymbol{c} = \begin{pmatrix} -2 \\ 1 \end{pmatrix}$$

と表すことができるので $\langle \boldsymbol{c} \rangle$ は W の基底である.

- $A = \begin{pmatrix} 1 & 1 & 5 \\ 0 & 1 & 3 \end{pmatrix}$ を係数行列とする同次形の連立1次方程式 $A\boldsymbol{x} = \boldsymbol{0}$ の解空間 W の次元は $\mathrm{rank}A = 2$ より $\dim W = 3 - \mathrm{rank}A = 1$ である．実際，$A\boldsymbol{x} = \boldsymbol{0}$ の解は

$$\boldsymbol{x} = \begin{pmatrix} -2t \\ -3t \\ t \end{pmatrix} = t\boldsymbol{c}, \quad \boldsymbol{c} = \begin{pmatrix} -2 \\ -3 \\ 1 \end{pmatrix}$$

と表すことができるので $\langle \boldsymbol{c} \rangle$ は W の基底である．

- $A = \begin{pmatrix} 1 & 2 & 3 \\ 2 & 4 & 6 \end{pmatrix}$ を係数行列とする同次形の連立1次方程式 $A\boldsymbol{x} = \boldsymbol{0}$ の解空間 W の次元は $\mathrm{rank}A = 1$ より $\dim W = 3 - \mathrm{rank}A = 2$ である．実際，$A\boldsymbol{x} = \boldsymbol{0}$ の解は

$$\boldsymbol{x} = \begin{pmatrix} -2t_1 - 3t_2 \\ t_1 \\ t_2 \end{pmatrix} = t_1\boldsymbol{c}_1 + t_2\boldsymbol{c}_2, \quad \boldsymbol{c}_1 = \begin{pmatrix} -2 \\ 1 \\ 0 \end{pmatrix}, \quad \boldsymbol{c}_2 = \begin{pmatrix} -3 \\ 0 \\ 1 \end{pmatrix}$$

と表すことができ，$\boldsymbol{c}_1, \boldsymbol{c}_2$ は1次独立であるので $\langle \boldsymbol{c}_1, \boldsymbol{c}_2 \rangle$ は W の基底である．

例 7.16

- $\mathbb{R}[x]_1$ は $1, x$ により生成される部分空間 $[1, x]$ と一致し，例7.9より $1, x$ は1次独立である．従って $\langle 1, x \rangle$ は $\mathbb{R}[x]_1$ の基底であり，$\dim \mathbb{R}[x]_1 = 2$ となる．また，$\mathbb{R}[x]_2$ は $[1, x, x^2]$ と一致し，例7.9より $1, x, x^2$ は1次独立であるので $\langle 1, x, x^2 \rangle$ は $\mathbb{R}[x]_2$ の基底であり，$\dim \mathbb{R}[x]_2 = 3$ となる．一般的に $\langle 1, x, \ldots, x^n \rangle$ は $\mathbb{R}[x]_n$ の基底であり，$\dim \mathbb{R}[x]_n = n + 1$ となる．
- $\{p \in \mathbb{R}[x]_2 \mid p(1) = 0\}$ の要素は $a_2x^2 + a_1x + a_0$ であって $a_2 + a_1 + a_0 = 0$ を満たすもの，つまり

$$a_2x^2 + a_1x - (a_2 + a_1) = a_2(x^2 - 1) + a_1(x - 1)$$

と表される．これより

$$\{p \in \mathbb{R}[x]_2 \mid p(1) = 0\} = [x - 1, x^2 - 1]$$

となる．また，$x - 1, x^2 - 1$ は1次独立であることを示せる．従って

$\langle x-1, x^2-1\rangle$ は $\{p \in \mathbb{R}[x]_2 \mid p(1)=0\}$ の基底であり，その次元は 2 である．

ベクトル空間のベクトルの組が基底であるかどうかは生成する部分空間と等しいか，1 次独立であるかの両方を確認する必要があった．ベクトル空間の次元がわかっている場合には，このどちらかが成り立てばよいことが知られている．つまり，次が成り立つ．

定理 7.3.6　n 次元ベクトル空間 V に対して，次は同値である．

- $\langle \boldsymbol{v}_1, \boldsymbol{v}_2, \ldots, \boldsymbol{v}_n\rangle$ は V の基底である．
- $V = [\boldsymbol{v}_1, \boldsymbol{v}_2, \ldots, \boldsymbol{v}_n]$
- $\boldsymbol{v}_1, \boldsymbol{v}_2, \ldots, \boldsymbol{v}_n$ は 1 次独立である．

□

以上で述べた例は有限個のベクトルからなる基底を持つベクトル空間であった．このようなベクトル空間を**有限次元ベクトル空間**という．ただし，$\mathbb{R}$ 上の連続関数の集合 $C(\mathbb{R})$ のように有限次元でないベクトル空間も存在する．本書では有限次元ベクトル空間のみを考えるので，有限次元を省略し，単にベクトル空間という．

章末問題

問題 1　次は $\mathbb{R}^2$ の部分空間であることを示せ.

(1) $\left\{\begin{pmatrix} x_1 \\ x_2 \end{pmatrix} \in \mathbb{R}^2 \,\middle|\, 2x_1 + x_2 = 0\right\}$　(2) $\left\{\begin{pmatrix} x_1 \\ x_2 \end{pmatrix} \in \mathbb{R}^2 \,\middle|\, 2x_1 + 3x_2 = 0\right\}$

問題 2　次は $\mathbb{R}^2$ の部分空間でないことを示せ.

(1) $\left\{\begin{pmatrix} x_1 \\ x_2 \end{pmatrix} \in \mathbb{R}^2 \,\middle|\, 2x_1 + x_2 = 1\right\}$　(2) $\left\{\begin{pmatrix} x_1 \\ x_2 \end{pmatrix} \in \mathbb{R}^2 \,\middle|\, 2x_1 + x_2^2 = 0\right\}$

問題 3　次のベクトルは 1 次独立か, 1 次従属か判断せよ.

(1) $\begin{pmatrix} 1 \\ 2 \end{pmatrix}, \begin{pmatrix} 1 \\ 3 \end{pmatrix}$　(2) $\begin{pmatrix} 5 \\ 4 \end{pmatrix}, \begin{pmatrix} -5 \\ -4 \end{pmatrix}$

(3) $\begin{pmatrix} 1 \\ 0 \\ 2 \end{pmatrix}, \begin{pmatrix} -1 \\ 1 \\ 3 \end{pmatrix}$　(4) $\begin{pmatrix} -1 \\ 1 \\ 4 \end{pmatrix}, \begin{pmatrix} 2 \\ -2 \\ -8 \end{pmatrix}$

(5) $\begin{pmatrix} 7 \\ 4 \\ 5 \end{pmatrix}, \begin{pmatrix} 2 \\ 3 \\ 2 \end{pmatrix}, \begin{pmatrix} -3 \\ 2 \\ -1 \end{pmatrix}$　(6) $\begin{pmatrix} 3 \\ -2 \\ 0 \end{pmatrix}, \begin{pmatrix} 2 \\ -1 \\ 1 \end{pmatrix}, \begin{pmatrix} 2 \\ -2 \\ 3 \end{pmatrix}$

(7) x, x^2　(8) $x, x^2, x^2 + x$

問題 4　次のベクトルにより生成される部分空間の基底と次元を求めよ.

(1) $\begin{pmatrix} 1 \\ 2 \\ 1 \end{pmatrix}, \begin{pmatrix} 2 \\ 4 \\ 2 \end{pmatrix}, \begin{pmatrix} 1 \\ 3 \\ 1 \end{pmatrix}, \begin{pmatrix} 0 \\ 2 \\ 0 \end{pmatrix}$

(2) $\begin{pmatrix} 1 \\ 3 \\ -2 \end{pmatrix}, \begin{pmatrix} 5 \\ -1 \\ -7 \end{pmatrix}, \begin{pmatrix} 2 \\ -10 \\ -1 \end{pmatrix}, \begin{pmatrix} 0 \\ 4 \\ 3 \end{pmatrix}$

(3) $\begin{pmatrix} 1 \\ -1 \\ 3 \\ -2 \end{pmatrix}, \begin{pmatrix} -4 \\ 4 \\ -12 \\ 8 \end{pmatrix}, \begin{pmatrix} 0 \\ 1 \\ -1 \\ 0 \end{pmatrix}, \begin{pmatrix} 3 \\ -1 \\ 7 \\ -6 \end{pmatrix}, \begin{pmatrix} 2 \\ -2 \\ 6 \\ -4 \end{pmatrix}$

問題 5　次のベクトルの組は $\mathbb{R}^3$ の基底であるか判断せよ.

(1) $\left\langle \begin{pmatrix} 1 \\ 2 \\ 3 \end{pmatrix}, \begin{pmatrix} 1 \\ 0 \\ 2 \end{pmatrix} \right\rangle$　(2) $\left\langle \begin{pmatrix} 1 \\ 2 \\ 3 \end{pmatrix}, \begin{pmatrix} 1 \\ 0 \\ 2 \end{pmatrix}, \begin{pmatrix} 1 \\ 4 \\ 4 \end{pmatrix} \right\rangle$

(3) $\left\langle \begin{pmatrix} 1 \\ 2 \\ 3 \end{pmatrix}, \begin{pmatrix} 1 \\ 0 \\ 2 \end{pmatrix}, \begin{pmatrix} 1 \\ 5 \\ 2 \end{pmatrix} \right\rangle$　　(4) $\left\langle \begin{pmatrix} 1 \\ 2 \\ 3 \end{pmatrix}, \begin{pmatrix} 1 \\ 0 \\ 2 \end{pmatrix}, \begin{pmatrix} 1 \\ 4 \\ 4 \end{pmatrix}, \begin{pmatrix} 1 \\ 0 \\ 1 \end{pmatrix} \right\rangle$

問題6　次の行列 A を係数行列とする同次形の連立1次方程式 $A\boldsymbol{x} = \mathbf{0}$ の解空間の基底と次元を求めよ.

(1) $A = \begin{pmatrix} 1 & 2 & 3 \\ 0 & 1 & 2 \end{pmatrix}$　　(2) $A = \begin{pmatrix} 2 & 1 & 3 \\ 1 & -3 & -2 \\ 5 & -1 & 4 \end{pmatrix}$

(3) $A = \begin{pmatrix} 4 & 3 & 2 & 3 \\ -2 & 0 & 5 & 3 \\ 1 & 2 & 3 & 4 \end{pmatrix}$　　(4) $A = \begin{pmatrix} 1 & 2 & -1 & 1 \\ -3 & -5 & 1 & 0 \\ -1 & 0 & -3 & 5 \end{pmatrix}$

問題7　次の連立1次方程式の解がつくるベクトル空間の基底と次元を求めよ.

$$\begin{cases} x_1 + 2x_2 + 3x_3 + x_4 = 0 \\ x_2 + 2x_3 + x_4 = 0 \\ 2x_1 + 5x_2 + 8x_3 + 3x_4 = 0 \end{cases}$$

問題8　次のベクトル空間の基底と次元を求めよ.

(1) $\{p \in \mathbb{R}[x]_3 \mid p(0) = 0\}$　　(2) $\{p \in \mathbb{R}[x]_3 \mid p(1) = 0\}$

第 8 章

線形写像とアフィン写像

本章では線形性と呼ばれる性質を持つベクトル空間からベクトル空間への写像である線形写像を考える．この線形写像は拡大, 縮小, 回転など様々な操作を表すことができる．さらに, 線形写像に平行移動を加えたアフィン写像についても述べる．

8.1 線形写像

8.1.1 線形写像の定義と例

定義 8.1.1 V, W をベクトル空間とする．写像 $T : V \to W$ が次の線形性と呼ばれる性質を満たすとき, **線形写像**という．

(1) $T(\boldsymbol{v} + \boldsymbol{v}') = T(\boldsymbol{v}) + T(\boldsymbol{v}') \quad (\boldsymbol{v}, \boldsymbol{v}' \in V)$

(2) $T(\lambda \boldsymbol{v}) = \lambda T(\boldsymbol{v}) \quad (\boldsymbol{v} \in V, \lambda \in \mathbb{R})$

$V = W$ であるときは**線形変換**という． □

以下では $\boldsymbol{x} = \begin{pmatrix} x_1 \\ x_2 \\ \vdots \\ x_n \end{pmatrix}$ から定まる $T(\boldsymbol{x}) = T\left(\begin{pmatrix} x_1 \\ x_2 \\ \vdots \\ x_n \end{pmatrix}\right)$ を単に $T\begin{pmatrix} x_1 \\ x_2 \\ \vdots \\ x_n \end{pmatrix}$ と表すことがある．

例 8.1

- $\mathbb{R}^2$ から $\mathbb{R}^3$ への写像

$$T\begin{pmatrix} x_1 \\ x_2 \end{pmatrix} = \begin{pmatrix} x_1 \\ x_2 \\ 0 \end{pmatrix}$$

は線形写像である．

- $\mathbb{R}^2$ から $\mathbb{R}$ への写像

$$T\begin{pmatrix} x_1 \\ x_2 \end{pmatrix} = x_1 + x_2$$

は線形写像である.

- $\mathbb{R}^2$ から $\mathbb{R}^3$ への写像

$$T\begin{pmatrix} x_1 \\ x_2 \end{pmatrix} = \begin{pmatrix} x_1 + 1 \\ x_2 \\ 0 \end{pmatrix}$$

は線形写像でない. 実際, 次が成り立つ.

$$T\left(\begin{pmatrix} 1 \\ 0 \end{pmatrix} + \begin{pmatrix} -1 \\ 0 \end{pmatrix}\right) = \begin{pmatrix} 1 \\ 0 \\ 0 \end{pmatrix} \neq T\begin{pmatrix} 1 \\ 0 \end{pmatrix} + T\begin{pmatrix} -1 \\ 0 \end{pmatrix} = \begin{pmatrix} 2 \\ 0 \\ 0 \end{pmatrix}$$

- $\mathbb{R}^2$ から $\mathbb{R}$ の写像

$$T\begin{pmatrix} x_1 \\ x_2 \end{pmatrix} = x_1^2 + x_2$$

は線形写像ではない. 実際, 次が成り立つ.

$$T\left(\begin{pmatrix} 1 \\ 0 \end{pmatrix} + \begin{pmatrix} -1 \\ 0 \end{pmatrix}\right) = 0 \neq T\begin{pmatrix} 1 \\ 0 \end{pmatrix} + T\begin{pmatrix} -1 \\ 0 \end{pmatrix} = 2$$

次の線形変換は拡大, 対称移動, 回転を表すものである.

例 8.2

- $\mathbb{R}^2$ 上の変換

$$T\begin{pmatrix} x_1 \\ x_2 \end{pmatrix} = \begin{pmatrix} 2x_1 \\ x_2 \end{pmatrix}$$

は線形変換である. これは x_1 軸方向を2倍に拡大することを表す.

- $\mathbb{R}^2$ 上の変換

$$T\begin{pmatrix} x_1 \\ x_2 \end{pmatrix} = \begin{pmatrix} x_1 \\ -x_2 \end{pmatrix}$$

は線形変換である. これは x_1 軸に関する対称移動を表す.

- $\mathbb{R}^2$ 上の変換

$$T\begin{pmatrix} x_1 \\ x_2 \end{pmatrix} = \begin{pmatrix} (\cos\theta)x_1 - (\sin\theta)x_2 \\ (\sin\theta)x_1 + (\cos\theta)x_2 \end{pmatrix}$$

は線形変換である. これは原点を中心とする角度 θ だけの回転を表す.

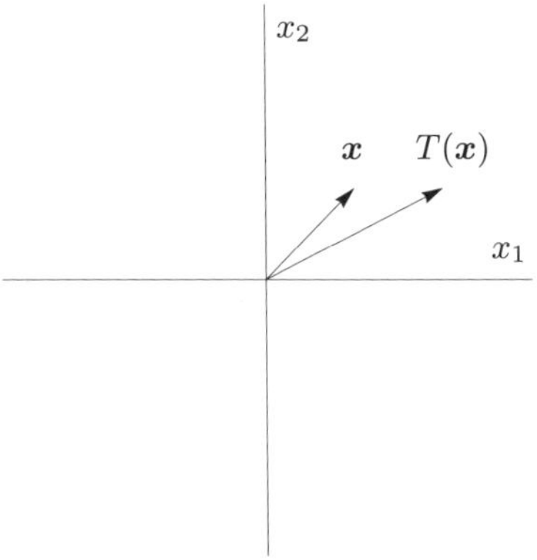

図 8.1　x_1 軸方向を 2 倍に拡大する線形変換

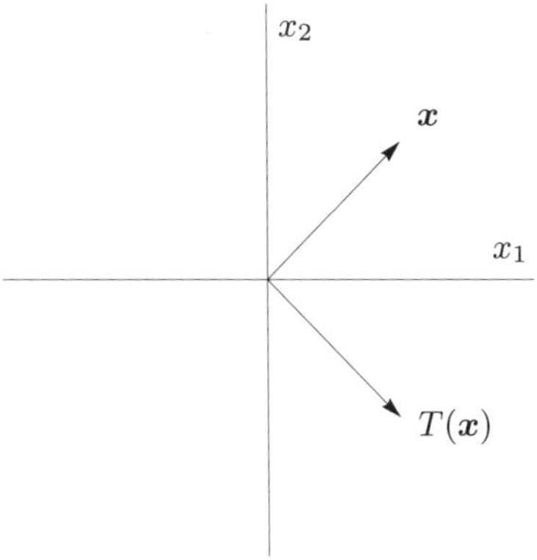

図 8.2　x_1 軸に関する対称移動を表す線形変換

これらの例における線形写像の右辺は行列と数ベクトルの積で表すことができる．例えば, 例 8.2 の最後の例は

$$T\begin{pmatrix} x_1 \\ x_2 \end{pmatrix} = \begin{pmatrix} (\cos\theta)x_1 - (\sin\theta)x_2 \\ (\sin\theta)x_1 + (\cos\theta)x_2 \end{pmatrix} = \begin{pmatrix} \cos\theta & -\sin\theta \\ \sin\theta & \cos\theta \end{pmatrix}\begin{pmatrix} x_1 \\ x_2 \end{pmatrix}$$

と表せる．後で示すように, 数ベクトル空間の間の線形写像は行列と数ベクトルの積で表すことができる．

$$T(\boldsymbol{x}) = A\boldsymbol{x}$$

ここまでの例は数ベクトル空間に関するものであった．そうでないものとしては例えば次である．

例 8.3

- $p(x) = a_n x^n + a_{n-1}x^{n-1} + \cdots + a_1 x + a_0$ に対し, $D(p)(x)$ を

$$D(p)(x) = \frac{dp}{dx}(x) = na_n x^{n-1} + (n-1)a_{n-1}x^{n-2} + \cdots + a_1$$

　と定める．この D は $\mathbb{R}[x]_n$ から $\mathbb{R}[x]_{n-1}$ への線形写像である．

- $p(x) = a_n x^n + a_n x^{n-1} + \cdots + a_1 x + a_0$ に対し, $I(p)(x)$ を

$$I(p)(x) = \int_0^x p(t)dt = \frac{a_n}{n+1}x^{n+1} + \frac{a_{n-1}}{n}x^n + \cdots + \frac{a_1}{2}x^2 + a_0 x$$

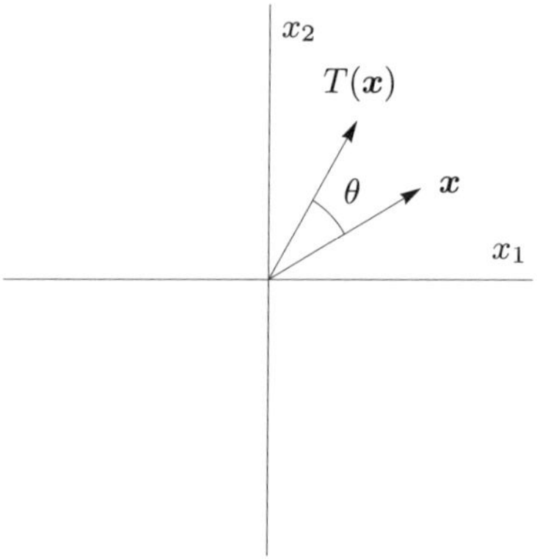

図 8.3　原点を中心とする角度 θ だけの回転を表す線形変換

と定める．この I は $\mathbb{R}[x]_n$ から $\mathbb{R}[x]_{n+1}$ への線形写像である．

線形写像があれば2つの特別な部分集合 (部分空間) を定めることができる．

定義 8.1.2　V, W をベクトル空間とし，$T : V \to W$ を線形写像とする．

- $\{\boldsymbol{v} \in V \mid T(\boldsymbol{v}) = \boldsymbol{0}\}$ を T の**核**といい，$\mathrm{Ker}(T)$ と表す．
- $\{T(\boldsymbol{v}) \in W \mid \boldsymbol{v} \in V\}$ を T の**像**といい，$\mathrm{Im}(T)$ と表す．

□

ここでの像 $\mathrm{Im}(T)$ は第1章で述べた像 $T(V)$ と等しい．$\mathrm{Ker}(T)$ は V の部分空間，$\mathrm{Im}(T)$ は W の部分空間であることが示せる．

数ベクトル空間の間の線形写像の場合には，これらは解空間と生成される部分空間となる．

例 8.4

$m \times n$ 行列 $A = \begin{pmatrix} \boldsymbol{a}_1 & \boldsymbol{a}_2 & \cdots & \boldsymbol{a}_n \end{pmatrix}$ から定まる $\mathbb{R}^n$ から $\mathbb{R}^m$ への線形写像 $T(\boldsymbol{x}) = A\boldsymbol{x}$ を考える．$\mathrm{Ker}(T)$ は

$$\mathrm{Ker}(T) = \{\boldsymbol{x} \in \mathbb{R}^n \mid A\boldsymbol{x} = \boldsymbol{0}\}$$

より $A\boldsymbol{x} = \boldsymbol{0}$ の解空間である．$\boldsymbol{x} = \begin{pmatrix} x_1 \\ x_2 \\ \vdots \\ x_n \end{pmatrix}$ とすると

$$T(\boldsymbol{x}) = x_1\boldsymbol{a}_1 + x_2\boldsymbol{a}_2 + \cdots + x_n\boldsymbol{a}_n$$

なので $\mathrm{Im}(T)$ は

$$\mathrm{Im}(T) = \{x_1\boldsymbol{a}_1 + x_2\boldsymbol{a}_2 + \cdots + x_n\boldsymbol{a}_n \in \mathbb{R}^m \mid x_1, x_2, \ldots, x_n \in \mathbb{R}\}$$

となる．つまり, $\boldsymbol{a}_1, \boldsymbol{a}_2, \ldots, \boldsymbol{a}_n$ から生成される部分空間 $[\boldsymbol{a}_1, \boldsymbol{a}_2, \ldots, \boldsymbol{a}_n]$ である．

さらに定理 7.3.4 と定理 7.3.5 より

$$\begin{aligned} \dim \mathrm{Ker}(T) + \dim \mathrm{Im}(T) &= \dim \{\boldsymbol{x} \in \mathbb{R}^n \mid A\boldsymbol{x} = \boldsymbol{0}\} + \dim[\boldsymbol{a}_1, \boldsymbol{a}_2, \ldots, \boldsymbol{a}_n] \\ &= (n - \mathrm{rank}A) + \mathrm{rank}A = n \end{aligned}$$

が成り立つ．

この例で述べた $\mathrm{Ker}(T)$ と $\mathrm{Im}(T)$ の次元の関係は一般の線形写像でも成り立つ．

定理 8.1.1 V, W をベクトル空間とし, $T : V \to W$ を線形写像とすると次が成り立つ．

$$\dim \mathrm{Ker}(T) + \dim \mathrm{Im}(T) = \dim V$$

□

8.1.2 同型写像

線形写像は第 1 章で述べた意味での写像であるので, 全単射について考えることができる．

定義 8.1.3 V, W をベクトル空間とする．線形写像 $T : V \to W$ が全単射であるとき, **同型写像**という．また, V から W への同型写像が存在するとき, V と W は**同型**であるという．$V = W$ である場合は**同型変換**という． □

T が全単射であるとき, 逆写像 T^{-1} を考えることができるが, これについては 8.1.4 項において述べる．

例 8.5

- $\mathbb{R}^2$ 上の線形変換 $T\begin{pmatrix} x_1 \\ x_2 \end{pmatrix} = \begin{pmatrix} 2x_1 \\ x_2 \end{pmatrix}$ は全単射なので同型変換である.
- $\mathbb{R}^2$ 上の線形変換 $T\begin{pmatrix} x_1 \\ x_2 \end{pmatrix} = \begin{pmatrix} (\cos\theta)x_1 - (\sin\theta)x_2 \\ (\sin\theta)x_1 + (\cos\theta)x_2 \end{pmatrix}$ は全単射なので同型変換である.
- $\mathbb{R}^2$ から $\mathbb{R}^3$ への線形写像 $T\begin{pmatrix} x_1 \\ x_2 \end{pmatrix} = \begin{pmatrix} x_1 \\ x_2 \\ 0 \end{pmatrix}$ は全単射ではないので, 同型写像でない.

次の例のように多項式の集合 $\mathbb{R}[x]_n$ は数ベクトル空間と同型である.

例 8.6

$\mathbb{R}[x]_n$ から $\mathbb{R}^{n+1}$ への写像

$$T(a_n x^n + a_{n-1}x^{n-1} + \cdots + a_1 x + a_0) = \begin{pmatrix} a_0 \\ a_1 \\ \vdots \\ a_{n-1} \\ a_n \end{pmatrix}$$

は線形写像であり, 全単射なので同型写像である.

実は一般的に次が成り立つ.

定理 8.1.2　ベクトル空間 V の次元を n とする. このとき, V は数ベクトル空間 $\mathbb{R}^n$ と同型である. □

【証明】　V の基底を $\langle \boldsymbol{v}_1, \boldsymbol{v}_2, \ldots, \boldsymbol{v}_n \rangle$ とする. V の任意のベクトル $\boldsymbol{v}$ は

$$\boldsymbol{v} = \lambda_1 \boldsymbol{v}_1 + \lambda_2 \boldsymbol{v}_2 + \cdots + \lambda_n \boldsymbol{v}_n$$

と一意的に表すことができるので, V から $\mathbb{R}^n$ への写像 T を

$$T(\boldsymbol{v}) = \begin{pmatrix} \lambda_1 \\ \lambda_2 \\ \vdots \\ \lambda_n \end{pmatrix}$$

と定めることができる．この T は V から $\mathbb{R}^n$ への同型写像であることを示す．まず T の線形性は次のように示せる．

- $\boldsymbol{v} = \lambda_1\boldsymbol{v}_1 + \lambda_2\boldsymbol{v}_2 + \cdots + \lambda_n\boldsymbol{v}_n, \boldsymbol{v}' = \lambda_1'\boldsymbol{v}_1 + \lambda_2'\boldsymbol{v}_2 + \cdots + \lambda_n'\boldsymbol{v}_n \in V$ に対して

$$\boldsymbol{v} + \boldsymbol{v}' = (\lambda_1 + \lambda_1')\boldsymbol{v}_1 + (\lambda_2 + \lambda_2')\boldsymbol{v}_2 + \cdots + (\lambda_n + \lambda_n')\boldsymbol{v}_n$$

であるので次が成り立つ．

$$T(\boldsymbol{v} + \boldsymbol{v}') = \begin{pmatrix} \lambda_1 + \lambda_1' \\ \lambda_2 + \lambda_2' \\ \vdots \\ \lambda_n + \lambda_n' \end{pmatrix} = \begin{pmatrix} \lambda_1 \\ \lambda_2 \\ \vdots \\ \lambda_n \end{pmatrix} + \begin{pmatrix} \lambda_1' \\ \lambda_2' \\ \vdots \\ \lambda_n' \end{pmatrix} = T(\boldsymbol{v}) + T(\boldsymbol{v}')$$

- $\boldsymbol{v} = \lambda_1\boldsymbol{v}_1 + \lambda_2\boldsymbol{v}_2 + \cdots + \lambda_n\boldsymbol{v}_n \in V, \lambda \in \mathbb{R}$ に対して

$$\lambda\boldsymbol{v} = \lambda\lambda_1\boldsymbol{v}_1 + \lambda\lambda_2\boldsymbol{v}_2 + \cdots + \lambda\lambda_n\boldsymbol{v}_n$$

であるので次が成り立つ．

$$T(\lambda\boldsymbol{v}) = \begin{pmatrix} \lambda\lambda_1 \\ \lambda\lambda_2 \\ \vdots \\ \lambda\lambda_n \end{pmatrix} = \lambda \begin{pmatrix} \lambda_1 \\ \lambda_2 \\ \vdots \\ \lambda_n \end{pmatrix} = \lambda T(\boldsymbol{v})$$

T が全単射であることは次のように示せる．

- 単射性　$\boldsymbol{v} = \lambda_1\boldsymbol{v}_1 + \lambda_2\boldsymbol{v}_2 + \cdots + \lambda_n\boldsymbol{v}_n, \boldsymbol{v}' = \lambda_1'\boldsymbol{v}_1 + \lambda_2'\boldsymbol{v}_2 + \cdots + \lambda_n'\boldsymbol{v}_n \in V$ を $\boldsymbol{v} \neq \boldsymbol{v}'$ であるものとすると $\lambda_i \neq \lambda_i'$ となる i が存在する．これより

$$T(\boldsymbol{v}) = \begin{pmatrix} \lambda_1 \\ \lambda_2 \\ \vdots \\ \lambda_n \end{pmatrix} \neq \begin{pmatrix} \lambda_1' \\ \lambda_2' \\ \vdots \\ \lambda_n' \end{pmatrix} = T(\boldsymbol{v}')$$

となるので T は単射である．

- 全射性　任意の $\begin{pmatrix} \lambda_1 \\ \lambda_2 \\ \vdots \\ \lambda_n \end{pmatrix} \in \mathbb{R}^n$ に対し, $\boldsymbol{v} = \lambda_1 \boldsymbol{v}_1 + \lambda_2 \boldsymbol{v}_2 + \cdots + \lambda_n \boldsymbol{v}_n \in V$ とすると
$$T(\boldsymbol{v}) = \begin{pmatrix} \lambda_1 \\ \lambda_2 \\ \vdots \\ \lambda_n \end{pmatrix}$$
となるので T は全射である.

■

この定理の証明中の $\begin{pmatrix} \lambda_1 \\ \lambda_2 \\ \vdots \\ \lambda_n \end{pmatrix}$ を $\boldsymbol{v}$ の基底 $\langle \boldsymbol{v}_1, \boldsymbol{v}_2, \ldots, \boldsymbol{v}_n \rangle$ に関する**成分ベクトル**という. 次のように成分ベクトルは基底の取り方に依存することに注意する.

例 8.7

$\mathbb{R}[x]_1$ の基底 $\langle 1, x \rangle$ に関する $a_1 x + a_0$ の成分ベクトルは
$$a_1 x + a_0 = a_0 1 + a_1 x$$
より $\begin{pmatrix} a_0 \\ a_1 \end{pmatrix}$ である. 一方, 基底 $\langle 1, x-1 \rangle$ に関する $a_1 x + a_0$ の成分ベクトルは
$$a_1 x + a_0 = (a_0 + a_1) 1 + a_1 (x - 1)$$
より $\begin{pmatrix} a_0 + a_1 \\ a_1 \end{pmatrix}$ である.

ベクトル空間 V, W が同型であるとき, これらはベクトル空間として同じものと考えることができる. 定理 8.1.2 よりベクトル空間は数ベクトル空間と同じものと考えることができた. このことよりベクトル空間の性質は数ベクトル空間の性質に言いかえられる. 特に数ベクトル空間の性質は行列や数ベクトルで記述できるので, ベクトル空間の性質も行列や数ベクトルで記述することができる. ただし, ここでの性質はベクトル空間としての性質であることに注意する.

8.1.3 表現行列

8.1.2 項においてベクトル空間の性質は行列や数ベクトルで記述できることを説明した．ここでは線形写像から表現行列と呼ばれる行列が定まることについて述べる．

ベクトル空間 V の基底を $\langle \boldsymbol{v}_1, \boldsymbol{v}_2, \ldots, \boldsymbol{v}_n \rangle$, W の基底を $\langle \boldsymbol{w}_1, \boldsymbol{w}_2, \ldots, \boldsymbol{w}_m \rangle$ とし, $T: V \to W$ を線形写像とする．$T(\boldsymbol{v}_i) \in W$ は W の基底を用いて次のように表すことができる．

$$T(\boldsymbol{v}_i) = a_{1i}\boldsymbol{w}_1 + a_{2i}\boldsymbol{w}_2 + \cdots + a_{mi}\boldsymbol{w}_m$$

これより

$$A = \begin{pmatrix} a_{11} & a_{12} & \cdots & a_{1n} \\ a_{21} & a_{22} & \cdots & a_{2n} \\ \vdots & \vdots & \ddots & \vdots \\ a_{m1} & a_{m2} & \cdots & a_{mn} \end{pmatrix}$$

とすると次が成り立つ．

$$\begin{pmatrix} T(\boldsymbol{v}_1) & T(\boldsymbol{v}_2) & \cdots & T(\boldsymbol{v}_n) \end{pmatrix} = \begin{pmatrix} \boldsymbol{w}_1 & \boldsymbol{w}_2 & \cdots & \boldsymbol{w}_m \end{pmatrix} A$$

この A を T の V の基底 $\langle \boldsymbol{v}_1, \boldsymbol{v}_2, \ldots, \boldsymbol{v}_n \rangle$ と W の基底 $\langle \boldsymbol{w}_1, \boldsymbol{w}_2, \ldots, \boldsymbol{w}_m \rangle$ に関する表現行列という．V の任意の要素は $\lambda_1\boldsymbol{v}_1 + \lambda_2\boldsymbol{v}_2 + \cdots + \lambda_n\boldsymbol{v}_n$ と表すことができ

$$\begin{aligned} T(\lambda_1\boldsymbol{v}_1 + \lambda_2\boldsymbol{v}_2 + \cdots + \lambda_n\boldsymbol{v}_n) =& \lambda_1 T(\boldsymbol{v}_1) + \lambda_2 T(\boldsymbol{v}_2) + \cdots + \lambda_n T(\boldsymbol{v}_n) \\ =& \begin{pmatrix} T(\boldsymbol{v}_1) & T(\boldsymbol{v}_2) & \cdots & T(\boldsymbol{v}_n) \end{pmatrix} \begin{pmatrix} \lambda_1 \\ \lambda_2 \\ \vdots \\ \lambda_n \end{pmatrix} \end{aligned}$$

であるので, T は表現行列 A を用いて次のように表すことができる．

$$T(\lambda_1\boldsymbol{v}_1 + \lambda_2\boldsymbol{v}_2 + \cdots + \lambda_n\boldsymbol{v}_n) = \begin{pmatrix} \boldsymbol{w}_1 & \boldsymbol{w}_2 & \cdots & \boldsymbol{w}_m \end{pmatrix} A \begin{pmatrix} \lambda_1 \\ \lambda_2 \\ \vdots \\ \lambda_n \end{pmatrix}$$

これとは逆に, $m \times n$ 行列 A を与え, 写像 $T: V \to W$ をこの関係で定義すると, T は線形写像であり, その表現行列は A であることを示せる．

T が V 上の線形変換であるときは

$$\begin{pmatrix} T(\boldsymbol{v}_1) & T(\boldsymbol{v}_2) & \cdots & T(\boldsymbol{v}_n) \end{pmatrix} = \begin{pmatrix} \boldsymbol{v}_1 & \boldsymbol{v}_2 & \cdots & \boldsymbol{v}_n \end{pmatrix} A$$

が成り立つが, この A を T の V の基底 $\langle \boldsymbol{v}_1, \boldsymbol{v}_2, \ldots, \boldsymbol{v}_n \rangle$ に関する表現行列という.

ベクトル空間 V の基底 $\langle \boldsymbol{v}_1, \boldsymbol{v}_2, \ldots, \boldsymbol{v}_n \rangle$ から基底 $\langle \boldsymbol{v}'_1, \boldsymbol{v}'_2, \ldots, \boldsymbol{v}'_n \rangle$ への取り替えは基底の変換行列 P を用いて次のように表された.

$$\begin{pmatrix} \boldsymbol{v}'_1 & \boldsymbol{v}'_2 & \ldots & \boldsymbol{v}'_n \end{pmatrix} = \begin{pmatrix} \boldsymbol{v}_1 & \boldsymbol{v}_2 & \ldots & \boldsymbol{v}_n \end{pmatrix} P$$

この基底の取り替えの P は線形変換

$$T(\lambda_1 \boldsymbol{v}_1 + \lambda_2 \boldsymbol{v}_2 + \cdots + \lambda_n \boldsymbol{v}_n) = \lambda_1 \boldsymbol{v}'_1 + \lambda_2 \boldsymbol{v}'_2 + \cdots + \lambda_n \boldsymbol{v}'_n$$

の基底 $\langle \boldsymbol{v}_1, \boldsymbol{v}_2, \ldots, \boldsymbol{v}_n \rangle$ に関する表現行列と考えられる. 実際, $T(\boldsymbol{v}_i) = \boldsymbol{v}'_i$ より

$$\begin{pmatrix} T(\boldsymbol{v}_1) & T(\boldsymbol{v}_2) & \ldots & T(\boldsymbol{v}_n) \end{pmatrix} = \begin{pmatrix} \boldsymbol{v}_1 & \boldsymbol{v}_2 & \ldots & \boldsymbol{v}_n \end{pmatrix} P$$

となる.

例 8.8

$\mathbb{R}^2$ 上の線形変換 $T(\boldsymbol{x}) = \begin{pmatrix} 1 & 2 \\ -1 & 4 \end{pmatrix} \boldsymbol{x}$ の $\mathbb{R}^2$ の基本ベクトルから定まる基底 $\langle \boldsymbol{e}_1, \boldsymbol{e}_2 \rangle$ に関する表現行列 A は

$$\begin{pmatrix} T(\boldsymbol{e}_1) & T(\boldsymbol{e}_2) \end{pmatrix} = \begin{pmatrix} \boldsymbol{e}_1 & \boldsymbol{e}_2 \end{pmatrix} A$$

を満たす. ここで $\begin{pmatrix} T(\boldsymbol{e}_1) & T(\boldsymbol{e}_2) \end{pmatrix} = \begin{pmatrix} 1 & 2 \\ -1 & 4 \end{pmatrix}$, $\begin{pmatrix} \boldsymbol{e}_1 & \boldsymbol{e}_2 \end{pmatrix} = I_2$ であるので

$$A = \begin{pmatrix} 1 & 2 \\ -1 & 4 \end{pmatrix}$$

となる. また, T の $\mathbb{R}^2$ の基底 $\left\langle \begin{pmatrix} 1 \\ 1 \end{pmatrix}, \begin{pmatrix} 2 \\ 1 \end{pmatrix} \right\rangle$ に関する表現行列 B は

$$\left(T\begin{pmatrix} 1 \\ 1 \end{pmatrix} \quad T\begin{pmatrix} 2 \\ 1 \end{pmatrix} \right) = \begin{pmatrix} 1 & 2 \\ 1 & 1 \end{pmatrix} B$$

を満たす．ここで $\begin{pmatrix} T\begin{pmatrix}1\\1\end{pmatrix} & T\begin{pmatrix}2\\1\end{pmatrix}\end{pmatrix} = \begin{pmatrix}3 & 4\\3 & 2\end{pmatrix}$ であるので

$$B = \begin{pmatrix}1 & 2\\1 & 1\end{pmatrix}^{-1}\begin{pmatrix}3 & 4\\3 & 2\end{pmatrix} = \begin{pmatrix}3 & 0\\0 & 2\end{pmatrix}$$

となる．

例 8.9

$\mathbb{R}[x]_2$ から $\mathbb{R}[x]_1$ への次の線形写像 D を考える．

$$D(p)(x) = \frac{dp}{dx}(x)$$

$p_0(x) = 1, p_1(x) = x, p_2(x) = x^2$ とすると $\langle p_0, p_1, p_2\rangle$ は $\mathbb{R}[x]_2$ の基底であり，$\langle p_0, p_1\rangle$ は $\mathbb{R}[x]_1$ の基底である．これらの基底に関する D の表現行列は

$$D(p_0)(x) = 0, \quad D(p_1)(x) = 1 = p_0(x), \quad D(p_2)(x) = 2x = 2p_1(x)$$

より

$$\begin{pmatrix} D(p_0) & D(p_1) & D(p_2)\end{pmatrix} = \begin{pmatrix} 0 & p_0 & 2p_1\end{pmatrix} = \begin{pmatrix} p_0 & p_1\end{pmatrix}\begin{pmatrix}0 & 1 & 0\\0 & 0 & 2\end{pmatrix}$$

なので

$$\begin{pmatrix}0 & 1 & 0\\0 & 0 & 2\end{pmatrix}$$

である．また，$\mathbb{R}[x]_1$ から $\mathbb{R}[x]_2$ への

$$I(p)(x) = \int_0^x p(t)dt$$

から定まる線形写像 I の表現行列は

$$I(p_0)(x) = x = p_1(x), \quad I(p_1)(x) = \frac{1}{2}x^2 = \frac{1}{2}p_2(x)$$

より

$$\begin{pmatrix} I(p_0) & I(p_1)\end{pmatrix} = \begin{pmatrix} p_1 & \frac{1}{2}p_2\end{pmatrix} = \begin{pmatrix} p_0 & p_1 & p_2\end{pmatrix}\begin{pmatrix}0 & 0\\1 & 0\\0 & 1/2\end{pmatrix}$$

なので

$$\begin{pmatrix} 0 & 0 \\ 1 & 0 \\ 0 & 1/2 \end{pmatrix}$$

である.

数ベクトル空間の間の線形写像の場合, 次が成り立つ.

定理 8.1.3　線形写像 $T : \mathbb{R}^n \to \mathbb{R}^m$ の $\mathbb{R}^n$ の基本ベクトルから定まる基底 $\langle \boldsymbol{e}_1, \boldsymbol{e}_2, \ldots, \boldsymbol{e}_n \rangle$ と $\mathbb{R}^m$ の基本ベクトルから定まる基底 $\langle \boldsymbol{e}'_1, \boldsymbol{e}'_2, \ldots, \boldsymbol{e}'_m \rangle$ に関する表現行列 A は

$$A = \begin{pmatrix} T(\boldsymbol{e}_1) & T(\boldsymbol{e}_2) & \cdots & T(\boldsymbol{e}_n) \end{pmatrix}$$

である. さらに, T は

$$T(\boldsymbol{x}) = A\boldsymbol{x}$$

と表される. □

【証明】 $\begin{pmatrix} \boldsymbol{e}'_1 & \boldsymbol{e}'_2 & \cdots & \boldsymbol{e}'_m \end{pmatrix} = I_m$ であることに注意すると

$$\begin{pmatrix} T(\boldsymbol{e}_1) & T(\boldsymbol{e}_2) & \cdots & T(\boldsymbol{e}_n) \end{pmatrix} = \begin{pmatrix} \boldsymbol{e}'_1 & \boldsymbol{e}'_2 & \cdots & \boldsymbol{e}'_m \end{pmatrix} A = I_m A = A$$

となる. また, $\boldsymbol{x} = \begin{pmatrix} x_1 \\ x_2 \\ \vdots \\ x_n \end{pmatrix}$ に対して $\boldsymbol{x} = x_1\boldsymbol{e}_1 + x_2\boldsymbol{e}_2 + \cdots + x_2\boldsymbol{e}_n$ となるので

$$\begin{aligned} T(\boldsymbol{x}) &= T(x_1\boldsymbol{e}_1 + x_2\boldsymbol{e}_2 + \cdots + x_n\boldsymbol{e}_n) \\ &= x_1 T(\boldsymbol{e}_1) + x_2 T(\boldsymbol{e}_2) + \cdots + x_n T(\boldsymbol{e}_n) \\ &= \begin{pmatrix} T(\boldsymbol{e}_1) & T(\boldsymbol{e}_2) & \cdots & T(\boldsymbol{e}_n) \end{pmatrix} \begin{pmatrix} x_1 \\ x_2 \\ \vdots \\ x_n \end{pmatrix} = A\boldsymbol{x} \end{aligned}$$

を得る. ■

例 8.10

- $\mathbb{R}^2$ 上の x_1 軸方向を 2 倍に拡大することを表す線形変換 $T\begin{pmatrix} x_1 \\ x_2 \end{pmatrix} = \begin{pmatrix} 2x_1 \\ x_2 \end{pmatrix}$ の基本ベクトルに関する表現行列は次である.

$$\begin{pmatrix} 2 & 0 \\ 0 & 1 \end{pmatrix}$$

- $\mathbb{R}^2$ 上の x_1 軸に関する対称移動を表す線形変換 $T\begin{pmatrix} x_1 \\ x_2 \end{pmatrix} = \begin{pmatrix} x_1 \\ -x_2 \end{pmatrix}$ の基本ベクトルに関する表現行列は次である.

$$\begin{pmatrix} 1 & 0 \\ 0 & -1 \end{pmatrix}$$

- $\mathbb{R}^2$ 上の原点を中心とする角度 θ だけの回転を表す線形変換 $T\begin{pmatrix} x_1 \\ x_2 \end{pmatrix} = \begin{pmatrix} (\cos\theta)x_1 - (\sin\theta)x_2 \\ (\sin\theta)x_1 + (\cos\theta)x_2 \end{pmatrix}$ の基本ベクトルに関する表現行列は次である.

$$\begin{pmatrix} \cos\theta & -\sin\theta \\ \sin\theta & \cos\theta \end{pmatrix}$$

次にベクトル空間の間の線形写像 $T : V \to W$ を考える. V, W の基底をそれぞれ $\langle \boldsymbol{v}_1, \boldsymbol{v}_2, \ldots, \boldsymbol{v}_n \rangle$, $\langle \boldsymbol{w}_1, \boldsymbol{w}_2, \ldots, \boldsymbol{w}_m \rangle$ とし, これらの基底に関する T の表現行列を A とする. $\boldsymbol{v} \in V$ の基底 $\langle \boldsymbol{v}_1, \boldsymbol{v}_2, \ldots, \boldsymbol{v}_n \rangle$ に関する成分ベクトルを $\boldsymbol{\lambda} \in \mathbb{R}^n$ とすると次が成り立つ.

$$T(\boldsymbol{v}) = \begin{pmatrix} \boldsymbol{w}_1 & \boldsymbol{w}_2 & \cdots & \boldsymbol{w}_m \end{pmatrix} A\boldsymbol{\lambda}$$

一方, $T(\boldsymbol{v}) \in W$ の基底 $\langle \boldsymbol{w}_1, \boldsymbol{w}_2, \ldots, \boldsymbol{w}_m \rangle$ に関する成分ベクトルを $\boldsymbol{\mu} \in \mathbb{R}^m$ とすると次が成り立つ.

$$T(\boldsymbol{v}) = \begin{pmatrix} \boldsymbol{w}_1 & \boldsymbol{w}_2 & \cdots & \boldsymbol{w}_m \end{pmatrix} \boldsymbol{\mu}$$

これらより

$$\begin{pmatrix} \boldsymbol{w}_1 & \boldsymbol{w}_2 & \cdots & \boldsymbol{w}_m \end{pmatrix} (A\boldsymbol{\lambda} - \boldsymbol{\mu}) = 0$$

となるので定理 7.2.3 より

$$\boldsymbol{\mu} = A\boldsymbol{\lambda}$$

を得る．つまり，$\boldsymbol{v}$ から $T(\boldsymbol{v})$ を求めることを成分ベクトルで表すと $\boldsymbol{\lambda}$ から $A\boldsymbol{\lambda}$ を求めることになる．

例 8.11

$\mathbb{R}^2$ 上の線形変換 $T(\boldsymbol{x}) = \begin{pmatrix} 1 & 2 \\ -1 & 4 \end{pmatrix} \boldsymbol{x}$ の $\mathbb{R}^2$ の基本ベクトルから定まる基底 $\langle \boldsymbol{e}_1, \boldsymbol{e}_2 \rangle$ に関する表現行列は $\begin{pmatrix} 1 & 2 \\ -1 & 4 \end{pmatrix}$ であった．これより基底 $\langle \boldsymbol{e}_1, \boldsymbol{e}_2 \rangle$ に関する $\boldsymbol{x}, T(\boldsymbol{x})$ の成分ベクトルをそれぞれ $\begin{pmatrix} x_1 \\ x_2 \end{pmatrix}, \begin{pmatrix} y_1 \\ y_2 \end{pmatrix}$ とすると

$$\begin{pmatrix} y_1 \\ y_2 \end{pmatrix} = \begin{pmatrix} 1 & 2 \\ -1 & 4 \end{pmatrix} \begin{pmatrix} x_1 \\ x_2 \end{pmatrix} = \begin{pmatrix} x_1 + 2x_2 \\ -x_1 + 4x_2 \end{pmatrix}$$

となる．これは次を書きかえたものである．

$$T(x_1\boldsymbol{e}_1 + x_2\boldsymbol{e}_2) = y_1\boldsymbol{e}_1 + y_2\boldsymbol{e}_2 = (x_1 + 2x_2)\boldsymbol{e}_1 + (-x_1 + 4x_2)\boldsymbol{e}_2$$

また，T の $\mathbb{R}^2$ の基底 $\left\langle \begin{pmatrix} 1 \\ 1 \end{pmatrix}, \begin{pmatrix} 2 \\ 1 \end{pmatrix} \right\rangle$ に関する表現行列は $\begin{pmatrix} 3 & 0 \\ 0 & 2 \end{pmatrix}$ であった．これより基底 $\left\langle \begin{pmatrix} 1 \\ 1 \end{pmatrix}, \begin{pmatrix} 2 \\ 1 \end{pmatrix} \right\rangle$ に関する $\boldsymbol{x}, T(\boldsymbol{x})$ の成分ベクトルをそれぞれ $\begin{pmatrix} x_1' \\ x_2' \end{pmatrix}, \begin{pmatrix} y_1' \\ y_2' \end{pmatrix}$ とすると

$$\begin{pmatrix} y_1' \\ y_2' \end{pmatrix} = \begin{pmatrix} 3 & 0 \\ 0 & 2 \end{pmatrix} \begin{pmatrix} x_1' \\ x_2' \end{pmatrix}$$

となる．これは次を書きかえたものである．

$$T\left(x_1' \begin{pmatrix} 1 \\ 1 \end{pmatrix} + x_2' \begin{pmatrix} 2 \\ 1 \end{pmatrix} \right) = y_1' \begin{pmatrix} 1 \\ 1 \end{pmatrix} + y_2' \begin{pmatrix} 2 \\ 1 \end{pmatrix} = 3x_1' \begin{pmatrix} 1 \\ 1 \end{pmatrix} + 2x_2' \begin{pmatrix} 2 \\ 1 \end{pmatrix}$$

ここまでの例で見たように，表現行列は基底の選び方に依存しており，基底を取りかえるとその表示も変わる．どのように変わるかは次で与えられる．

定理 8.1.4 V, W をベクトル空間とし, $T : V \to W$ を線形写像とする. T の V の基底 $\langle \boldsymbol{v}_1, \boldsymbol{v}_2, \ldots, \boldsymbol{v}_n \rangle$ と W の基底 $\langle \boldsymbol{w}_1, \boldsymbol{w}_2, \ldots, \boldsymbol{w}_m \rangle$ に関する表現行列を A, V の基底 $\langle \boldsymbol{v}'_1, \boldsymbol{v}'_2, \ldots, \boldsymbol{v}'_n \rangle$ と W の基底 $\langle \boldsymbol{w}'_1, \boldsymbol{w}'_2, \ldots, \boldsymbol{w}'_m \rangle$ に関する表現行列を B とすると次の関係が成り立つ.

$$B = Q^{-1}AP$$

ただし, V, W の基底の変換行列をそれぞれ P, Q とした.

$$\begin{pmatrix} \boldsymbol{v}'_1 & \boldsymbol{v}'_2 & \cdots & \boldsymbol{v}'_n \end{pmatrix} = \begin{pmatrix} \boldsymbol{v}_1 & \boldsymbol{v}_2 & \cdots & \boldsymbol{v}_n \end{pmatrix} P$$
$$\begin{pmatrix} \boldsymbol{w}'_1 & \boldsymbol{w}'_2 & \cdots & \boldsymbol{w}'_m \end{pmatrix} = \begin{pmatrix} \boldsymbol{w}_1 & \boldsymbol{w}_2 & \cdots & \boldsymbol{w}_m \end{pmatrix} Q$$

□

【証明】 T は線形変換なので

$$\begin{aligned}
\begin{pmatrix} T(\boldsymbol{v}'_1) & T(\boldsymbol{v}'_2) & \cdots & T(\boldsymbol{v}'_n) \end{pmatrix} &= \begin{pmatrix} T(\boldsymbol{v}_1) & T(\boldsymbol{v}_2) & \cdots & T(\boldsymbol{v}_n) \end{pmatrix} P \\
&= \begin{pmatrix} \boldsymbol{w}_1 & \boldsymbol{w}_2 & \cdots & \boldsymbol{w}_m \end{pmatrix} AP \\
\begin{pmatrix} T(\boldsymbol{v}'_1) & T(\boldsymbol{v}'_2) & \cdots & T(\boldsymbol{v}'_n) \end{pmatrix} &= \begin{pmatrix} \boldsymbol{w}'_1 & \boldsymbol{w}'_2 & \cdots & \boldsymbol{w}'_m \end{pmatrix} B \\
&= \begin{pmatrix} \boldsymbol{w}_1 & \boldsymbol{w}_2 & \cdots & \boldsymbol{w}_m \end{pmatrix} QB
\end{aligned}$$

が成り立つ. これらより

$$\begin{pmatrix} \boldsymbol{w}_1 & \boldsymbol{w}_2 & \cdots & \boldsymbol{w}_m \end{pmatrix} (AP - QB) = O$$

となるので定理 7.2.3 より $AP - QB = O$ を得る. 従って $AP = QB$ となり, Q は正則行列であるので $B = Q^{-1}AP$ が成り立つ. ■

特に線形変換の場合は次である.

定理 8.1.5 ベクトル空間 V 上の線形変換 T の基底 $\langle \boldsymbol{v}_1, \boldsymbol{v}_2, \ldots, \boldsymbol{v}_n \rangle$ に関する表現行列を A, 基底 $\langle \boldsymbol{v}'_1, \boldsymbol{v}'_2, \ldots, \boldsymbol{v}'_n \rangle$ に関する表現行列を B とすると次の関係が成り立つ.

$$B = P^{-1}AP$$

ただし, V の基底の変換行列を P とした.

$$\begin{pmatrix} \boldsymbol{v}'_1 & \boldsymbol{v}'_2 & \cdots & \boldsymbol{v}'_n \end{pmatrix} = \begin{pmatrix} \boldsymbol{v}_1 & \boldsymbol{v}_2 & \cdots & \boldsymbol{v}_n \end{pmatrix} P$$

□

例 8.12

$\mathbb{R}^2$ 上の線形変換 $T(\boldsymbol{x}) = \begin{pmatrix} 1 & 2 \\ -1 & 4 \end{pmatrix} \boldsymbol{x}$ の $\mathbb{R}^2$ の基本ベクトルから定まる基底 $\langle \boldsymbol{e}_1, \boldsymbol{e}_2 \rangle$ に関する表現行列は $\begin{pmatrix} 1 & 2 \\ -1 & 4 \end{pmatrix}$ であり, 基底 $\left\langle \begin{pmatrix} 1 \\ 1 \end{pmatrix}, \begin{pmatrix} 2 \\ 1 \end{pmatrix} \right\rangle$ に関する表現行列は $\begin{pmatrix} 3 & 0 \\ 0 & 2 \end{pmatrix}$ であった. ここで基底の変換行列 P は

$$\begin{pmatrix} 1 & 2 \\ 1 & 1 \end{pmatrix} = \begin{pmatrix} 1 & 0 \\ 0 & 1 \end{pmatrix} P$$

なので $P = \begin{pmatrix} 1 & 2 \\ 1 & 1 \end{pmatrix}$ であり, 次が成り立つ.

$$\begin{pmatrix} 3 & 0 \\ 0 & 2 \end{pmatrix} = P^{-1} \begin{pmatrix} 1 & 2 \\ -1 & 4 \end{pmatrix} P$$

この例で述べたように, $\begin{pmatrix} 1 & 2 \\ -1 & 4 \end{pmatrix}$ は P^{-1}, P を左右からかけることによって対角行列 $\begin{pmatrix} 3 & 0 \\ 0 & 2 \end{pmatrix}$ にすることができる. このような正方行列から対角行列を求めることを対角化といい, 第9章において述べる.

8.1.4　合成写像と逆写像

写像に対しては合成写像, 逆写像を考えることができた. ここでは線形写像についてこれらを考える.

定理 8.1.6　ベクトル空間 V, W, X に対し, 線形写像 $T : V \to W, S : W \to X$ の合成写像

$$S \circ T(\boldsymbol{v}) = S(T(\boldsymbol{v}))$$

は V から X への線形写像である. さらに, 合成写像 $S \circ T : V \to X$ の V の基底 $\langle \boldsymbol{v}_1, \boldsymbol{v}_2, \ldots, \boldsymbol{v}_n \rangle$ と X の基底 $\langle \boldsymbol{x}_1, \boldsymbol{x}_2, \ldots, \boldsymbol{x}_l \rangle$ に関する表現行列は次で与えられる.

$$BA$$

ただし，A は V の基底 $\langle \boldsymbol{v}_1, \boldsymbol{v}_2, \ldots, \boldsymbol{v}_n \rangle$ と W の基底 $\langle \boldsymbol{w}_1, \boldsymbol{w}_2, \ldots, \boldsymbol{w}_m \rangle$ に関する線形変換 T の表現行列，B は W の基底 $\langle \boldsymbol{w}_1, \boldsymbol{w}_2, \ldots, \boldsymbol{w}_m \rangle$ と X の基底 $\langle \boldsymbol{x}_1, \boldsymbol{x}_2, \ldots, \boldsymbol{x}_l \rangle$ に関する線形変換 S の表現行列である．この表現行列は W の基底の取り方に依らない． □

【証明】 $S \circ T$ の表現行列が BA で与えられることは

$$\begin{pmatrix} T(\boldsymbol{v}_1) & T(\boldsymbol{v}_2) & \cdots & T(\boldsymbol{v}_n) \end{pmatrix} = \begin{pmatrix} \boldsymbol{w}_1 & \boldsymbol{w}_2 & \cdots & \boldsymbol{w}_m \end{pmatrix} A$$

$$\begin{pmatrix} S(\boldsymbol{w}_1) & S(\boldsymbol{w}_2) & \cdots & S(\boldsymbol{w}_m) \end{pmatrix} = \begin{pmatrix} \boldsymbol{x}_1 & \boldsymbol{x}_2 & \cdots & \boldsymbol{x}_l \end{pmatrix} B$$

であるので次のように確かめられる．

$$\begin{aligned} &\begin{pmatrix} S \circ T(\boldsymbol{v}_1) & S \circ T(\boldsymbol{v}_2)) & \cdots & S \circ T(\boldsymbol{v}_n)) \end{pmatrix} \\ &= \begin{pmatrix} S(T(\boldsymbol{v}_1)) & S(T(\boldsymbol{v}_2)) & \cdots & S(T(\boldsymbol{v}_n)) \end{pmatrix} \\ &= \begin{pmatrix} S(\boldsymbol{w}_1) & S(\boldsymbol{w}_2) & \cdots & S(\boldsymbol{w}_m) \end{pmatrix} A \\ &= \begin{pmatrix} \boldsymbol{x}_1 & \boldsymbol{x}_2 & \cdots & \boldsymbol{x}_l \end{pmatrix} BA \end{aligned}$$

次に表現行列は W の基底の選び方に依存しないことを示す．$\langle \boldsymbol{w}'_1, \boldsymbol{w}'_2, \ldots, \boldsymbol{w}'_m \rangle$ を $\langle \boldsymbol{w}_1, \boldsymbol{w}_2, \ldots, \boldsymbol{w}_m \rangle$ とは異なる W の基底とし，基底の変換行列を P とする．

$$\begin{pmatrix} \boldsymbol{w}'_1 & \boldsymbol{w}'_2 & \cdots & \boldsymbol{w}'_m \end{pmatrix} = \begin{pmatrix} \boldsymbol{w}_1 & \boldsymbol{w}_2 & \cdots & \boldsymbol{w}_m \end{pmatrix} P$$

定理 8.1.4 より，T の V の基底 $\langle \boldsymbol{v}_1, \boldsymbol{v}_2, \ldots, \boldsymbol{v}_n \rangle$ と W の基底 $\langle \boldsymbol{w}'_1, \boldsymbol{w}'_2, \ldots, \boldsymbol{w}'_m, \rangle$ に関する表現行列は $P^{-1}A$ となり，S の W の基底 $\langle \boldsymbol{w}'_1, \boldsymbol{w}'_2, \ldots, \boldsymbol{w}'_m \rangle$ と X の基底 $\langle \boldsymbol{x}_1, \boldsymbol{x}_2, \ldots, \boldsymbol{x}_l \rangle$ に関する表現行列は BP となる．従って $S \circ T$ の表現行列は

$$(BP)(P^{-1}A) = BA$$

となり，BA に一致する． ■

例 8.13

$\mathbb{R}^2$ の原点を中心とする角度 θ, φ だけの回転を表す線形変換をそれぞれ T, S とする．これらの $\mathbb{R}^2$ の基本ベクトルから定まる基底 $\langle \boldsymbol{e}_1, \boldsymbol{e}_2 \rangle$ に関する表現行列 A, B は

$$A = \begin{pmatrix} \cos\theta & -\sin\theta \\ \sin\theta & \cos\theta \end{pmatrix}, \quad B = \begin{pmatrix} \cos\varphi & -\sin\varphi \\ \sin\varphi & \cos\varphi \end{pmatrix}$$

である．これより合成写像 $S \circ T$ の基底 $\langle \boldsymbol{e}_1, \boldsymbol{e}_2 \rangle$ に関する表現行列は

$$
\begin{aligned}
BA &= \begin{pmatrix} \cos\varphi\cos\theta - \sin\varphi\sin\theta & -\cos\varphi\sin\theta - \sin\varphi\cos\theta \\ \sin\varphi\cos\theta + \cos\varphi\sin\theta & -\sin\varphi\sin\theta + \cos\varphi\cos\theta \end{pmatrix} \\
&= \begin{pmatrix} \cos(\theta+\varphi) & -\sin(\theta+\varphi) \\ \sin(\theta+\varphi) & \cos(\theta+\varphi) \end{pmatrix}
\end{aligned}
$$

となる．これは原点を中心とする角度 $\theta + \varphi$ だけの回転を表す線形変換の基底 $\langle \boldsymbol{e}_1, \boldsymbol{e}_2 \rangle$ に関する表現行列である．

次に逆写像について述べる．

定理 8.1.7　V, W をベクトル空間とする．線形写像 $T : V \to W$ が全単射であり，逆写像 T^{-1} が存在したとする．このとき，逆写像 T^{-1} は線形写像である．□

【証明】　T の逆写像 T^{-1} は

$$T(T^{-1}(\boldsymbol{w})) = \boldsymbol{w}$$

を満たし，T は線形写像なので

$$
\begin{aligned}
&T(T^{-1}(\boldsymbol{w}+\boldsymbol{w}') - T^{-1}(\boldsymbol{w}) - T^{-1}(\boldsymbol{w}')) \\
=&T(T^{-1}(\boldsymbol{w}+\boldsymbol{w}')) - T(T^{-1}(\boldsymbol{w})) - T(T^{-1}(\boldsymbol{w}')) \\
=&(\boldsymbol{w}+\boldsymbol{w}') - \boldsymbol{w} - \boldsymbol{w}' \\
=&\boldsymbol{0}
\end{aligned}
$$

となる．T は単射であるので，これより

$$T^{-1}(\boldsymbol{w}+\boldsymbol{w}') - T^{-1}(\boldsymbol{w}) - T^{-1}(\boldsymbol{w}') = \boldsymbol{0}$$

を得る．同様にして $T(T^{-1}(\lambda\boldsymbol{w}) - \lambda T^{-1}(\boldsymbol{w})) = \boldsymbol{0}$ なので

$$T^{-1}(\lambda\boldsymbol{w}) - \lambda T^{-1}(\boldsymbol{w}) = \boldsymbol{0}$$

を得る．■

以下では $V = W$ の場合，つまりベクトル空間 V 上の線形変換の逆変換について考える．これについて次が成り立つ．

定理 8.1.8　V をベクトル空間とし，その基底を $\langle \boldsymbol{v}_1, \boldsymbol{v}_2, \ldots, \boldsymbol{v}_n \rangle$ とする．V 上の線形変換 T について次は同値である．

- T の逆変換が存在する．
- T の基底 $\langle \boldsymbol{v}_1, \boldsymbol{v}_2, \ldots, \boldsymbol{v}_n \rangle$ に関する表現行列 A は正則行列である．

さらに，この同値な条件を満たすとき，T^{-1} の $\langle \boldsymbol{v}_1, \boldsymbol{v}_2, \ldots, \boldsymbol{v}_n \rangle$ に関する表現行列は A^{-1} である．　□

【証明】　T の逆変換 T^{-1} が存在したとする．T^{-1} は次を満たす．

$$T^{-1} \circ T(\boldsymbol{v}) = T \circ T^{-1}(\boldsymbol{v}) = I_V(\boldsymbol{v})$$

ここで I_V は V 上の恒等変換 $I_V(\boldsymbol{v}) = \boldsymbol{v}$ であり，その表現行列はどのような基底を選んでも単位行列 I_n である．従って T^{-1} の $\langle \boldsymbol{v}_1, \boldsymbol{v}_2, \ldots, \boldsymbol{v}_n \rangle$ に関する表現行列を B とすると

$$BA = AB = I_n$$

が成り立つので A は正則行列である．また，T^{-1} の表現行列は A^{-1} であることもわかる．

A が正則行列であるとする．V の任意の要素は $\lambda_1 \boldsymbol{v}_1 + \lambda_2 \boldsymbol{v}_2 + \cdots + \lambda_n \boldsymbol{v}_n$ と表せることに注意して V 上の変換 S を

$$S(\lambda_1 \boldsymbol{v}_1 + \lambda_2 \boldsymbol{v}_2 + \cdots + \lambda_n \boldsymbol{v}_n) = \begin{pmatrix} \boldsymbol{v}_1 & \boldsymbol{v}_2 & \cdots & \boldsymbol{v}_n \end{pmatrix} A^{-1} \begin{pmatrix} \lambda_1 \\ \lambda_2 \\ \vdots \\ \lambda_n \end{pmatrix}$$

と定める．これは線形変換であって

$$S \circ T(\boldsymbol{v}) = T \circ S(\boldsymbol{v}) = \boldsymbol{v}$$

が成り立つので，T の逆変換である．　■

この定理より数ベクトル空間上の線形変換 $T(\boldsymbol{x}) = A\boldsymbol{x}$ に対する逆変換は $T^{-1}(\boldsymbol{x}) = A^{-1}\boldsymbol{x}$ であることがわかる．

例 8.14

- $\mathbb{R}^2$ 上の x_1 軸方向を2倍に拡大することを表す線形変換 $T\begin{pmatrix} x_1 \\ x_2 \end{pmatrix} = \begin{pmatrix} 2x_1 \\ x_2 \end{pmatrix}$ の逆変換は次である.
$$T^{-1}\begin{pmatrix} x_1 \\ x_2 \end{pmatrix} = \begin{pmatrix} x_1/2 \\ x_2 \end{pmatrix}$$
これは x_1 軸方向を $1/2$ 倍に縮小することを表す線形変換である.
- $\mathbb{R}^2$ 上の x_1 軸に関する対称移動を表す線形変換 $T\begin{pmatrix} x_1 \\ x_2 \end{pmatrix} = \begin{pmatrix} x_1 \\ -x_2 \end{pmatrix}$ の逆変換は次である.
$$T^{-1}\begin{pmatrix} x_1 \\ x_2 \end{pmatrix} = \begin{pmatrix} x_1 \\ -x_2 \end{pmatrix}$$
つまり, もとの線形変換と一致する.
- $\mathbb{R}^2$ 上の原点を中心とする角度 θ だけの回転を表す線形変換 $T\begin{pmatrix} x_1 \\ x_2 \end{pmatrix} = \begin{pmatrix} (\cos\theta)x_1 - (\sin\theta)x_2 \\ (\sin\theta)x_1 + (\cos\theta)x_2 \end{pmatrix}$ の逆変換は次である.
$$T^{-1}\begin{pmatrix} x_1 \\ x_2 \end{pmatrix} = \begin{pmatrix} (\cos(-\theta))x_1 - (\sin(-\theta))x_2 \\ (\sin(-\theta))x_1 + (\cos(-\theta))x_2 \end{pmatrix}$$
これは原点を中心とする角度 $-\theta$ だけの回転を表す線形変換である.

8.2　アフィン写像

これまでの線形写像は $T(\mathbf{0}) = \mathbf{0}$ であり, 原点を動かさないものであった. つまり, $T\begin{pmatrix} x_1 \\ x_2 \end{pmatrix} = \begin{pmatrix} x_1 + 1 \\ x_2 \end{pmatrix}$ のような平行移動は扱うことができなかった. ここで考えるアフィン写像は線形写像に平行移動を加えたものであり, コンピュータグラフィックスやコンピュータビジョンで用いられるなど, 応用上も重要である. 以下では一般的なベクトル空間ではなく, 数ベクトル空間の間のアフィン写像に限定して述べる.

定義 8.2.1　次の $T : \mathbb{R}^n \to \mathbb{R}^m$ を $\mathbb{R}^n$ から $\mathbb{R}^m$ への**アフィン写像**という.

$$T(\boldsymbol{x}) = A\boldsymbol{x} + \boldsymbol{a}$$

ただし, A は $m \times n$ 行列であり, $\boldsymbol{a} \in \mathbb{R}^m$ である. 特に $m = n$ であるとき, T を $\mathbb{R}^n$ 上の**アフィン変換**という. □

例 8.15

- $m \times n$ 行列 A から定まる $\mathbb{R}^n$ から $\mathbb{R}^m$ への線形写像 $T(\boldsymbol{x}) = A\boldsymbol{x}$ は

$$T(\boldsymbol{x}) = A\boldsymbol{x} + \boldsymbol{0}$$

  と書くことができるのでアフィン写像である.

- $\boldsymbol{a} \in \mathbb{R}^n$ から定まる $\mathbb{R}^n$ 上のアフィン変換

$$T(\boldsymbol{x}) = \boldsymbol{x} + \boldsymbol{a}$$

  は $\boldsymbol{a}$ だけの平行移動を表す.

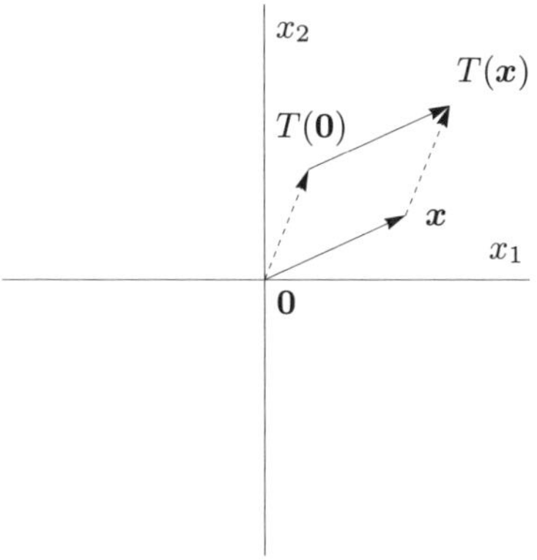

図 8.4 平行移動を表すアフィン変換

定理 8.2.1 アフィン写像 $T : \mathbb{R}^n \to \mathbb{R}^m, S : \mathbb{R}^m \to \mathbb{R}^l$ の合成写像

$$S \circ T(\boldsymbol{x}) = S(T(\boldsymbol{x}))$$

は $\mathbb{R}^n$ から $\mathbb{R}^l$ へのアフィン写像である. □

【証明】 T, S を $T(\boldsymbol{x}) = A\boldsymbol{x} + \boldsymbol{a}, S(\boldsymbol{x}) = B\boldsymbol{x} + \boldsymbol{b}$ と表すと, $S \circ T$ は

$$S \circ T(\boldsymbol{x}) = S(T(\boldsymbol{x})) = S(A\boldsymbol{x} + \boldsymbol{a}) = B(A\boldsymbol{x} + \boldsymbol{a}) + \boldsymbol{b} = BA\boldsymbol{x} + (B\boldsymbol{a} + \boldsymbol{b})$$

となるのでアフィン写像である. ■

例 8.16

$\mathbb{R}^2$ 上の $\begin{pmatrix} 1 \\ 0 \end{pmatrix}$ だけの平行移動を表すアフィン変換を T, 原点を中心とする角度 $\pi/2$ だけの回転を表す線形変換を S とすると

$$T(\boldsymbol{x}) = \boldsymbol{x} + \begin{pmatrix} 1 \\ 0 \end{pmatrix}, \quad S(\boldsymbol{x}) = \begin{pmatrix} 0 & -1 \\ 1 & 0 \end{pmatrix} \boldsymbol{x}$$

である. これらの合成写像 $S \circ T$ は

$$S \circ T(\boldsymbol{x}) = \begin{pmatrix} 0 & -1 \\ 1 & 0 \end{pmatrix} \boldsymbol{x} + \begin{pmatrix} 0 \\ 1 \end{pmatrix}$$

であり, 原点を中心とする角度 $\pi/2$ だけの回転を行った後に $\begin{pmatrix} 0 \\ 1 \end{pmatrix}$ だけの平行移動を行うことを表すアフィン変換である.

定理 8.2.2 $\mathbb{R}^n$ 上のアフィン変換 $T(\boldsymbol{x}) = A\boldsymbol{x} + \boldsymbol{a}$ が全単射であるとすると A は正則行列であり, 逆変換はアフィン変換 $T^{-1}(\boldsymbol{x}) = A^{-1}\boldsymbol{x} - A^{-1}\boldsymbol{a}$ で与えられる. □

【証明】 まず, 線形変換 $T'(\boldsymbol{x}) = T(\boldsymbol{x}) - \boldsymbol{a} = A\boldsymbol{x}$ が全単射であることを示す.

- 単射性　$\boldsymbol{x}, \boldsymbol{x}' \in \mathbb{R}^n$ を $\boldsymbol{x} \neq \boldsymbol{x}'$ であるものとすると, T は単射なので $T(\boldsymbol{x}) \neq T(\boldsymbol{x}')$ となる. これより

$$T'(\boldsymbol{x}) = T(\boldsymbol{x}) - \boldsymbol{a} \neq T(\boldsymbol{x}') - \boldsymbol{a} = T'(\boldsymbol{x}')$$

　となるので T' は単射である.

- 全射性　任意の $\boldsymbol{x}' \in \mathbb{R}^n$ に対し, T は全射なので $T(\boldsymbol{x}) = \boldsymbol{x}' + \boldsymbol{a}$ となる $\boldsymbol{x} \in \mathbb{R}^n$ が存在する. これより

$$T'(\boldsymbol{x}) = T(\boldsymbol{x}) - \boldsymbol{a} = (\boldsymbol{x}' + \boldsymbol{a}) - \boldsymbol{a} = \boldsymbol{x}'$$

　となるので T' は全射である.

従って $T'(\boldsymbol{x}) = A\boldsymbol{x}$ の逆変換が存在するので, 定理 8.1.8 より A は正則行列である. これよりアフィン変換 S を

$$S(\boldsymbol{x}) = A^{-1}\boldsymbol{x} - A^{-1}\boldsymbol{a}$$

と定めると

$$S \circ T(\boldsymbol{x}) = S(A\boldsymbol{x} + \boldsymbol{a}) = A^{-1}(A\boldsymbol{x} + \boldsymbol{a}) - A^{-1}\boldsymbol{a} = \boldsymbol{x}$$
$$T \circ S(\boldsymbol{x}) = T(A^{-1}\boldsymbol{x} - A^{-1}\boldsymbol{a}) = A(A^{-1}\boldsymbol{x} - A^{-1}\boldsymbol{a}) + \boldsymbol{a} = \boldsymbol{x}$$

が成り立ち, T の逆変換であることがわかる. ■

例 8.17

- $\mathbb{R}^2$ 上の $\begin{pmatrix} 1 \\ 0 \end{pmatrix}$ だけの平行移動を表すアフィン変換 $T(\boldsymbol{x}) = \boldsymbol{x} + \begin{pmatrix} 1 \\ 0 \end{pmatrix}$ の逆変換は次である.

$$T^{-1}(\boldsymbol{x}) = \boldsymbol{x} + \begin{pmatrix} -1 \\ 0 \end{pmatrix}$$

これは $\begin{pmatrix} -1 \\ 0 \end{pmatrix}$ だけの平行移動を表すアフィン変換である.

- $\mathbb{R}^2$ 上の原点を中心とする角度 $\pi/2$ だけの回転を行った後に $\begin{pmatrix} 0 \\ 1 \end{pmatrix}$ だけの平行移動を行うことを表すアフィン変換 $T(\boldsymbol{x}) = \begin{pmatrix} 0 & -1 \\ 1 & 0 \end{pmatrix}\boldsymbol{x} + \begin{pmatrix} 0 \\ 1 \end{pmatrix}$ の逆変換は次である.

$$T^{-1}(\boldsymbol{x}) = \begin{pmatrix} 0 & 1 \\ -1 & 0 \end{pmatrix}\boldsymbol{x} + \begin{pmatrix} -1 \\ 0 \end{pmatrix}$$

これは原点を中心とする角度 $-\pi/2$ だけの回転を行った後に $\begin{pmatrix} -1 \\ 0 \end{pmatrix}$ だけの平行移動を行うことを表すアフィン変換である.

アフィン写像は行列 A とベクトル $\boldsymbol{a}$ を用いて表されたが, ひとつの行列を用いて表すことができる. $\mathbb{R}^{n+1}$ の部分集合 $\overline{\mathbb{R}}^n$ を

$$\overline{\mathbb{R}}^n = \left\{ \begin{pmatrix} \boldsymbol{x} \\ 1 \end{pmatrix} \in \mathbb{R}^{n+1} \,\middle|\, \boldsymbol{x} \in \mathbb{R}^n \right\}$$

とし, $\tau_n : \mathbb{R}^n \to \overline{\mathbb{R}}^n$ を次で定める.

$$\tau_n(\boldsymbol{x}) = \begin{pmatrix} \boldsymbol{x} \\ 1 \end{pmatrix}$$

τ_n は全単射な写像であり, その逆写像 τ_n^{-1} が存在する. これを用いて, アフィン写像 $T : \mathbb{R}^n \to \mathbb{R}^m$ に対し, 写像 $\overline{T} : \overline{\mathbb{R}}^n \to \overline{\mathbb{R}}^m$ を

$$\overline{T} = \tau_m \circ T \circ \tau_n^{-1}$$

と定める. $T(\boldsymbol{x}) = A\boldsymbol{x} + \boldsymbol{a}$ であるときは $\overline{T}$ は次のように行列で表される.

$$\overline{T} \begin{pmatrix} \boldsymbol{x} \\ 1 \end{pmatrix} = \begin{pmatrix} A & \boldsymbol{a} \\ {}^t\mathbf{0} & 1 \end{pmatrix} \begin{pmatrix} \boldsymbol{x} \\ 1 \end{pmatrix}$$

これは次のようにして確かめられる.

$$\begin{aligned} \overline{T} \begin{pmatrix} \boldsymbol{x} \\ 1 \end{pmatrix} &= \tau_n \circ T \circ \tau_m^{-1} \begin{pmatrix} \boldsymbol{x} \\ 1 \end{pmatrix} = \tau_n \circ T(\boldsymbol{x}) \\ &= \tau_n(A\boldsymbol{x} + \boldsymbol{a}) = \begin{pmatrix} A\boldsymbol{x} + \boldsymbol{a} \\ 1 \end{pmatrix} = \begin{pmatrix} A & \boldsymbol{a} \\ {}^t\mathbf{0} & 1 \end{pmatrix} \begin{pmatrix} \boldsymbol{x} \\ 1 \end{pmatrix} \end{aligned}$$

アフィン写像の合成写像はこの行列の積で表される.

定理 8.2.3　アフィン写像 $T : \mathbb{R}^n \to \mathbb{R}^m, S : \mathbb{R}^m \to \mathbb{R}^l$ をそれぞれ $T(\boldsymbol{x}) = A\boldsymbol{x} + \boldsymbol{a}, S(\boldsymbol{x}) = B\boldsymbol{x} + \boldsymbol{b}$ とするとき, その合成写像 $S \circ T$ から定まる写像 $\overline{S \circ T} : \overline{\mathbb{R}}^n \to \overline{\mathbb{R}}^l$ は次で与えられる.

$$\overline{S \circ T} \begin{pmatrix} \boldsymbol{x} \\ 1 \end{pmatrix} = \begin{pmatrix} B & \boldsymbol{b} \\ {}^t\mathbf{0} & 1 \end{pmatrix} \begin{pmatrix} A & \boldsymbol{a} \\ {}^t\mathbf{0} & 1 \end{pmatrix} \begin{pmatrix} \boldsymbol{x} \\ 1 \end{pmatrix}$$

□

これは $S \circ T(\boldsymbol{x}) = BA\boldsymbol{x} + (B\boldsymbol{a} + \boldsymbol{b})$ と

$$\begin{pmatrix} BA & B\boldsymbol{a} + \boldsymbol{b} \\ {}^t\mathbf{0} & 1 \end{pmatrix} = \begin{pmatrix} B & \boldsymbol{b} \\ {}^t\mathbf{0} & 1 \end{pmatrix} \begin{pmatrix} A & \boldsymbol{a} \\ {}^t\mathbf{0} & 1 \end{pmatrix}$$

よりわかる.

また, アフィン変換の逆変換は逆行列で表される.

定理 8.2.4　$\mathbb{R}^n$ 上のアフィン変換 $T(\boldsymbol{x}) = A\boldsymbol{x} + \boldsymbol{a}$ が全単射であり, 逆変換 T^{-1} が存在したとする. このとき, $\overline{\mathbb{R}}^n$ 上の変換 $\overline{T^{-1}}$ は次で与えられる.

$$\overline{T^{-1}} \begin{pmatrix} \boldsymbol{x} \\ 1 \end{pmatrix} = \begin{pmatrix} A & \boldsymbol{a} \\ {}^t\boldsymbol{0} & 1 \end{pmatrix}^{-1} \begin{pmatrix} \boldsymbol{x} \\ 1 \end{pmatrix}$$

□

これは $T^{-1}(\boldsymbol{x}) = A^{-1}\boldsymbol{x} - A^{-1}\boldsymbol{a}$ と

$$\begin{pmatrix} A^{-1} & -A^{-1}\boldsymbol{a} \\ {}^t\boldsymbol{0} & 1 \end{pmatrix} = \begin{pmatrix} A & \boldsymbol{a} \\ {}^t\boldsymbol{0} & 1 \end{pmatrix}^{-1}$$

よりわかる.

例 8.18

$\mathbb{R}^2$ 上のアフィン変換

$$T(\boldsymbol{x}) = \begin{pmatrix} 0 & -1 \\ 1 & 1 \end{pmatrix} \boldsymbol{x} + \begin{pmatrix} 0 \\ 1 \end{pmatrix}, \quad S(\boldsymbol{x}) = \begin{pmatrix} 1 & 0 \\ 0 & 2 \end{pmatrix} \boldsymbol{x} + \begin{pmatrix} 1 \\ 0 \end{pmatrix}$$

から定まる $\overline{\mathbb{R}}^2$ 上の変換 $\overline{T}, \overline{S}$ は

$$\overline{T} \begin{pmatrix} \boldsymbol{x} \\ 1 \end{pmatrix} = \begin{pmatrix} 0 & -1 & 0 \\ 1 & 1 & 1 \\ 0 & 0 & 1 \end{pmatrix} \begin{pmatrix} \boldsymbol{x} \\ 1 \end{pmatrix}, \quad \overline{S} \begin{pmatrix} \boldsymbol{x} \\ 1 \end{pmatrix} = \begin{pmatrix} 1 & 0 & 1 \\ 0 & 2 & 0 \\ 0 & 0 & 1 \end{pmatrix} \begin{pmatrix} \boldsymbol{x} \\ 1 \end{pmatrix}$$

である. これより $\overline{\mathbb{R}}^2$ 上の変換 $\overline{S \circ T}, \overline{T^{-1}}, \overline{S^{-1}}$ は次で与えられる.

$$\overline{S \circ T} \begin{pmatrix} \boldsymbol{x} \\ 1 \end{pmatrix} = \begin{pmatrix} 1 & 0 & 1 \\ 0 & 2 & 0 \\ 0 & 0 & 1 \end{pmatrix} \begin{pmatrix} 0 & -1 & 0 \\ 1 & 1 & 1 \\ 0 & 0 & 1 \end{pmatrix} \begin{pmatrix} \boldsymbol{x} \\ 1 \end{pmatrix} = \begin{pmatrix} 0 & -1 & 1 \\ 2 & 2 & 2 \\ 0 & 0 & 1 \end{pmatrix} \begin{pmatrix} \boldsymbol{x} \\ 1 \end{pmatrix}$$

$$\overline{T^{-1}} \begin{pmatrix} \boldsymbol{x} \\ 1 \end{pmatrix} = \begin{pmatrix} 0 & -1 & 0 \\ 1 & 1 & 1 \\ 0 & 0 & 1 \end{pmatrix}^{-1} \begin{pmatrix} \boldsymbol{x} \\ 1 \end{pmatrix} = \begin{pmatrix} 1 & 1 & -1 \\ -1 & 0 & 0 \\ 0 & 0 & 1 \end{pmatrix} \begin{pmatrix} \boldsymbol{x} \\ 1 \end{pmatrix}$$

$$\overline{S^{-1}} \begin{pmatrix} \boldsymbol{x} \\ 1 \end{pmatrix} = \begin{pmatrix} 1 & 0 & 1 \\ 0 & 2 & 0 \\ 0 & 0 & 1 \end{pmatrix}^{-1} \begin{pmatrix} \boldsymbol{x} \\ 1 \end{pmatrix} = \begin{pmatrix} 1 & 0 & -1 \\ 0 & 1/2 & 0 \\ 0 & 0 & 1 \end{pmatrix} \begin{pmatrix} \boldsymbol{x} \\ 1 \end{pmatrix}$$

章末問題

問題1　次の写像 (変換) は線形写像 (線形変換) であるか判断せよ.

(1)　$\mathbb{R}^2$ 上の変換 $T\begin{pmatrix} x_1 \\ x_2 \end{pmatrix} = \begin{pmatrix} x_1 - x_2 \\ 3x_1 \end{pmatrix}$

(2)　$\mathbb{R}^2$ 上の変換 $T\begin{pmatrix} x_1 \\ x_2 \end{pmatrix} = \begin{pmatrix} x_1 - x_2 + 1 \\ 3x_1 \end{pmatrix}$

(3)　$\mathbb{R}^3$ から $\mathbb{R}^2$ への写像 $T\begin{pmatrix} x_1 \\ x_2 \\ x_3 \end{pmatrix} = \begin{pmatrix} x_1 - x_3 \\ 3x_1 \end{pmatrix}$

(4)　$\mathbb{R}^2$ から $\mathbb{R}^3$ への写像 $T\begin{pmatrix} x_1 \\ x_2 \end{pmatrix} = \begin{pmatrix} x_1 - x_2 \\ x_1 - x_3 \\ 3x_1^2 \end{pmatrix}$

(5)　$\mathbb{R}[x]_2$ から $\mathbb{R}^2$ への写像 $T(a_2x^2 + a_1x + a_0) = \begin{pmatrix} 2a_1 - a_0 \\ 3a_2 \end{pmatrix}$

(6)　$\mathbb{R}[x]_2$ から $\mathbb{R}^2$ への写像 $T(a_2x^2 + a_1x + a_0) = \begin{pmatrix} 2a_1 - a_0 - 2 \\ 3a_2 + 1 \end{pmatrix}$

問題2　次の線形写像 (線形変換) の与えられた基底に関する表現行列を求めよ

(1)　$\mathbb{R}^2$ 上の線形変換 $T\begin{pmatrix} x_1 \\ x_2 \end{pmatrix} = \begin{pmatrix} 2x_1 + x_2 \\ -2x_1 + 2x_2 \end{pmatrix}$

$\mathbb{R}^2$ の基底 $\left\langle \begin{pmatrix} 1 \\ 0 \end{pmatrix}, \begin{pmatrix} 2 \\ 1 \end{pmatrix} \right\rangle$

(2)　$\mathbb{R}^3$ 上の線形変換 $T\begin{pmatrix} x_1 \\ x_2 \\ x_3 \end{pmatrix} = \begin{pmatrix} 2x_1 + x_2 - x_3 \\ -2x_1 + 2x_2 - x_3 \\ 3x_1 - x_2 + x_3 \end{pmatrix}$

$\mathbb{R}^3$ の基底 $\left\langle \begin{pmatrix} 1 \\ 0 \\ 3 \end{pmatrix}, \begin{pmatrix} 2 \\ 1 \\ 2 \end{pmatrix}, \begin{pmatrix} 3 \\ 2 \\ 2 \end{pmatrix} \right\rangle$

(3)　$\mathbb{R}^3$ から $\mathbb{R}^2$ への線形写像 $T\begin{pmatrix} x_1 \\ x_2 \\ x_3 \end{pmatrix} = \begin{pmatrix} 2x_1 + x_2 - x_3 \\ -2x_1 + 2x_2 - x_3 \end{pmatrix}$

$\mathbb{R}^3$ の基底 $\left\langle \begin{pmatrix} 1 \\ 0 \\ 3 \end{pmatrix}, \begin{pmatrix} 2 \\ 1 \\ 2 \end{pmatrix}, \begin{pmatrix} 3 \\ 2 \\ 2 \end{pmatrix} \right\rangle$, $\mathbb{R}^2$ の基底 $\left\langle \begin{pmatrix} 1 \\ 0 \end{pmatrix}, \begin{pmatrix} 2 \\ 1 \end{pmatrix} \right\rangle$

(4)　$\mathbb{R}^2$ から $\mathbb{R}^3$ への線形写像 $T\begin{pmatrix} x_1 \\ x_2 \end{pmatrix} = \begin{pmatrix} 2x_1 + x_2 \\ -2x_1 + 2x_2 \\ 3x_1 - x_2 \end{pmatrix}$

$\mathbb{R}^2$ の基底 $\left\langle \begin{pmatrix} 1 \\ 0 \end{pmatrix}, \begin{pmatrix} 2 \\ 1 \end{pmatrix} \right\rangle$, $\mathbb{R}^3$ の基底 $\left\langle \begin{pmatrix} 1 \\ 0 \\ 3 \end{pmatrix}, \begin{pmatrix} 2 \\ 1 \\ 2 \end{pmatrix}, \begin{pmatrix} 3 \\ 2 \\ 2 \end{pmatrix} \right\rangle$

(5)　$\mathbb{R}[x]_2$ から $\mathbb{R}^2$ への線形写像 $T(a_2x^2 + a_1x + a_0) = \begin{pmatrix} a_2 \\ 3a_1 + 2a_0 \end{pmatrix}$

$\mathbb{R}[x]_2$ の基底 $\langle 1, x, x^2 \rangle$, $\mathbb{R}^2$ の基底 $\left\langle \begin{pmatrix} 1 \\ 0 \end{pmatrix}, \begin{pmatrix} 0 \\ 1 \end{pmatrix} \right\rangle$

問題 3　$\mathbb{R}^2$ 上の線形変換 T, S を次で定める.

$$T \begin{pmatrix} x_1 \\ x_2 \end{pmatrix} = \begin{pmatrix} 1 & 2 \\ 2 & 2 \end{pmatrix} \begin{pmatrix} x_1 \\ x_2 \end{pmatrix}, \quad S \begin{pmatrix} x_1 \\ x_2 \end{pmatrix} = \begin{pmatrix} 2 & -4 \\ -2 & 5 \end{pmatrix} \begin{pmatrix} x_1 \\ x_2 \end{pmatrix}$$

このとき, $S \circ T, T \circ S, T^{-1}, S^{-1}$ の $\mathbb{R}^2$ の基本ベクトルから定まる基底 $\langle \boldsymbol{e}_1, \boldsymbol{e}_2 \rangle$ に関する表現行列を求めよ.

問題 4　$\mathbb{R}^2$ 上のアフィン変換 T, S を次で定める.

$$T \begin{pmatrix} x_1 \\ x_2 \end{pmatrix} = \begin{pmatrix} 2 & -1 \\ 1 & 1 \end{pmatrix} \begin{pmatrix} x_1 \\ x_2 \end{pmatrix} + \begin{pmatrix} 1 \\ 1 \end{pmatrix}, \quad S \begin{pmatrix} x_1 \\ x_2 \end{pmatrix} = \begin{pmatrix} 2 & 0 \\ 3 & -1 \end{pmatrix} \begin{pmatrix} x_1 \\ x_2 \end{pmatrix} + \begin{pmatrix} 1 \\ 1 \end{pmatrix}$$

このとき, $\overline{\mathbb{R}}^2$ 上の変換 $\overline{T}, \overline{S}, \overline{S \circ T}, \overline{T \circ S}, \overline{T^{-1}}, \overline{S^{-1}}$ を求めよ.

第 9 章

固有値, 固有ベクトルと対角化

第 8 章ではベクトル空間の線形写像は基底を選ぶことにより行列で表されることを見た. ここでは線形変換の場合に基底をうまく選ぶことにより, 表現行列が対角行列で表せるかどうかを考える. また, このことを説明するために, それ自身重要である固有値と固有ベクトルについて述べる.

9.1 対角化とは

$A = \begin{pmatrix} 1 & 2 \\ -1 & 4 \end{pmatrix}, B = \begin{pmatrix} 3 & 0 \\ 0 & 2 \end{pmatrix}$ から定まる $\mathbb{R}^2$ 上の線形変換 $T_A(\boldsymbol{x}) = A\boldsymbol{x}$, $T_B(\boldsymbol{x}) = B\boldsymbol{x}$ を考える. T_B は x_1 軸方向を 3 倍に拡大し, x_2 軸方向を 2 倍に拡大するものであった. つまり, $\mathbb{R}^2$ の基本ベクトル $\boldsymbol{e}_1, \boldsymbol{e}_2$ に対し

$$T_B(\boldsymbol{e}_1) = 2\boldsymbol{e}_1, \quad T_B(\boldsymbol{e}_2) = 3\boldsymbol{e}_2$$

が成り立つ. これより $\mathbb{R}^2$ のベクトルを $x_1\boldsymbol{e}_1 + x_2\boldsymbol{e}_2$ と表すと, T_B は

$$T_B(x_1\boldsymbol{e}_1 + x_2\boldsymbol{e}_2) = 2x_1\boldsymbol{e}_1 + 3x_2\boldsymbol{e}_2$$

となる. 一方, T_A は

$$T_A(\boldsymbol{e}_1) = \boldsymbol{e}_1 - \boldsymbol{e}_2, \quad T_A(\boldsymbol{e}_2) = 2\boldsymbol{e}_1 + 4\boldsymbol{e}_2$$

であることから

$$T_A(x_1\boldsymbol{e}_1 + x_2\boldsymbol{e}_2) = (x_1 + 2x_2)\boldsymbol{e}_1 + (-x_1 + 4x_2)\boldsymbol{e}_2$$

となる. ここで T_A は $\boldsymbol{p}_1 = \begin{pmatrix} 1 \\ 1 \end{pmatrix}, \boldsymbol{p}_2 = \begin{pmatrix} 2 \\ 1 \end{pmatrix}$ に対して

$$T_A(\boldsymbol{p}_1) = 3\boldsymbol{p}_1, \quad T_A(\boldsymbol{p}_2) = 2\boldsymbol{p}_2$$

が成り立つ. これより $\mathbb{R}^2$ のベクトルを $x'_1\boldsymbol{p}_1 + x'_2\boldsymbol{p}_2$ と表すと

$$T_A(x'_1\boldsymbol{p}_1 + x'_2\boldsymbol{p}_2) = 3x'_1\boldsymbol{p}_1 + 2x'_2\boldsymbol{p}_2$$

となり, T_A は基底の取り替えによって T_B と同じものになることがわかる. このことは A が基底 $\langle \boldsymbol{e}_1, \boldsymbol{e}_2 \rangle$ に関する T_A の表現行列であるので, 基底 $\langle \boldsymbol{p}_1, \boldsymbol{p}_2 \rangle$ に関する T_A の表現行列が

$$\begin{pmatrix} \boldsymbol{p}_1 & \boldsymbol{p}_2 \end{pmatrix}^{-1} A \begin{pmatrix} \boldsymbol{p}_1 & \boldsymbol{p}_2 \end{pmatrix} = B$$

となることが理由である.

ここで述べた A から $P^{-1}AP$ が対角行列となるような $P = \begin{pmatrix} \boldsymbol{p}_1 & \boldsymbol{p}_2 \end{pmatrix}$ を構成することを対角化という. 一般的に n 次正方行列 A に対し, 次を満たす n 次正則行列 P を構成することを対角化という.

$$P^{-1}AP = \begin{pmatrix} \lambda_1 & 0 & \cdots & 0 \\ 0 & \lambda_2 & \cdots & 0 \\ \vdots & \vdots & \ddots & \vdots \\ 0 & 0 & \cdots & \lambda_n \end{pmatrix}$$

この対角化は様々なところで用いられる. 例えば, A^m はそのまま計算するのは大変であるが, 対角化を用いれば次のように容易に計算することができる.

$$\begin{aligned} A^m =& P(P^{-1}AP)(P^{-1}AP)\cdots(P^{-1}AP)P^{-1} \\ =& P \begin{pmatrix} \lambda_1 & 0 & \cdots & 0 \\ 0 & \lambda_2 & \cdots & 0 \\ \vdots & \vdots & \ddots & \vdots \\ 0 & 0 & \cdots & \lambda_n \end{pmatrix}^m P^{-1} \\ =& P \begin{pmatrix} \lambda_1^m & 0 & \cdots & 0 \\ 0 & \lambda_2^m & \cdots & 0 \\ \vdots & \vdots & \ddots & \vdots \\ 0 & 0 & \cdots & \lambda_n^m \end{pmatrix} P^{-1} \end{aligned}$$

同様にして行列の指数関数 $e^A = \displaystyle\sum_{k=0}^{\infty} \frac{1}{k!} A^k$ は次のように計算することができる.

$$e^A = P \begin{pmatrix} e^{\lambda_1} & 0 & \cdots & 0 \\ 0 & e^{\lambda_2} & \cdots & 0 \\ \vdots & \vdots & \ddots & \vdots \\ 0 & 0 & \cdots & e^{\lambda_n} \end{pmatrix} P^{-1}$$

第12章では微分方程式の解の構成にこのことを利用する.

9.2　固有値と固有ベクトル

n 次正方行列 A が n 次正則行列 $P = \begin{pmatrix} \boldsymbol{p}_1 & \boldsymbol{p}_2 & \cdots & \boldsymbol{p}_n \end{pmatrix}$ を用いて対角化できたとする.

$$P^{-1}AP = \begin{pmatrix} \lambda_1 & 0 & \cdots & 0 \\ 0 & \lambda_2 & \cdots & 0 \\ \vdots & \vdots & \ddots & \vdots \\ 0 & 0 & \cdots & \lambda_n \end{pmatrix}$$

これより

$$AP = P\begin{pmatrix} \lambda_1 & 0 & \cdots & 0 \\ 0 & \lambda_2 & \cdots & 0 \\ \vdots & \vdots & \ddots & \vdots \\ 0 & 0 & \cdots & \lambda_n \end{pmatrix}$$

となり, 左辺は $AP = \begin{pmatrix} A\boldsymbol{p}_1 & A\boldsymbol{p}_2 & \cdots & A\boldsymbol{p}_n \end{pmatrix}$, 右辺は

$$P\begin{pmatrix} \lambda_1 & 0 & \cdots & 0 \\ 0 & \lambda_2 & \cdots & 0 \\ \vdots & \vdots & \ddots & \vdots \\ 0 & 0 & \cdots & \lambda_n \end{pmatrix} = \begin{pmatrix} \lambda_1\boldsymbol{p}_1 & \lambda_2\boldsymbol{p}_2 & \cdots & \lambda_n\boldsymbol{p}_n \end{pmatrix}$$

であるので λ_i は次を満たす.

$$A\boldsymbol{p}_i = \lambda_i\boldsymbol{p}_i$$

ここで P は正則行列なので $\boldsymbol{p}_i \neq \boldsymbol{0}$ であることに注意する. これより対角化するためには

$$(\lambda I - A)\boldsymbol{p} = \boldsymbol{0}$$

を満たす λ と $\boldsymbol{p} \neq \boldsymbol{0}$ を構成する必要がある. $\lambda I - A$ が正則行列であるとすると

$$\boldsymbol{p} = (\lambda I - A)^{-1}(\lambda I - A)\boldsymbol{p} = (\lambda I - A)^{-1}\boldsymbol{0} = \boldsymbol{0}$$

となる. これより $\lambda I - A$ は正則でない, 従って定理 5.5.3 より $|\lambda I - A| = 0$ を満たす.

定義 9.2.1　n 次正方行列

$$A = \begin{pmatrix} a_{11} & a_{12} & \cdots & a_{1n} \\ a_{21} & a_{22} & \cdots & a_{2n} \\ \vdots & \vdots & \ddots & \vdots \\ a_{n1} & a_{n2} & \cdots & a_{nn} \end{pmatrix}$$

に対し, 次を A の**固有多項式**という.

$$|\lambda I - A| = \begin{vmatrix} \lambda - a_{11} & -a_{12} & \cdots & -a_{1n} \\ -a_{21} & \lambda - a_{22} & \cdots & -a_{2n} \\ \vdots & \vdots & \ddots & \vdots \\ -a_{n1} & -a_{n2} & \cdots & \lambda - a_{nn} \end{vmatrix}$$

$|\lambda I - A| = 0$ を**固有方程式**といい, 固有方程式の解を**固有値**という. □

例 9.1

- $A = \begin{pmatrix} 0 & 1 \\ 4 & 0 \end{pmatrix}$ の固有多項式は

$$|\lambda I - A| = \begin{vmatrix} \lambda & -1 \\ -4 & \lambda \end{vmatrix} = \lambda^2 - 4$$

　であり, その固有値は $2, -2$ である.

- $A = \begin{pmatrix} 2 & 1 \\ 0 & 2 \end{pmatrix}$ の固有多項式は

$$|\lambda I - A| = \begin{vmatrix} \lambda - 2 & -1 \\ 0 & \lambda - 2 \end{vmatrix} = \lambda^2 - 4\lambda + 4$$

　であり, その固有値は 2 である.

- $A = \begin{pmatrix} 3 & 1 & -1 \\ 2 & 2 & -2 \\ 1 & -1 & 1 \end{pmatrix}$ の固有多項式は

$$|\lambda I - A| = \begin{vmatrix} \lambda - 3 & -1 & 1 \\ -2 & \lambda - 2 & 2 \\ -1 & 1 & \lambda - 1 \end{vmatrix} = \lambda^3 - 6\lambda^2 + 8\lambda$$

　であり, その固有値は $4, 2, 0$ である.

- $A = \begin{pmatrix} 0 & 0 & 1 \\ 0 & -1 & 0 \\ 1 & 0 & 0 \end{pmatrix}$ の固有多項式は

$$|\lambda I - A| = \begin{vmatrix} \lambda & 0 & -1 \\ 0 & \lambda+1 & 0 \\ -1 & 0 & \lambda \end{vmatrix} = \lambda^3 + \lambda^2 - \lambda - 1$$

であり, その固有値は $1, -1$ である.

定義 9.2.2　n 次正方行列 A の固有値を λ とする. 固有値 λ の**固有空間**を

$$W_\lambda = \{\boldsymbol{p} \in \mathbb{R}^n \mid (\lambda I - A)\boldsymbol{p} = \mathbf{0}\}$$

で定める. W_λ の $\mathbf{0}$ とは異なる要素を固有値 λ の**固有ベクトル**という. □

例 9.2

- $A = \begin{pmatrix} 0 & 1 \\ 4 & 0 \end{pmatrix}$ の固有値は $2, -2$ であった. それぞれの固有空間は次である.
  - W_2 の要素は

$$(2I - A)\boldsymbol{p} = \begin{pmatrix} 2 & -1 \\ -4 & 2 \end{pmatrix} \boldsymbol{p} = \mathbf{0}$$

    を満たし, この解は $\boldsymbol{p} = t\begin{pmatrix} 1/2 \\ 1 \end{pmatrix}$ であるので $W_2 = \left[\begin{pmatrix} 1/2 \\ 1 \end{pmatrix}\right]$ となる.
  - W_{-2} の要素は

$$(-2I - A)\boldsymbol{p} = \begin{pmatrix} -2 & -1 \\ -4 & -2 \end{pmatrix} \boldsymbol{p} = \mathbf{0}$$

    を満たし, この解は $\boldsymbol{p} = t\begin{pmatrix} -1/2 \\ 1 \end{pmatrix}$ であるので $W_{-2} = \left[\begin{pmatrix} -1/2 \\ 1 \end{pmatrix}\right]$ となる.
- $A = \begin{pmatrix} 2 & 1 \\ 0 & 2 \end{pmatrix}$ の固有値は 2 であった. その固有空間は次である.
  - W_2 の要素は

$$(2I - A)\boldsymbol{p} = \begin{pmatrix} 0 & -1 \\ 0 & 0 \end{pmatrix} \boldsymbol{p} = \mathbf{0}$$

を満たし，この解は $\boldsymbol{p} = t\begin{pmatrix} 1 \\ 0 \end{pmatrix}$ であるので $W_2 = \left[\begin{pmatrix} 1 \\ 0 \end{pmatrix}\right]$ となる．

- $A = \begin{pmatrix} 3 & 1 & -1 \\ 2 & 2 & -2 \\ 1 & -1 & 1 \end{pmatrix}$ の固有値は $4, 2, 0$ であった．それぞれの固有空間は次である．
  - W_4 の要素は

$$(4I - A)\boldsymbol{p} = \begin{pmatrix} 1 & -1 & 1 \\ -2 & 2 & 2 \\ -1 & 1 & 3 \end{pmatrix}\boldsymbol{p} = \boldsymbol{0}$$

を満たし，この解は $\boldsymbol{p} = t\begin{pmatrix} 1 \\ 1 \\ 0 \end{pmatrix}$ であるので $W_4 = \left[\begin{pmatrix} 1 \\ 1 \\ 0 \end{pmatrix}\right]$ となる．

  - W_2 の要素は

$$(2I - A)\boldsymbol{p} = \begin{pmatrix} -1 & -1 & 1 \\ -2 & 0 & 2 \\ -1 & 1 & 1 \end{pmatrix}\boldsymbol{p} = \boldsymbol{0}$$

を満たし，この解は $\boldsymbol{p} = t\begin{pmatrix} 1 \\ 0 \\ 1 \end{pmatrix}$ であるので $W_2 = \left[\begin{pmatrix} 1 \\ 0 \\ 1 \end{pmatrix}\right]$ となる．

  - W_0 の要素は

$$(0I - A)\boldsymbol{p} = \begin{pmatrix} -3 & -1 & 1 \\ -2 & -2 & 2 \\ -1 & 1 & -1 \end{pmatrix}\boldsymbol{p} = \boldsymbol{0}$$

を満たし，この解は $\boldsymbol{p} = t\begin{pmatrix} 0 \\ 1 \\ 1 \end{pmatrix}$ であるので $W_0 = \left[\begin{pmatrix} 0 \\ 1 \\ 1 \end{pmatrix}\right]$ となる．

- $A = \begin{pmatrix} 0 & 0 & 1 \\ 0 & -1 & 0 \\ 1 & 0 & 0 \end{pmatrix}$ の固有値は $1, -1$ であった．それぞれの固有空間は次である．
  - W_1 の要素は

$$(I-A)\boldsymbol{p} = \begin{pmatrix} 1 & 0 & -1 \\ 0 & 2 & 0 \\ -1 & 0 & 1 \end{pmatrix} \boldsymbol{p} = \boldsymbol{0}$$

を満たし, この解は $\boldsymbol{p} = t \begin{pmatrix} 1 \\ 0 \\ 1 \end{pmatrix}$ であるので $W_1 = \left[\begin{pmatrix} 1 \\ 0 \\ 1 \end{pmatrix} \right]$ となる.

– W_{-1} の要素は

$$(-I-A)\boldsymbol{p} = \begin{pmatrix} -1 & 0 & -1 \\ 0 & 0 & 0 \\ -1 & 0 & -1 \end{pmatrix} \boldsymbol{p} = \boldsymbol{0}$$

を満たし, この解は $\boldsymbol{p} = t_1 \begin{pmatrix} 0 \\ 1 \\ 0 \end{pmatrix} + t_2 \begin{pmatrix} -1 \\ 0 \\ 1 \end{pmatrix}$ であるので $W_{-1} = \left[\begin{pmatrix} 0 \\ 1 \\ 0 \end{pmatrix}, \begin{pmatrix} -1 \\ 0 \\ 1 \end{pmatrix} \right]$ となる.

固有ベクトルは次の性質を持つ.

定理 9.2.1　n 次正方行列 A は相異なる m 個の固有値 $\lambda_1, \lambda_2, \ldots, \lambda_m$ を持つとし, 固有値 λ_i の固有ベクトルを $\boldsymbol{p}_i$ とする. このとき, $\boldsymbol{p}_1, \boldsymbol{p}_2, \ldots, \boldsymbol{p}_m$ は 1 次独立である. □

【証明】　一般の場合でも同様なので, ここでは $m = 3$ の場合に示す. 1 次関係

$$\lambda_1' \boldsymbol{p}_1 + \lambda_2' \boldsymbol{p}_2 + \lambda_3' \boldsymbol{p}_3 = \boldsymbol{0}$$

に A をかけると $\boldsymbol{p}_i$ は固有値 λ_i の固有ベクトルであることから

$$\lambda_1' \lambda_1 \boldsymbol{p}_1 + \lambda_2' \lambda_2 \boldsymbol{p}_2 + \lambda_3' \lambda_3 \boldsymbol{p}_3 = \boldsymbol{0}$$

となり, さらに A をかけると

$$\lambda_1' \lambda_1^2 \boldsymbol{p}_1 + \lambda_2' \lambda_2^2 \boldsymbol{p}_2 + \lambda_3' \lambda_3^2 \boldsymbol{p}_3 = \boldsymbol{0}$$

となる. 以上より次を得る.

$$\begin{pmatrix} \lambda'_1 \boldsymbol{p}_1 & \lambda'_2 \boldsymbol{p}_2 & \lambda'_3 \boldsymbol{p}_3 \end{pmatrix} \begin{pmatrix} 1 & \lambda_1 & \lambda_1^2 \\ 1 & \lambda_2 & \lambda_2^2 \\ 1 & \lambda_3 & \lambda_3^2 \end{pmatrix} = O$$

ここで例5.21と固有値は相異なることより

$$\begin{vmatrix} 1 & \lambda_1 & \lambda_1^2 \\ 1 & \lambda_2 & \lambda_2^2 \\ 1 & \lambda_3 & \lambda_3^2 \end{vmatrix} = (\lambda_2 - \lambda_1)(\lambda_3 - \lambda_1)(\lambda_3 - \lambda_2) \neq 0$$

が成り立つので, 定理5.5.3より

$$\begin{pmatrix} 1 & \lambda_1 & \lambda_1^2 \\ 1 & \lambda_2 & \lambda_2^2 \\ 1 & \lambda_3 & \lambda_3^2 \end{pmatrix}$$

は正則行列である. 従って

$$\begin{pmatrix} \lambda'_1 \boldsymbol{p}_1 & \lambda'_2 \boldsymbol{p}_2 & \lambda'_3 \boldsymbol{p}_3 \end{pmatrix} = O$$

となり, 固有ベクトルは $\mathbf{0}$ とは異なっているので $\lambda'_1 = \lambda'_2 = \lambda'_2 = 0$ を得る. つまり, $\boldsymbol{p}_1, \boldsymbol{p}_2, \boldsymbol{p}_3$ は1次独立である. ■

ここで述べた例での固有値, 固有ベクトルは実数のみからなるものであるが, 複素数になる場合もある. 例えば, $\begin{pmatrix} 0 & -1 \\ 1 & 0 \end{pmatrix}$ の固有多項式は $\lambda^2 + 1 = 0$ であるのでその固有値は $\pm i$ である. ただし, i は虚数単位である. また, 固有値 i の固有ベクトルは例えば $\begin{pmatrix} i \\ 1 \end{pmatrix}$ である. このような場合は複素数において対角化を考える必要がある.

9.3　正方行列の対角化

この節では, 9.2節で定義した固有値, 固有ベクトルを用いて対角化を行う. ここで9.1節で述べたように正方行列 A から $P^{-1}AP$ が対角行列となるような正則行列 P を求めることを**対角化**という. また, A が対角化を行えるとき, **対角化可能**という.

定理 9.3.1　n 次正方行列 A に対して, 次は同値である.

- A は対角化可能である.
- A は1次独立な n 個の固有ベクトルを持つ.

□

【証明】　A は対角化可能とする. つまり

$$P^{-1}AP = \begin{pmatrix} \lambda_1 & 0 & \cdots & 0 \\ 0 & \lambda_2 & \cdots & 0 \\ \vdots & \vdots & \ddots & \vdots \\ 0 & 0 & \cdots & \lambda_n \end{pmatrix}$$

を満たす n 次正則行列 $P = \begin{pmatrix} \boldsymbol{p}_1 & \boldsymbol{p}_2 & \cdots & \boldsymbol{p}_n \end{pmatrix}$ と $\lambda_1, \lambda_2, \ldots, \lambda_n \in \mathbb{R}$ が存在したとする. P は正則行列なので定理 7.2.2 より $\boldsymbol{p}_1, \boldsymbol{p}_2, \ldots, \boldsymbol{p}_n$ は1次独立であり, 9.2 節の最初に述べたように $\boldsymbol{p}_i$ は $A\boldsymbol{p}_i = \lambda_i \boldsymbol{p}_i$ を満たすので固有ベクトルである.

A が1次独立な n 個の固有ベクトル $\boldsymbol{p}_1, \boldsymbol{p}_2, \ldots, \boldsymbol{p}_n$ を持つとする. 定理 7.2.2 より

$$P = \begin{pmatrix} \boldsymbol{p}_1 & \boldsymbol{p}_2 & \cdots & \boldsymbol{p}_n \end{pmatrix}$$

は正則行列である. さらに $A\boldsymbol{p}_i = \lambda_i \boldsymbol{p}_i$ となる λ_i が存在することに注意すると次を得る.

$$\begin{aligned} P^{-1}AP =& P^{-1} \begin{pmatrix} A\boldsymbol{p}_1 & A\boldsymbol{p}_2 & \cdots & A\boldsymbol{p}_n \end{pmatrix} \\ =& P^{-1} \begin{pmatrix} \lambda_1\boldsymbol{p}_1 & \lambda_1\boldsymbol{p}_2 & \cdots & \lambda_1\boldsymbol{p}_n \end{pmatrix} \\ =& P^{-1}P \begin{pmatrix} \lambda_1 & 0 & \cdots & 0 \\ 0 & \lambda_2 & \cdots & 0 \\ \vdots & \vdots & \ddots & \vdots \\ 0 & 0 & \cdots & \lambda_n \end{pmatrix} \\ =& \begin{pmatrix} \lambda_1 & 0 & \cdots & 0 \\ 0 & \lambda_2 & \cdots & 0 \\ \vdots & \vdots & \ddots & \vdots \\ 0 & 0 & \cdots & \lambda_n \end{pmatrix} \end{aligned}$$

■

n 次正方行列 A が相異なる n 個の固有値 $\lambda_1, \lambda_2, \cdots, \lambda_n$ を持つとする. 固有値 λ_i の固有ベクトルを $\boldsymbol{p}_i$ とすると, 定理 9.2.1 より $\boldsymbol{p}_1, \boldsymbol{p}_2, \ldots, \boldsymbol{p}_n$ は1次独立である. 従って定理 9.3.1 より次を得る.

定理 9.3.2　n 次正方行列は n 個の相異なる固有値を持てば対角化可能である. □

例 9.3

- $A = \begin{pmatrix} 0 & 1 \\ 4 & 0 \end{pmatrix}$ が対角化できるかどうかを考える. A の固有値は $2, -2$ であり, 2個の相異なる固有値が存在するので定理 9.3.2 より対角化可能である. 固有値 2 の固有ベクトルとして $\begin{pmatrix} 1 \\ 2 \end{pmatrix}$, 固有値 -2 の固有ベクトルとして $\begin{pmatrix} -1 \\ 2 \end{pmatrix}$ を取ることができる. これより $P = \begin{pmatrix} 1 & -1 \\ 2 & 2 \end{pmatrix}$ は正則行列であり, 次が成り立つ.
$$P^{-1}AP = \begin{pmatrix} 2 & 0 \\ 0 & -2 \end{pmatrix}$$
ここで P, および $P^{-1}AP$ は一意的に決まらないことに注意する. 例えば, 固有値 2 の固有ベクトルとして $\begin{pmatrix} 2 \\ 4 \end{pmatrix}$, 固有値 -2 の固有ベクトルとして $\begin{pmatrix} 1 \\ -2 \end{pmatrix}$ を取り, $P = \begin{pmatrix} 1 & 2 \\ -2 & 4 \end{pmatrix}$ とすれば次が成り立つ.
$$P^{-1}AP = \begin{pmatrix} -2 & 0 \\ 0 & 2 \end{pmatrix}$$

- $A = \begin{pmatrix} 3 & 1 & -1 \\ 2 & 2 & -2 \\ 1 & -1 & 1 \end{pmatrix}$ が対角化できるかどうかを考える. A の固有値は $4, 2, 0$ であり, 3個の相異なる固有値が存在するので定理 9.3.2 より対角化可能である. 固有値 4 の固有ベクトルとして $\begin{pmatrix} 1 \\ 1 \\ 0 \end{pmatrix}$, 固有値 2 の固有ベクトルと

して $\begin{pmatrix}1\\0\\1\end{pmatrix}$, 固有値 0 の固有ベクトルとして $\begin{pmatrix}0\\1\\1\end{pmatrix}$ を取ることができる．これより $P=\begin{pmatrix}1&1&0\\1&0&1\\0&1&1\end{pmatrix}$ は正則行列であり, 次が成り立つ.

$$P^{-1}AP=\begin{pmatrix}4&0&0\\0&2&0\\0&0&0\end{pmatrix}$$

この例で考えている正方行列は次数と同じ数の相異なる固有値を持つものであった．次の例では, 相異なる固有値の数が次数よりも真に小さい正方行列を考えている.

例 9.4

$A=\begin{pmatrix}0&0&1\\0&-1&0\\1&0&0\end{pmatrix}$ が対角化できるかどうかを考える．A の固有値は $1,-1$ であるので対角化可能かどうかは定理 9.3.2 を用いて判断できない．固有値 1 の固有ベクトルとして $\begin{pmatrix}1\\0\\1\end{pmatrix}$, 固有値 -1 の 1 次独立な固有ベクトルとして $\begin{pmatrix}0\\1\\0\end{pmatrix}, \begin{pmatrix}-1\\0\\1\end{pmatrix}$ を取ることができ, この 3 つの固有ベクトルは 1 次独立なので定理 9.3.1 より対角化可能である．これより $P=\begin{pmatrix}1&0&-1\\0&1&0\\1&0&1\end{pmatrix}$ は正則行列であり, 次が成り立つ.

$$P^{-1}AP=\begin{pmatrix}1&0&0\\0&-1&0\\0&0&-1\end{pmatrix}$$

次は対角化ができない例である.

例 9.5

$A = \begin{pmatrix} 2 & 1 \\ 0 & 2 \end{pmatrix}$ が対角化できるかどうかを考える. A の固有値は 2 であり, 1 次独立な固有ベクトルは $\begin{pmatrix} 1 \\ 0 \end{pmatrix}$ (あるいはこれを定数倍したもの) のみしか取ることができない. 従って定理 9.3.1 より A は対角化できない.

正方行列がその次数だけ 1 次独立な固有ベクトルを持つということは, 固有空間の次元の合計が次数に等しいということである. 実際, 例 9.3 と例 9.4 で説明した対角化可能な例では次が成り立つ.

- $\begin{pmatrix} 0 & 1 \\ 4 & 0 \end{pmatrix}$ の固有空間の次元の合計 $\dim W_2 + \dim W_{-2} = 2$
- $\begin{pmatrix} 3 & 1 & -1 \\ 2 & 2 & -2 \\ 1 & -1 & 1 \end{pmatrix}$ の固有空間の次元の合計 $\dim W_4 + \dim W_2 + \dim W_0 = 3$
- $\begin{pmatrix} 0 & 0 & 1 \\ 0 & -1 & 0 \\ 1 & 0 & 0 \end{pmatrix}$ の固有空間の次元の合計 $\dim W_1 + \dim W_{-1} = 3$

一方, 例 9.5 では対角化できない正方行列を考えたが, この正方行列についてはこのことが成り立っていない.

- $\begin{pmatrix} 2 & 1 \\ 0 & 2 \end{pmatrix}$ の固有空間の次元の合計 $\dim W_2 = 1$

このことについて, 実は一般的に次が成り立つ.

定理 9.3.3　n 次正方行列 A は m 個の相異なる固有値 $\lambda_1, \lambda_2, \ldots, \lambda_m$ を持つとする. このとき, 次は同値である.

- A は対角化可能である.
- $\dim W_{\lambda_1} + \dim W_{\lambda_2} + \cdots + \dim W_{\lambda_m} = n$

□

以上で述べたように正方行列は常に対角化可能とは限らないが, ジョルダン標準形と呼ばれる形にすることができる.

章末問題

問題 1　次の正方行列の固有値とその固有空間の基底と次元を求めよ．さらに, 対角化可能か判断し, 可能な場合は対角化を行え．

(1) $\begin{pmatrix} 3 & -1 \\ 4 & -2 \end{pmatrix}$　(2) $\begin{pmatrix} -3 & -2 \\ 2 & 1 \end{pmatrix}$

(3) $\begin{pmatrix} 2 & 4 \\ 5 & 3 \end{pmatrix}$　(4) $\begin{pmatrix} 1 & 1 \\ -1 & 3 \end{pmatrix}$

(5) $\begin{pmatrix} 3 & -1 & 1 \\ 0 & 3 & 0 \\ 1 & 0 & 3 \end{pmatrix}$　(6) $\begin{pmatrix} 3 & 1 & 1 \\ 1 & 3 & 1 \\ 0 & 0 & 2 \end{pmatrix}$

(7) $\begin{pmatrix} 3 & 1 & 0 \\ 1 & 3 & 2 \\ 0 & 0 & 2 \end{pmatrix}$　(8) $\begin{pmatrix} 4 & 2 & -2 \\ 1 & 5 & -1 \\ -1 & 1 & 3 \end{pmatrix}$

問題 2　$\begin{pmatrix} 3 & -1 \\ 4 & -2 \end{pmatrix}^{10}$ を求めよ．

第10章

内積空間

本章では, ベクトル空間の内積について考える. 内積が与えられているベクトル空間に存在する正規直交基底と呼ばれる基底について述べ, それを (グラム・シュミットの) 正規直交化法を用いることによって構成する. さらに, 内積を保つ直交変換について述べ, その表現行列である直交行列によって対称行列が対角化できることを示す.

10.1 内積

数ベクトル空間 $\mathbb{R}^n$ の標準内積 $(\boldsymbol{x}, \boldsymbol{x}') = {}^t\boldsymbol{x}\boldsymbol{x}'$ は次の性質を持っていた.

(1) $(\boldsymbol{x}_1 + \boldsymbol{x}_2, \boldsymbol{x}') = (\boldsymbol{x}_1, \boldsymbol{x}') + (\boldsymbol{x}_2, \boldsymbol{x}')$

(2) $(\lambda\boldsymbol{x}, \boldsymbol{x}') = \lambda(\boldsymbol{x}, \boldsymbol{x}')$

(3) $(\boldsymbol{x}, \boldsymbol{x}') = (\boldsymbol{x}', \boldsymbol{x})$

(4) $(\boldsymbol{x}, \boldsymbol{x}) \geq 0$ であり, $(\boldsymbol{x}, \boldsymbol{x}) = 0$ となるのは $\boldsymbol{x} = \boldsymbol{0}$ のみである.

一般のベクトル空間の内積は次のように定義される.

定義 10.1.1 V をベクトル空間とする. $\boldsymbol{v}, \boldsymbol{v}' \in V$ に対して, $(\boldsymbol{v}, \boldsymbol{v}') \in \mathbb{R}$ であって上記 (1) から (4) の性質を満たすものを**内積**という. 内積が与えられたベクトル空間を**内積空間**という. □

例 10.1

$\lambda_1, \lambda_2, \ldots, \lambda_n$ を正の実数とし, n 次対角行列

$$\Lambda = \begin{pmatrix} \lambda_1 & 0 & \cdots & 0 \\ 0 & \lambda_2 & \cdots & 0 \\ \vdots & \vdots & \ddots & \vdots \\ 0 & 0 & \cdots & \lambda_n \end{pmatrix}$$

を考える. $\boldsymbol{x} = \begin{pmatrix} x_1 \\ x_2 \\ \vdots \\ x_n \end{pmatrix}, \boldsymbol{x}' = \begin{pmatrix} x_1' \\ x_2' \\ \vdots \\ x_n' \end{pmatrix} \in \mathbb{R}^n$ に対して

$$
\begin{aligned}
(\boldsymbol{x}, \boldsymbol{x}') &= {}^t\boldsymbol{x}\Lambda\boldsymbol{x}' \\
&= \lambda_1 x_1 x_1' + \lambda_2 x_2 x_2' + \cdots + \lambda_n x_n x_n'
\end{aligned}
$$

と定めると，これは数ベクトル空間 $\mathbb{R}^n$ の内積となる．一般的に，固有値がすべて正の n 次対称行列 A に対して

$$
(\boldsymbol{x}, \boldsymbol{x}') = {}^t\boldsymbol{x}A\boldsymbol{x}'
$$

は $\mathbb{R}^n$ の内積となる．

このようにベクトル空間は同じでもその内積は様々な定め方ができる．以下では $\mathbb{R}^n$ の内積は標準内積を考える．

例 10.2

$p, p' \in \mathbb{R}[x]_n$ に対して

$$
(p, p') = \int_{-1}^{1} p(x)p'(x)dx
$$

と定めると，これは $\mathbb{R}[x]_n$ の内積となる．

数ベクトル空間の場合と同様にベクトルの長さを次で定める．

定義 10.1.2　内積空間 V のベクトル $\boldsymbol{v}$ の長さ，あるいはノルムを

$$
\|\boldsymbol{v}\| = \sqrt{(\boldsymbol{v}, \boldsymbol{v})}
$$

で定める．長さ 1 のベクトルを**単位ベクトル**，あるいは**正規ベクトル**という．　□

定理 6.3.1 と同様にして次を示すことができる．

定理 10.1.1　V を内積空間とする．$\boldsymbol{v}, \boldsymbol{v}' \in V, \lambda \in \mathbb{R}$ に対して次が成り立つ．

(1)　$\|\lambda\boldsymbol{v}\| = |\lambda|\,\|\boldsymbol{v}\|$

(2)　$|(\boldsymbol{v}, \boldsymbol{v}')| \leq \|\boldsymbol{v}\|\,\|\boldsymbol{v}'\|$ (シュワルツの不等式)

(3)　$\|\boldsymbol{v} + \boldsymbol{v}'\| \leq \|\boldsymbol{v}\| + \|\boldsymbol{v}'\|$ (三角不等式)

□

内積の性質より $\mathbf{0}$ でないベクトルはスカラー倍することにより単位ベクトルにできる．実際，$\boldsymbol{v} \in V$ が $\boldsymbol{v} \neq \mathbf{0}$ であるとき，$\dfrac{\boldsymbol{v}}{\|\boldsymbol{v}\|}$ は

$$\left\| \frac{\boldsymbol{v}}{\|\boldsymbol{v}\|} \right\| = \left| \frac{1}{\|\boldsymbol{v}\|} \right| \|\boldsymbol{v}\| = 1$$

であるので単位ベクトルである．この $\boldsymbol{v}$ から $\dfrac{\boldsymbol{v}}{\|\boldsymbol{v}\|}$ を得る操作を**正規化**と呼ぶ．

また，数ベクトル空間の場合と同様に内積空間 V のベクトル $\boldsymbol{v}, \boldsymbol{v}'$ が $(\boldsymbol{v}, \boldsymbol{v}') = 0$ を満たすとき，**直交する**という．

例 10.3

- $\boldsymbol{x}_1 = \begin{pmatrix} 2 \\ 0 \\ 0 \end{pmatrix}, \boldsymbol{x}_2 = \begin{pmatrix} 1 \\ 1 \\ 1 \end{pmatrix}$ は $(\boldsymbol{x}_1, \boldsymbol{x}_2) = 2$ なので $\mathbb{R}^3$ において直交していない．
- $\boldsymbol{x}_1 = \begin{pmatrix} 2 \\ 0 \\ 0 \end{pmatrix}, \boldsymbol{x}_2 = \begin{pmatrix} 0 \\ 1 \\ 1 \end{pmatrix}$ は $(\boldsymbol{x}_1, \boldsymbol{x}_2) = 0$ なので $\mathbb{R}^3$ において直交している．

定理 10.1.2 内積空間 V の $\mathbf{0}$ でないベクトル $\boldsymbol{v}_1, \boldsymbol{v}_2, \ldots, \boldsymbol{v}_m$ が互いに直交する，つまり

$$(\boldsymbol{v}_i, \boldsymbol{v}_j) = 0 \quad (i \neq j)$$

を満たせば 1 次独立である． □

【証明】 1 次関係 $\lambda_1 \boldsymbol{v}_1 + \lambda_2 \boldsymbol{v}_2 + \cdots + \lambda_m \boldsymbol{v}_m = \mathbf{0}$ と $\boldsymbol{v}_i$ との内積を取れば

$$(\lambda_1 \boldsymbol{v}_1 + \lambda_2 \boldsymbol{v}_2 + \cdots + \lambda_m \boldsymbol{v}_m, \boldsymbol{v}_i) = (\mathbf{0}, \boldsymbol{v}_i)$$

であり，左辺は $\lambda_i \|\boldsymbol{v}_i\|^2$，右辺は 0 であるので $\lambda_i = 0$ を得る． ■

10.2 正規直交基底

$\mathbb{R}^n$ の基本ベクトル $\boldsymbol{e}_1, \boldsymbol{e}_2, \ldots, \boldsymbol{e}_n$ は単位ベクトルであり，互いに直交している．一般の内積空間でもこの両方の性質を持つものは重要である．

定義 10.2.1　内積空間 V のベクトル $\boldsymbol{v}_1, \boldsymbol{v}_2, \ldots, \boldsymbol{v}_m$ が次を満たすとき, **正規直交系**という.

$$(\boldsymbol{v}_i, \boldsymbol{v}_j) = \begin{cases} 1 & (i = j) \\ 0 & (i \neq j) \end{cases}$$

さらに, 正規直交系である基底を**正規直交基底**という. □

n 次元内積空間 V のベクトル $\boldsymbol{v}_1, \boldsymbol{v}_2, \ldots, \boldsymbol{v}_n$ が正規直交系であるとすると, 互いに直交するので定理 10.1.2 より 1 次独立である. V の次元は n であるので, 定理 7.3.6 より $\langle \boldsymbol{v}_1, \boldsymbol{v}_2, \ldots, \boldsymbol{v}_n \rangle$ は正規直交基底となる.

例 10.4

- $\boldsymbol{x}_1 = \begin{pmatrix} 2 \\ 0 \\ 0 \end{pmatrix}, \boldsymbol{x}_2 = \begin{pmatrix} 1 \\ 1 \\ 1 \end{pmatrix}$ は直交していないので $\mathbb{R}^3$ の正規直交系でない.
- $\boldsymbol{x}_1 = \begin{pmatrix} 2 \\ 0 \\ 0 \end{pmatrix}, \boldsymbol{x}_2 = \begin{pmatrix} 0 \\ 1 \\ 1 \end{pmatrix}$ は直交しているが, $\|\boldsymbol{x}_1\| = 2, \|\boldsymbol{x}_2\| = \sqrt{2}$ なので $\mathbb{R}^3$ の正規直交系でない.
- $\boldsymbol{x}_1 = \begin{pmatrix} 1 \\ 0 \\ 0 \end{pmatrix}, \boldsymbol{x}_2 = \dfrac{1}{\sqrt{2}} \begin{pmatrix} 0 \\ 1 \\ 1 \end{pmatrix}$ は $\mathbb{R}^3$ の正規直交系である. $\langle \boldsymbol{x}_1, \boldsymbol{x}_2 \rangle$ は $\mathbb{R}^3$ の基底でないので正規直交基底でない.
- $\boldsymbol{x}_1 = \begin{pmatrix} 1 \\ 0 \\ 0 \end{pmatrix}, \boldsymbol{x}_2 = \dfrac{1}{\sqrt{2}} \begin{pmatrix} 0 \\ 1 \\ 1 \end{pmatrix}, \boldsymbol{x}_3 = \dfrac{1}{\sqrt{2}} \begin{pmatrix} 0 \\ -1 \\ 1 \end{pmatrix}$ は $\mathbb{R}^3$ の正規直交系である. $\langle \boldsymbol{x}_1, \boldsymbol{x}_2, \boldsymbol{x}_3 \rangle$ は $\mathbb{R}^3$ の基底なので正規直交基底である.

ベクトル空間 V の基底を $\langle \boldsymbol{v}_1, \boldsymbol{v}_2, \ldots, \boldsymbol{v}_n \rangle$ とすると, $\boldsymbol{v} \in V$ はこれらベクトルの 1 次結合で表すことができた. V が内積空間であり, $\langle \boldsymbol{v}_1, \boldsymbol{v}_2, \ldots, \boldsymbol{v}_n \rangle$ が正規直交基底である場合, 1 次結合の係数は次のように表される.

定理 10.2.1　内積空間 V の正規直交基底 $\langle \boldsymbol{v}_1, \boldsymbol{v}_2, \ldots, \boldsymbol{v}_n \rangle$ を考える. このとき, $\boldsymbol{v} \in V$ に対して

$$\boldsymbol{v} = (\boldsymbol{v}, \boldsymbol{v}_1)\boldsymbol{v}_1 + (\boldsymbol{v}, \boldsymbol{v}_2)\boldsymbol{v}_2 + \cdots + (\boldsymbol{v}, \boldsymbol{v}_n)\boldsymbol{v}_n$$

が成り立つ. □

【証明】 $\langle \boldsymbol{v}_1, \boldsymbol{v}_2, \ldots, \boldsymbol{v}_n \rangle$ は V の基底であるので $\boldsymbol{v} = \lambda_1 \boldsymbol{v}_1 + \lambda_2 \boldsymbol{v}_2 + \cdots + \lambda_i \boldsymbol{x}_i + \cdots + \lambda_n \boldsymbol{v}_n$ と表すことができる. $\boldsymbol{v}_i$ との内積を取れば

$$\begin{aligned}(\boldsymbol{v}, \boldsymbol{v}_i) &= (\lambda_1 \boldsymbol{v}_1 + \lambda_2 \boldsymbol{v}_2 + \cdots + \lambda_i \boldsymbol{v}_i + \cdots + \lambda_n \boldsymbol{v}_n, \boldsymbol{v}_i) \\ &= \lambda_1 (\boldsymbol{v}_1, \boldsymbol{v}_i) + \lambda_2 (\boldsymbol{v}_2, \boldsymbol{v}_i) + \cdots + \lambda_i (\boldsymbol{v}_i, \boldsymbol{v}_i) + \cdots + \lambda_n (\boldsymbol{v}_n, \boldsymbol{v}_i) \\ &= \lambda_i\end{aligned}$$

と λ_i が定まる. ■

例 10.5

$\boldsymbol{x}_1 = \begin{pmatrix} 1 \\ 0 \\ 0 \end{pmatrix}, \boldsymbol{x}_2 = \dfrac{1}{\sqrt{2}} \begin{pmatrix} 0 \\ 1 \\ 1 \end{pmatrix}, \boldsymbol{x}_3 = \dfrac{1}{\sqrt{2}} \begin{pmatrix} 0 \\ -1 \\ 1 \end{pmatrix}$ から定まる $\mathbb{R}^3$ の正規直交基底 $\langle \boldsymbol{x}_1, \boldsymbol{x}_2, \boldsymbol{x}_3 \rangle$ を考える. $\boldsymbol{x} = \begin{pmatrix} 1 \\ 1 \\ 1 \end{pmatrix} \in \mathbb{R}^3$ を $\boldsymbol{x}_1, \boldsymbol{x}_2, \boldsymbol{x}_3$ の 1 次結合で表したものは

$$(\boldsymbol{x}, \boldsymbol{x}_1) = 1, \quad (\boldsymbol{x}, \boldsymbol{x}_2) = \sqrt{2}, \quad (\boldsymbol{x}, \boldsymbol{x}_3) = 0$$

であるので

$$\boldsymbol{x} = \boldsymbol{x}_1 + \sqrt{2} \boldsymbol{x}_2 + 0 \boldsymbol{x}_3$$

となる.

内積空間の基底があれば正規直交基底を構成できる.

定理 10.2.2 内積空間 V の基底 $\langle \boldsymbol{v}_1, \boldsymbol{v}_2, \ldots, \boldsymbol{v}_n \rangle$ から次を満たす正規直交基底 $\langle \boldsymbol{v}_1'', \boldsymbol{v}_2'', \ldots, \boldsymbol{v}_n'' \rangle$ を構成できる.

$$[\boldsymbol{v}_1, \boldsymbol{v}_2, \ldots, \boldsymbol{v}_i] = \left[\boldsymbol{v}_1'', \boldsymbol{v}_2'', \ldots, \boldsymbol{v}_i''\right] \quad (i = 1, 2, \ldots, n)$$

□

この定理の正規直交基底は (グラム・シュミットの) **正規直交化法**と呼ばれる方法により構成できる. ここでは $n = 3$ の場合にこの方法を述べる.

1. $\boldsymbol{v}_1' = \boldsymbol{v}_1$ を正規化したものを $\boldsymbol{v}_1''$ とする.
2. $\boldsymbol{v}_2' = \boldsymbol{v}_2 - \lambda_1 \boldsymbol{v}_1''$ が $\boldsymbol{v}_1''$ と直交するように, つまり $(\boldsymbol{v}_2', \boldsymbol{v}_1'') = 0$ が成り立つように λ_1 を定める. ここで $\boldsymbol{v}_1''$ は単位ベクトルであるので

$$0 = (\boldsymbol{v}_2', \boldsymbol{v}_1'') = (\boldsymbol{v}_2, \boldsymbol{v}_1'') - \lambda_1(\boldsymbol{v}_1'', \boldsymbol{v}_1'') = (\boldsymbol{v}_2, \boldsymbol{v}_1'') - \lambda_1$$

となることから λ_1 は次で与えられる.

$$\lambda_1 = (\boldsymbol{v}_2, \boldsymbol{v}_1'')$$

このようにして得られた $\boldsymbol{v}_2' = \boldsymbol{v}_2 - (\boldsymbol{v}_2, \boldsymbol{v}_1'')\boldsymbol{v}_1''$ を正規化したものを $\boldsymbol{v}_2''$ とする.

3. $\boldsymbol{v}_3' = \boldsymbol{v}_3 - \lambda_1 \boldsymbol{v}_1'' - \lambda_2 \boldsymbol{v}_2''$ が $\boldsymbol{v}_1'', \boldsymbol{v}_2''$ と直交するように, つまり $(\boldsymbol{v}_3', \boldsymbol{v}_1'') = 0, (\boldsymbol{v}_3', \boldsymbol{v}_2'') = 0$ が成り立つように λ_1, λ_2 を定める. ここで $\boldsymbol{v}_1'', \boldsymbol{v}_2''$ は単位ベクトルであり, $(\boldsymbol{v}_1'', \boldsymbol{v}_2'') = 0$ であるので

$$\begin{aligned} 0 &= (\boldsymbol{v}_3', \boldsymbol{v}_1'') = (\boldsymbol{v}_3, \boldsymbol{v}_1'') - \lambda_1(\boldsymbol{v}_1'', \boldsymbol{v}_1'') - \lambda_2(\boldsymbol{v}_2'', \boldsymbol{v}_1'') = (\boldsymbol{v}_3, \boldsymbol{v}_1'') - \lambda_1 \\ 0 &= (\boldsymbol{v}_3', \boldsymbol{v}_2'') = (\boldsymbol{v}_3, \boldsymbol{v}_2'') - \lambda_1(\boldsymbol{v}_1'', \boldsymbol{v}_2'') - \lambda_2(\boldsymbol{v}_2'', \boldsymbol{v}_2'') = (\boldsymbol{v}_3, \boldsymbol{v}_2'') - \lambda_2 \end{aligned}$$

となることから λ_1, λ_2 は次で与えられる.

$$\lambda_1 = (\boldsymbol{v}_3, \boldsymbol{v}_1''), \quad \lambda_2 = (\boldsymbol{v}_3, \boldsymbol{v}_2'')$$

このようにして得られた $\boldsymbol{v}_3' = \boldsymbol{v}_3 - (\boldsymbol{v}_3, \boldsymbol{v}_1'')\boldsymbol{v}_1'' - (\boldsymbol{v}_3, \boldsymbol{v}_2'')\boldsymbol{v}_2''$ を正規化したものを $\boldsymbol{v}_3''$ とする.

例 10.6

$\boldsymbol{x}_1 = \begin{pmatrix} 2 \\ 0 \\ 0 \end{pmatrix}, \boldsymbol{x}_2 = \begin{pmatrix} 1 \\ 1 \\ 1 \end{pmatrix}, \boldsymbol{x}_3 = \begin{pmatrix} 1 \\ -1 \\ 0 \end{pmatrix}$ から定まる $\mathbb{R}^3$ の基底 $\langle \boldsymbol{x}_1, \boldsymbol{x}_2, \boldsymbol{x}_3 \rangle$ に正規直交化法を適用して得られる正規直交基底は次の $\boldsymbol{x}_1'', \boldsymbol{x}_2'', \boldsymbol{x}_3''$ から定まる $\langle \boldsymbol{x}_1'', \boldsymbol{x}_2'', \boldsymbol{x}_3'' \rangle$ である.

- $\boldsymbol{x}_1' = \boldsymbol{x}_1 = \begin{pmatrix} 2 \\ 0 \\ 0 \end{pmatrix}$ を正規化すると $\boldsymbol{x}_1'' = \begin{pmatrix} 1 \\ 0 \\ 0 \end{pmatrix}$ である.
- $\boldsymbol{x}_2' = \boldsymbol{x}_2 - (\boldsymbol{x}_2, \boldsymbol{x}_1'')\boldsymbol{x}_1'' = \begin{pmatrix} 0 \\ 1 \\ 1 \end{pmatrix}$ を正規化すると $\boldsymbol{x}_2'' = \dfrac{1}{\sqrt{2}}\begin{pmatrix} 0 \\ 1 \\ 1 \end{pmatrix}$ である.

- $\boldsymbol{x}_3' = \boldsymbol{x}_3 - (\boldsymbol{x}_3, \boldsymbol{x}_1'')\boldsymbol{x}_1'' - (\boldsymbol{x}_3, \boldsymbol{x}_2'')\boldsymbol{x}_2'' = \dfrac{1}{2}\begin{pmatrix} 0 \\ -1 \\ 1 \end{pmatrix}$ を正規化すると $\boldsymbol{x}_3'' = \dfrac{1}{\sqrt{2}}\begin{pmatrix} 0 \\ -1 \\ 1 \end{pmatrix}$ である.

正規直交化法は与えられた基底の順番に依存していることに注意する. つまり, 基底の順番が異なれば, 異なった正規直交基底が得られる.

例 10.7

$\boldsymbol{x}_1 = \begin{pmatrix} 2 \\ 0 \\ 0 \end{pmatrix}, \boldsymbol{x}_2 = \begin{pmatrix} 1 \\ -1 \\ 0 \end{pmatrix}, \boldsymbol{x}_3 = \begin{pmatrix} 1 \\ 1 \\ 1 \end{pmatrix}$ から定まる $\mathbb{R}^3$ の基底 $\langle \boldsymbol{x}_1, \boldsymbol{x}_2, \boldsymbol{x}_3 \rangle$ に正規直交化法を適用して得られる正規直交基底は次の $\boldsymbol{x}_1'', \boldsymbol{x}_2'', \boldsymbol{x}_3''$ から定まる $\langle \boldsymbol{x}_1'', \boldsymbol{x}_2'', \boldsymbol{x}_3'' \rangle$ である.

- $\boldsymbol{x}_1' = \boldsymbol{x}_1 = \begin{pmatrix} 2 \\ 0 \\ 0 \end{pmatrix}$ を正規化すると $\boldsymbol{x}_1'' = \begin{pmatrix} 1 \\ 0 \\ 0 \end{pmatrix}$ である.
- $\boldsymbol{x}_2' = \boldsymbol{x}_2 - (\boldsymbol{x}_2, \boldsymbol{x}_1'')\boldsymbol{x}_1'' = \begin{pmatrix} 0 \\ -1 \\ 0 \end{pmatrix}$ を正規化すると $\boldsymbol{x}_2'' = \begin{pmatrix} 0 \\ -1 \\ 0 \end{pmatrix}$ である.
- $\boldsymbol{x}_3' = \boldsymbol{x}_3 - (\boldsymbol{x}_3, \boldsymbol{x}_1'')\boldsymbol{x}_1'' - (\boldsymbol{x}_3, \boldsymbol{x}_2'')\boldsymbol{x}_2'' = \begin{pmatrix} 0 \\ 0 \\ 1 \end{pmatrix}$ を正規化すると $\boldsymbol{x}_3'' = \begin{pmatrix} 0 \\ 0 \\ 1 \end{pmatrix}$ である.

直交行列は次のように特徴付けられる.

定理 10.2.3 n 次正方行列 $A = \begin{pmatrix} \boldsymbol{a}_1 & \boldsymbol{a}_2 & \cdots & \boldsymbol{a}_n \end{pmatrix}$ に対して, 次は同値である.

- A が直交行列である.

- $\boldsymbol{a}_1, \boldsymbol{a}_2, \ldots, \boldsymbol{a}_n$ は $\mathbb{R}^n$ の正規直交系である.

□

【証明】 $\mathbb{R}^n$ の内積は $(\boldsymbol{x}, \boldsymbol{x}') = {}^t\boldsymbol{x}\boldsymbol{x}'$ であったので

$$
{}^tAA = \begin{pmatrix} (\boldsymbol{a}_1, \boldsymbol{a}_1) & (\boldsymbol{a}_1, \boldsymbol{a}_2) & \cdots & (\boldsymbol{a}_1, \boldsymbol{a}_n) \\ (\boldsymbol{a}_2, \boldsymbol{a}_1) & (\boldsymbol{a}_2, \boldsymbol{a}_2) & \cdots & (\boldsymbol{a}_2, \boldsymbol{a}_n) \\ \vdots & \vdots & \ddots & \vdots \\ (\boldsymbol{a}_n, \boldsymbol{a}_1) & (\boldsymbol{a}_n, \boldsymbol{a}_2) & \cdots & (\boldsymbol{a}_n, \boldsymbol{a}_n) \end{pmatrix}
$$

となる. これより A が直交行列, つまり ${}^tAA = I_n$ を満たすことと

$$
(\boldsymbol{a}_i, \boldsymbol{a}_j) = \begin{cases} 1 & (i = j) \\ 0 & (i \neq j) \end{cases}
$$

は同値である. ■

定理7.3.6と定理10.1.2より, A が直交行列であることは次とも同値である.

- $\langle \boldsymbol{a}_1, \boldsymbol{a}_2, \ldots, \boldsymbol{a}_n \rangle$ は $\mathbb{R}^n$ の正規直交基底である.

定理10.2.3を用いれば, 基底の取り替えについて次を示せる.

定理 10.2.4　内積空間 V の正規直交基底 $\langle \boldsymbol{v}_1, \boldsymbol{v}_2, \ldots, \boldsymbol{v}_n \rangle$ に基底の変換行列を P とする基底の取り替え

$$
\begin{pmatrix} \boldsymbol{v}'_1 & \boldsymbol{v}'_2 & \ldots & \boldsymbol{v}'_n \end{pmatrix} = \begin{pmatrix} \boldsymbol{v}_1 & \boldsymbol{v}_2 & \ldots & \boldsymbol{v}_n \end{pmatrix} P
$$

を行い, 新しい基底 $\langle \boldsymbol{v}'_1, \boldsymbol{v}'_2, \ldots, \boldsymbol{v}'_n \rangle$ を定める. このとき, 次は同値である.

- P は直交行列である.
- $\langle \boldsymbol{v}'_1, \boldsymbol{v}'_2, \ldots, \boldsymbol{v}'_n \rangle$ は V の正規直交基底である.

□

【証明】 $P = \begin{pmatrix} \boldsymbol{p}_1 & \boldsymbol{p}_2 & \cdots & \boldsymbol{p}_n \end{pmatrix} = \begin{pmatrix} p_{ij} \end{pmatrix}$ とすると $\boldsymbol{v}'_i = p_{1i}\boldsymbol{v}_1 + p_{2i}\boldsymbol{v}_2 + \cdots + p_{ni}\boldsymbol{v}_n$ であるので

$$
(\boldsymbol{v}'_i, \boldsymbol{v}'_j) = p_{1i}p_{1j} + p_{2i}p_{2j} + \cdots + p_{ni}p_{nj} = (\boldsymbol{p}_i, \boldsymbol{p}_j)
$$

となる．従って V の次元は n であるので，定理 7.3.6 と定理 10.1.2 より，$\langle \boldsymbol{v}'_1, \boldsymbol{v}'_2, \ldots, \boldsymbol{v}'_n \rangle$ が V の正規直交基底であることと $\langle \boldsymbol{p}_1, \boldsymbol{p}_2, \ldots, \boldsymbol{p}_n \rangle$ が $\mathbb{R}^n$ の正規直交基底であることは同値となる．さらに定理 10.2.3 より P が直交行列であることとも同値となる．■

10.3　直交変換

内積空間はベクトル空間であるので，線形変換を考えることができる．ここでは内積を保つ線形変換について考える．

定義 10.3.1　内積空間 V 上の線形変換 T が，任意の $\boldsymbol{v}, \boldsymbol{v}' \in V$ に対して

$$(T(\boldsymbol{v}), T(\boldsymbol{v}')) = (\boldsymbol{v}, \boldsymbol{v}')$$

満たすとき**直交変換**という．□

例 10.8

原点を中心とする回転を表す $\mathbb{R}^2$ 上の線形変換

$$T(\boldsymbol{x}) = R_\theta \boldsymbol{x}, \quad R_\theta = \begin{pmatrix} \cos\theta & -\sin\theta \\ \sin\theta & \cos\theta \end{pmatrix}$$

は ${}^t R_\theta R_\theta = I$ より

$$\begin{aligned} (T(\boldsymbol{x}), T(\boldsymbol{x}')) =& (R_\theta \boldsymbol{x}, R_\theta \boldsymbol{x}') = {}^t(R_\theta \boldsymbol{x})(R_\theta \boldsymbol{x}') \\ =& {}^t\boldsymbol{x}\,{}^t R_\theta R_\theta \boldsymbol{x}' = {}^t\boldsymbol{x}\boldsymbol{x}' = (\boldsymbol{x}, \boldsymbol{x}') \end{aligned}$$

となるので直交変換である．

$\mathbb{R}^n$ 上の線形変換 T の基本ベクトルに関する表現行列が直交行列であるとする．つまり，T は直交行列 A を用いて

$$T(\boldsymbol{x}) = A\boldsymbol{x}$$

と表されているとする．このとき T は直交変換であることが同様にして示される．

一般の直交変換については次が成り立つ．

定理 10.3.1　V を内積空間とし，その正規直交基底を $\langle \boldsymbol{v}_1, \boldsymbol{v}_2, \ldots, \boldsymbol{v}_n \rangle$ とする．V 上の線形変換 T について次は同値である．

- T は直交変換である．
- T の $\langle \boldsymbol{v}_1, \boldsymbol{v}_2, \ldots, \boldsymbol{v}_n \rangle$ に関する表現行列 A は直交行列である．

□

この定理は次が同値であることと以下で述べる定理 10.3.2 を用いれば得られる．

- A は直交行列である．
- $\langle T(\boldsymbol{v}_1), T(\boldsymbol{v}_2), \ldots, T(\boldsymbol{v}_n) \rangle$ は V の正規直交基底である．

これが同値であることは定理 10.2.4 と同様にして示せる．

定理 10.3.2　V を内積空間とし，その正規直交基底を $\langle \boldsymbol{v}_1, \boldsymbol{v}_2, \ldots, \boldsymbol{v}_n \rangle$ とする．V 上の線形変換 T について次は同値である．

- T は直交変換である．
- $\langle T(\boldsymbol{v}_1), T(\boldsymbol{v}_2), \ldots, T(\boldsymbol{v}_n) \rangle$ は V の正規直交基底である．

□

【証明】　T を直交変換とすると

$$(T(\boldsymbol{v}_i), T(\boldsymbol{v}_j)) = (\boldsymbol{v}_i, \boldsymbol{v}_j) = \begin{cases} 1 & (i = j) \\ 0 & (i \neq j) \end{cases}$$

となり，V の次元は n なので定理 7.3.6 と定理 10.1.2 より，$\langle T(\boldsymbol{v}_1), T(\boldsymbol{v}_2), \ldots, T(\boldsymbol{v}_n) \rangle$ は V の正規直交基底となる．

$\langle T(\boldsymbol{v}_1), T(\boldsymbol{v}_2), \ldots, T(\boldsymbol{v}_n) \rangle$ が V の正規直交基底であるとする．任意の $\boldsymbol{v}, \boldsymbol{v}' \in V$ は

$$\begin{aligned} \boldsymbol{v} &= \lambda_1 \boldsymbol{v}_1 + \lambda_2 \boldsymbol{v}_2 + \cdots + \lambda_n \boldsymbol{v}_n \\ \boldsymbol{v}' &= \lambda_1' \boldsymbol{v}_1 + \lambda_2' \boldsymbol{v}_2 + \cdots + \lambda_n' \boldsymbol{v}_n \end{aligned}$$

と表すことができるので

$$(\boldsymbol{v}, \boldsymbol{v}') = \lambda_1 \lambda_1' + \lambda_2 \lambda_2' + \cdots + \lambda_n \lambda_n'$$

となる．また

$$T(\boldsymbol{v}) = \lambda_1 T(\boldsymbol{v}_1) + \lambda_2 T(\boldsymbol{v}_2) + \cdots + \lambda_n T(\boldsymbol{v}_n)$$
$$T(\boldsymbol{v}') = \lambda_1' T(\boldsymbol{v}_1) + \lambda_2' T(\boldsymbol{v}_2) + \cdots + \lambda_n' T(\boldsymbol{v}_n)$$

であるので

$$(T(\boldsymbol{v}), T(\boldsymbol{v}')) = \lambda_1\lambda_1' + \lambda_2\lambda_2' + \cdots + \lambda_n\lambda_n'$$

となる．これより $(T(\boldsymbol{v}), T(\boldsymbol{v}')) = (\boldsymbol{v}, \boldsymbol{v}')$ が成り立つので T は直交変換である．

■

10.4　対称行列の対角化

内積空間 V の基底を $\langle \boldsymbol{v}_1, \boldsymbol{v}_2, \ldots, \boldsymbol{v}_n \rangle$ とする．V のベクトル $\boldsymbol{v}, \boldsymbol{v}'$ のこの基底に関する成分ベクトルをそれぞれ $\boldsymbol{\lambda}, \boldsymbol{\lambda}' \in \mathbb{R}^n$ とすると，これらの内積は**グラム行列**と呼ばれる対称行列

$$G = \begin{pmatrix} (\boldsymbol{v}_1, \boldsymbol{v}_1) & (\boldsymbol{v}_1, \boldsymbol{v}_2) & \cdots & (\boldsymbol{v}_1, \boldsymbol{v}_n) \\ (\boldsymbol{v}_2, \boldsymbol{v}_1) & (\boldsymbol{v}_2, \boldsymbol{v}_2) & \cdots & (\boldsymbol{v}_2, \boldsymbol{v}_n) \\ \vdots & \vdots & \ddots & \vdots \\ (\boldsymbol{v}_n, \boldsymbol{v}_1) & (\boldsymbol{v}_n, \boldsymbol{v}_2) & \cdots & (\boldsymbol{v}_n, \boldsymbol{v}_n) \end{pmatrix}$$

を用いて

$$(\boldsymbol{v}, \boldsymbol{v}') = {}^t\boldsymbol{\lambda} G \boldsymbol{\lambda}'$$

と表せる．ここで V の基底 $\langle \boldsymbol{v}_1', \boldsymbol{v}_2', \ldots, \boldsymbol{v}_n' \rangle$ を正則行列 P を用いて

$$\begin{pmatrix} \boldsymbol{v}_1' & \boldsymbol{v}_2' & \cdots & \boldsymbol{v}_n' \end{pmatrix} = \begin{pmatrix} \boldsymbol{v}_1 & \boldsymbol{v}_2 & \cdots & \boldsymbol{v}_n \end{pmatrix} P$$

と定め，$\boldsymbol{v}, \boldsymbol{v}'$ のこの基底に関する成分ベクトルを $\boldsymbol{\mu}, \boldsymbol{\mu}'$ とすると，$\boldsymbol{\lambda} = P\boldsymbol{\mu}, \boldsymbol{\lambda}' = P\boldsymbol{\mu}'$ となるので内積は

$$(\boldsymbol{v}, \boldsymbol{v}') = {}^t\boldsymbol{\mu}\, {}^tPGP\boldsymbol{\mu}'$$

と表せる．この節では P を適切に選ぶことにより ${}^tPGP$ を対角行列にできるかを考える．以下ではより一般的に，対称行列 A に対して ${}^tPAP$ が対角行列となる P が存在することを示す．ここで P を直交行列とすると ${}^tPAP = P^{-1}AP$ であ

るので, このことは対称行列は直交行列により対角化可能であると言いかえられることに注意する.

後で示すように, 実数を成分とする対称行列の固有値は実数となるが, このことを示すには複素数を用いるのが考えやすい. そこでこれらを扱うために複素数ベクトル空間を考え, この空間での内積であるエルミート内積について述べる.

まず, n 次元**複素数ベクトル空間**は複素数を成分とする n 次数ベクトルの集合であり, $\mathbb{C}^n$ で表す. $\mathbb{C}^n$ は $\mathbb{R}^n$ と同様に和を定めることができ, スカラー倍は $\lambda \in \mathbb{C}$ に対して定まる.

$$\lambda \boldsymbol{z} = \begin{pmatrix} \lambda z_1 \\ \lambda z_2 \\ \vdots \\ \lambda z_n \end{pmatrix}$$

ここで複素数 $z = x + yi$ には複素共役 $\overline{z} = x - yi$ が定まっていた. そこで $\boldsymbol{z} \in \mathbb{C}^n$ の複素共役 $\overline{\boldsymbol{z}}$ を

$$\overline{\boldsymbol{z}} = \begin{pmatrix} \overline{z}_1 \\ \overline{z}_2 \\ \vdots \\ \overline{z}_n \end{pmatrix}$$

で定める. ここで $\boldsymbol{z} \in \mathbb{C}^n$ が $\boldsymbol{z} = \overline{\boldsymbol{z}}$ を満たせば $\boldsymbol{z} \in \mathbb{R}^n$ である. また, 実数を成分とする行列 A に対して次が成り立つ.

$$\overline{A\boldsymbol{z}} = A\overline{\boldsymbol{z}}$$

次に $\mathbb{C}^n$ の**エルミート内積**を $\boldsymbol{z} = \begin{pmatrix} z_1 \\ z_2 \\ \vdots \\ z_n \end{pmatrix}, \boldsymbol{z}' = \begin{pmatrix} z'_1 \\ z'_2 \\ \vdots \\ z'_n \end{pmatrix} \in \mathbb{C}^n$ に対し

$$\begin{aligned} (\boldsymbol{z}, \boldsymbol{z}') &= {}^t\boldsymbol{z}\overline{\boldsymbol{z}}' \\ &= z_1\overline{z}'_1 + z_2\overline{z}'_2 + \cdots + z_n\overline{z}'_n \end{aligned}$$

と定める. このエルミート内積は次の性質を持つ.

(1)　$(\boldsymbol{z}_1 + \boldsymbol{z}_2, \boldsymbol{z}') = (\boldsymbol{z}_1, \boldsymbol{z}') + (\boldsymbol{z}_2, \boldsymbol{z}')$

(2)　$(\lambda \boldsymbol{z}, \boldsymbol{z}') = \lambda(\boldsymbol{z}, \boldsymbol{z}')$

(3)　$(\boldsymbol{z}, \boldsymbol{z}') = \overline{(\boldsymbol{z}', \boldsymbol{z})}$

(4)　$(\boldsymbol{z}, \boldsymbol{z}) \geq 0$ であり, $(\boldsymbol{z}, \boldsymbol{z}) = 0$ となるのは $\boldsymbol{z} = \boldsymbol{0}$ のみである.

この性質を用いると次が成り立つ.

$$(\boldsymbol{z}, \lambda\boldsymbol{z}') = \overline{(\lambda\boldsymbol{z}', \boldsymbol{z})} = \overline{\lambda}\,\overline{(\boldsymbol{z}', \boldsymbol{z})} = \overline{\lambda}(\boldsymbol{z}, \boldsymbol{z}')$$

以上の準備のもとに対称行列の性質を述べる. ただし, 以下での行列はこれまでと同様に実数を成分とするものである.

定理 10.4.1　対称行列の固有値はすべて実数である. □

【証明】　n 次対称行列 A の固有値を $\lambda \in \mathbb{C}$ とし, その固有ベクトルを $\boldsymbol{p} \in \mathbb{C}^n$ とする. つまり, 次が成り立つとする.

$$A\boldsymbol{p} = \lambda\boldsymbol{p}$$

任意の $\boldsymbol{z}, \boldsymbol{z}' \in \mathbb{C}^n$ に対して

$$(A\boldsymbol{z}, \boldsymbol{z}') = {}^t(A\boldsymbol{z})\overline{\boldsymbol{z}}' = {}^t\boldsymbol{z}\,{}^tA\overline{\boldsymbol{z}}' = {}^t\boldsymbol{z}A\overline{\boldsymbol{z}}' = {}^t\boldsymbol{z}\overline{A\boldsymbol{z}'} = (\boldsymbol{z}, A\boldsymbol{z}')$$

が成り立つので

$$\lambda(\boldsymbol{p}, \boldsymbol{p}) = (\lambda\boldsymbol{p}, \boldsymbol{p}) = (A\boldsymbol{p}, \boldsymbol{p}) = (\boldsymbol{p}, A\boldsymbol{p}) = (\boldsymbol{p}, \lambda\boldsymbol{p}) = \overline{\lambda}(\boldsymbol{p}, \boldsymbol{p})$$

を得る. $\boldsymbol{p}$ は固有ベクトルより $\boldsymbol{p} \neq \boldsymbol{0}$ なので $(\boldsymbol{p}, \boldsymbol{p}) \neq 0$ となることに注意すると, これより $\lambda = \overline{\lambda}$ が成り立ち, λ が実数であることがわかる. ■

対称行列 A の固有値 λ の固有ベクトル $\boldsymbol{p}$ が満たす連立 1 次方程式

$$(\lambda I - A)\boldsymbol{p} = \boldsymbol{0}$$

の係数行列 $\lambda I - A$ は実数を成分とする行列である. これよりこの解, つまり固有ベクトルとして実数を成分とするものが存在する.

定理 10.4.2　対称行列の固有値 λ_1, λ_2 が異なれば, $\boldsymbol{p}_1 \in W_{\lambda_1}$ と $\boldsymbol{p}_2 \in W_{\lambda_2}$ は直交する. □

【証明】　対称行列を A とすると, その固有値は実数より

$$\lambda_1(\boldsymbol{p}_1, \boldsymbol{p}_2) = (\lambda_1\boldsymbol{p}_1, \boldsymbol{p}_2) = (A\boldsymbol{p}_1, \boldsymbol{p}_2) = (\boldsymbol{p}_1, A\boldsymbol{p}_2)$$

$$=(\boldsymbol{p}_1, \lambda_2\boldsymbol{p}_2) = \overline{\lambda}_2(\boldsymbol{p}_1, \boldsymbol{p}_2) = \lambda_2(\boldsymbol{p}_1, \boldsymbol{p}_2)$$

となり, $\lambda_1 \neq \lambda_2$ なので $(\boldsymbol{p}_1, \boldsymbol{p}_2) = 0$ を得る. ■

例 10.9

- $A = \begin{pmatrix} 2 & 1 \\ 1 & 2 \end{pmatrix}$ の固有値は $3, 1$ であり, それぞれの固有空間は次である.

$$W_3 = \left[\begin{pmatrix} 1 \\ 1 \end{pmatrix}\right], \quad W_1 = \left[\begin{pmatrix} -1 \\ 1 \end{pmatrix}\right]$$

- $A = \begin{pmatrix} 1 & 0 & 0 \\ 0 & 3 & -1 \\ 0 & -1 & 3 \end{pmatrix}$ の固有値は $4, 2, 1$ であり, それぞれの固有空間は次である.

$$W_4 = \left[\begin{pmatrix} 0 \\ -1 \\ 1 \end{pmatrix}\right], \quad W_2 = \left[\begin{pmatrix} 0 \\ 1 \\ 1 \end{pmatrix}\right], \quad W_1 = \left[\begin{pmatrix} 1 \\ 0 \\ 0 \end{pmatrix}\right]$$

- $A = \begin{pmatrix} 4 & 1 & 2 \\ 1 & 4 & -2 \\ 2 & -2 & 1 \end{pmatrix}$ の固有値は $5, -1$ であり, それぞれの固有空間は次である.

$$W_5 = \left[\begin{pmatrix} 1 \\ 1 \\ 0 \end{pmatrix}, \begin{pmatrix} 2 \\ 0 \\ 1 \end{pmatrix}\right], \quad W_{-1} = \left[\begin{pmatrix} -1/2 \\ 1/2 \\ 1 \end{pmatrix}\right]$$

以上を用いて次を示す.

定理 10.4.3　対称行列は直交行列により対角化可能である. □

【証明】　ここでは n 次対称行列 A が n 個の相異なる固有値 $\lambda_1, \lambda_2, \ldots, \lambda_n$ を持つ場合を考える. 固有値 λ_i の固有ベクトルであって実数を成分とするものを $\boldsymbol{p}'_i$ とすれば, 定理 10.4.2 より次が成り立つ.

$$(\boldsymbol{p}'_i, \boldsymbol{p}'_j) = 0 \quad (i \neq j)$$

これより $\boldsymbol{p}_i'$ を正規化したものを $\boldsymbol{p}_i$ とすると $\boldsymbol{p}_1, \boldsymbol{p}_2, \ldots, \boldsymbol{p}_n$ は $\mathbb{R}^n$ の正規直交系である．従って定理 10.2.3 から $P = \begin{pmatrix} \boldsymbol{p}_1 & \boldsymbol{p}_2 & \cdots & \boldsymbol{p}_n \end{pmatrix}$ は直交行列である．ここで $\boldsymbol{p}_i$ は固有値 λ_i の固有ベクトルであるので

$$P^{-1}AP = \begin{pmatrix} \lambda_1 & 0 & \cdots & 0 \\ 0 & \lambda_2 & \cdots & 0 \\ \vdots & \vdots & \ddots & \vdots \\ 0 & 0 & \cdots & \lambda_n \end{pmatrix}$$

が成り立つ．■

対称行列を対角化する直交行列として回転行列を選ぶことが可能である．実際，対称行列 A を対角化する直交行列 P が回転行列でないとすると $P^{-1}AP$ は対角行列であり

$$P\,{}^tP = {}^tPP = I_n, \quad |P| = -1$$

となる．このとき，$\widetilde{P}$ を基本行列 $D_n(1;-1)$ を用いて

$$\widetilde{P} = PD_n(1;-1)$$

と定めると

$$\widetilde{P}^{-1}A\widetilde{P} = P^{-1}AP, \quad \widetilde{P}\,{}^t\widetilde{P} = {}^t\widetilde{P}\widetilde{P} = I_n, \quad |\widetilde{P}| = 1$$

を満たすので，$\widetilde{P}$ は A を対角化する回転行列である．

例 10.10

- $A = \begin{pmatrix} 2 & 1 \\ 1 & 2 \end{pmatrix}$ の固有値は $3, 1$ であり，それぞれの固有ベクトルとして $\begin{pmatrix} 1 \\ 1 \end{pmatrix}$，$\begin{pmatrix} -1 \\ 1 \end{pmatrix}$ を取ることができる．これらを正規化したものは $\begin{pmatrix} 1/\sqrt{2} \\ 1/\sqrt{2} \end{pmatrix}$，$\begin{pmatrix} -1/\sqrt{2} \\ 1/\sqrt{2} \end{pmatrix}$ である．これより

$$P = \begin{pmatrix} 1/\sqrt{2} & -1/\sqrt{2} \\ 1/\sqrt{2} & 1/\sqrt{2} \end{pmatrix}$$

は直交行列であり, 次が成り立つ.

$$P^{-1}AP = \begin{pmatrix} 3 & 0 \\ 0 & 1 \end{pmatrix}$$

ここで $|P| = 1$ であるので P は回転行列である.

- $A = \begin{pmatrix} 1 & 0 & 0 \\ 0 & 3 & -1 \\ 0 & -1 & 3 \end{pmatrix}$ の固有値は $4, 2, 1$ であり, それぞれの固有ベクトルとして $\begin{pmatrix} 0 \\ -1 \\ 1 \end{pmatrix}, \begin{pmatrix} 0 \\ 1 \\ 1 \end{pmatrix}, \begin{pmatrix} 1 \\ 0 \\ 0 \end{pmatrix}$ を取ることができる. これらを正規化したものは $\begin{pmatrix} 0 \\ -1/\sqrt{2} \\ 1/\sqrt{2} \end{pmatrix}, \begin{pmatrix} 0 \\ 1/\sqrt{2} \\ 1/\sqrt{2} \end{pmatrix}, \begin{pmatrix} 1 \\ 0 \\ 0 \end{pmatrix}$ である. これより

$$P = \begin{pmatrix} 0 & 0 & 1 \\ -1/\sqrt{2} & -1/\sqrt{2} & 0 \\ 1/\sqrt{2} & 1/\sqrt{2} & 0 \end{pmatrix}$$

は直交行列であり, 次が成り立つ.

$$P^{-1}AP = \begin{pmatrix} 4 & 0 & 0 \\ 0 & 2 & 0 \\ 0 & 0 & 1 \end{pmatrix}$$

ここで $|P| = -1$ であるので P は回転行列でないが

$$\widetilde{P} = PD_3(1; -1) = \begin{pmatrix} 0 & 0 & 1 \\ 1/\sqrt{2} & 1/\sqrt{2} & 0 \\ -1/\sqrt{2} & 1/\sqrt{2} & 0 \end{pmatrix}$$

は回転行列であり, 次が成り立つ.

$$\widetilde{P}^{-1}A\widetilde{P} = \begin{pmatrix} 4 & 0 & 0 \\ 0 & 2 & 0 \\ 0 & 0 & 1 \end{pmatrix}$$

一般的には正規直交化法を用いて P を構成する.

例 10.11

$A = \begin{pmatrix} 4 & 1 & 2 \\ 1 & 4 & -2 \\ 2 & -2 & 1 \end{pmatrix}$ の固有値は $5, -1$ であり，固有値 5 の 1 次独立な固有ベクトルとして $\begin{pmatrix} 1 \\ 1 \\ 0 \end{pmatrix}, \begin{pmatrix} 2 \\ 0 \\ 1 \end{pmatrix}$，固有値 -1 の固有ベクトルとして $\begin{pmatrix} -1 \\ 1 \\ 2 \end{pmatrix}$ を取ることができる．これらから定まる $\mathbb{R}^3$ の基底 $\left\langle \begin{pmatrix} 1 \\ 1 \\ 0 \end{pmatrix}, \begin{pmatrix} 2 \\ 0 \\ 1 \end{pmatrix}, \begin{pmatrix} -1 \\ 1 \\ 2 \end{pmatrix} \right\rangle$ に正規直交化法を行って得られる正規直交基底は $\left\langle \begin{pmatrix} 1/\sqrt{2} \\ 1/\sqrt{2} \\ 0 \end{pmatrix}, \begin{pmatrix} 1/\sqrt{3} \\ -1/\sqrt{3} \\ 1/\sqrt{3} \end{pmatrix}, \begin{pmatrix} -1/\sqrt{6} \\ 1/\sqrt{6} \\ 2/\sqrt{6} \end{pmatrix} \right\rangle$ である．これより

$$\begin{pmatrix} 1/\sqrt{2} & 1/\sqrt{3} & -1/\sqrt{6} \\ 1/\sqrt{2} & -1/\sqrt{3} & 1/\sqrt{6} \\ 0 & 1/\sqrt{3} & 2/\sqrt{6} \end{pmatrix}$$

は直交行列であり，次が成り立つ．

$$P^{-1}AP = \begin{pmatrix} 5 & 0 & 0 \\ 0 & 5 & 0 \\ 0 & 0 & -1 \end{pmatrix}$$

ここで $|P| = -1$ であるので P は回転行列でないが

$$\widetilde{P} = PD_3(1; -1) = \begin{pmatrix} -1/\sqrt{2} & 1/\sqrt{3} & -1/\sqrt{6} \\ -1/\sqrt{2} & -1/\sqrt{3} & 1/\sqrt{6} \\ 0 & 1/\sqrt{3} & 2/\sqrt{6} \end{pmatrix}$$

は回転行列であり，次が成り立つ．

$$\widetilde{P}^{-1}A\widetilde{P} = \begin{pmatrix} 5 & 0 & 0 \\ 0 & 5 & 0 \\ 0 & 0 & -1 \end{pmatrix}$$

10.5　2次形式

2次の項だけからなる多項式

$$\sum_{i=1}^{n} a_{ii}x_i^2 + 2\sum_{1\le i<j\le n} a_{ij}x_ix_j$$

を**2次形式**という．以下の内容は一般の n でも同様であるが，ここでは $n=2$ の場合，つまり2次形式

$$a_{11}x_1^2 + 2a_{12}x_1x_2 + a_{22}x_2^2$$

に限って説明する．

2次形式は $A = \begin{pmatrix} a_{11} & a_{12} \\ a_{12} & a_{22} \end{pmatrix}, \boldsymbol{x} = \begin{pmatrix} x_1 \\ x_2 \end{pmatrix}$ を用いると ${}^t\boldsymbol{x}A\boldsymbol{x}$ と表せる．A は対称行列なので，10.4節で説明したように回転行列 P が存在して

$$P^{-1}AP = \begin{pmatrix} \lambda_1 & 0 \\ 0 & \lambda_2 \end{pmatrix}$$

とできる．これより ${}^tP = P^{-1}$ に注意して $\boldsymbol{x} = P\boldsymbol{x}' = P\begin{pmatrix} x_1' \\ x_2' \end{pmatrix}$ を代入すると

$$\begin{aligned} {}^t(P\boldsymbol{x}')A(P\boldsymbol{x}') &= {}^t\boldsymbol{x}'{}^tPAP\boldsymbol{x}' = {}^t\boldsymbol{x}'P^{-1}AP\boldsymbol{x}' \\ &= {}^t\boldsymbol{x}'\begin{pmatrix} \lambda_1 & 0 \\ 0 & \lambda_2 \end{pmatrix}\boldsymbol{x}' = \lambda_1(x_1')^2 + \lambda_2(x_2')^2 \end{aligned}$$

となる．以下ではこのことの応用として2次曲線と関数の極値について述べる．

10.5.1　2次曲線

定義方程式 $a_{11}x_1^2 + 2a_{12}x_1x_2 + a_{22}x_2^2 + b_1x_1 + b_2x_2 + c = 0$ から定まる2次曲線とは次であった．

$$\left\{ \begin{pmatrix} x_1 \\ x_2 \end{pmatrix} \in \mathbb{R}^2 \;\middle|\; a_{11}x_1^2 + 2a_{12}x_1x_2 + a_{22}x_2^2 + b_1x_1 + b_2x_2 + c = 0 \right\}$$

この定義方程式は

$$A = \begin{pmatrix} a_{11} & a_{12} \\ a_{12} & a_{22} \end{pmatrix}, \quad \boldsymbol{b} = \begin{pmatrix} b_1 \\ b_2 \end{pmatrix}, \quad \boldsymbol{x} = \begin{pmatrix} x_1 \\ x_2 \end{pmatrix}$$

を用いると次のように表せた.

$$ {}^t\boldsymbol{x}A\boldsymbol{x} + {}^t\boldsymbol{b}\boldsymbol{x} + c = 0 $$

$P^{-1}AP$ が対角行列となる回転行列 P を用いて $\boldsymbol{x} = P\boldsymbol{x}'$ とすることにより次が成り立つ.

定理 10.5.1　2次曲線の定義方程式 ${}^t\boldsymbol{x}A\boldsymbol{x} + {}^t\boldsymbol{b}\boldsymbol{x} + c = 0$ は回転行列 P による変換 $\boldsymbol{x} = P\boldsymbol{x}' = P\begin{pmatrix} x_1' \\ x_2' \end{pmatrix}$ により

$$ \lambda_1(x_1')^2 + \lambda_2(x_2')^2 + \mu_1 x_1' + \mu_2 x_2' + c = 0 $$

とできる. ただし, λ_1, λ_2 は A の固有値であり, $\begin{pmatrix} \mu_1 \\ \mu_2 \end{pmatrix} = {}^t\boldsymbol{b}P$ である.　□

これは考えている2次曲線を原点を中心として回転させることによって $a_{12} = 0$, つまり定義方程式に x_1x_2 がない2次曲線にできるということを表している.

例 10.12

- 定義方程式 $2x_1^2 + 2x_1x_2 + 2x_2^2 - 1 = 0$ から定まる2次曲線を考える. この定義方程式は $A = \begin{pmatrix} 2 & 1 \\ 1 & 2 \end{pmatrix}$, $\boldsymbol{x} = \begin{pmatrix} x_1 \\ x_2 \end{pmatrix}$ を用いると ${}^t\boldsymbol{x}A\boldsymbol{x} - 1 = 0$ と表せる. この A は回転行列 $P = \begin{pmatrix} 1/\sqrt{2} & -1/\sqrt{2} \\ 1/\sqrt{2} & 1/\sqrt{2} \end{pmatrix}$ を用いると対角化できる.

$$ P^{-1}AP = \begin{pmatrix} 3 & 0 \\ 0 & 1 \end{pmatrix} $$

これより $\boldsymbol{x} = P\boldsymbol{x}' = P\begin{pmatrix} x_1' \\ x_2' \end{pmatrix}$ とすると

$$ 2x_1^2 + 2x_1x_2 + 2x_2^2 = {}^t\boldsymbol{x}A\boldsymbol{x} = {}^t\boldsymbol{x}'\begin{pmatrix} 3 & 0 \\ 0 & 1 \end{pmatrix}\boldsymbol{x}' = 3(x_1')^2 + (x_3')^2 $$

となるので $3(x_1')^2 + (x_3')^2 - 1 = 0$ を得る. 定義方程式 $3(x_1')^2 + (x_3')^2 - 1 = 0$ から定まる2次曲線は楕円なので, もとの2次曲線も楕円であることがわか

る．また, 回転行列は

$$P = \begin{pmatrix} 1/\sqrt{2} & -1/\sqrt{2} \\ 1/\sqrt{2} & 1/\sqrt{2} \end{pmatrix} = \begin{pmatrix} \cos(\pi/4) & -\sin(\pi/4) \\ \sin(\pi/4) & \cos(\pi/4) \end{pmatrix}$$

であるので, 原点を中心として角度 $\pi/4$ だけ回転させていることもわかる．図10.1はこれらの2次曲線を描いたものである．

- 定義方程式 $3x_1^2 + 4x_1x_2 - 1 = 0$ から定まる2次曲線を考える．この定義方程式は $A = \begin{pmatrix} 3 & 2 \\ 2 & 0 \end{pmatrix}$, $\boldsymbol{x} = \begin{pmatrix} x_1 \\ x_2 \end{pmatrix}$ を用いると ${}^t\boldsymbol{x}A\boldsymbol{x} - 1 = 0$ と表せる．この A は回転行列 $P = \begin{pmatrix} 2/\sqrt{5} & -1/\sqrt{5} \\ 1/\sqrt{5} & 2/\sqrt{5} \end{pmatrix}$ を用いると対角化できる．

$$P^{-1}AP = \begin{pmatrix} 4 & 0 \\ 0 & -1 \end{pmatrix}$$

これより $\boldsymbol{x} = P\boldsymbol{x}' = P\begin{pmatrix} x_1' \\ x_2' \end{pmatrix}$ とすると

$$3x_1^2 + 4x_1x_2 = {}^t\boldsymbol{x}A\boldsymbol{x} = {}^t\boldsymbol{x}' \begin{pmatrix} 4 & 0 \\ 0 & -1 \end{pmatrix} \boldsymbol{x}' = 4(x_1')^2 - (x_2')^2$$

となるので $4(x_1')^2 - (x_2')^2 - 1 = 0$ を得る．定義方程式 $4(x_1')^2 - (x_2')^2 - 1 = 0$ から定まる2次曲線は双曲線なので, もとの2次曲線も双曲線であることがわかる．図10.2はこれらの2次曲線を描いたものである．

10.5.2　関数の極値

ここでは2変数関数 $f(x_1, x_2)$ の原点 $(x_1, x_2) = (0, 0)$ での極値について考える．

まず, 2次形式 $a_{11}x_1^2 + 2a_{12}x_1x_2 + a_{22}x_2^2$ を2変数関数と考え, その $(x_1, x_2) = (0, 0)$ での極値について考える．これは座標の回転によって $\lambda_1(x_1')^2 + \lambda_2(x_2')^2$ とすることができた．$\lambda_1(x_1')^2 + \lambda_2(x_2')^2$ については次が成り立つ．

- $\lambda_1, \lambda_2 < 0$ のとき

$$\lambda_1(x_1')^2 + \lambda_2(x_2')^2 \leq \lambda_1 0^2 + \lambda_2 0^2 = 0$$

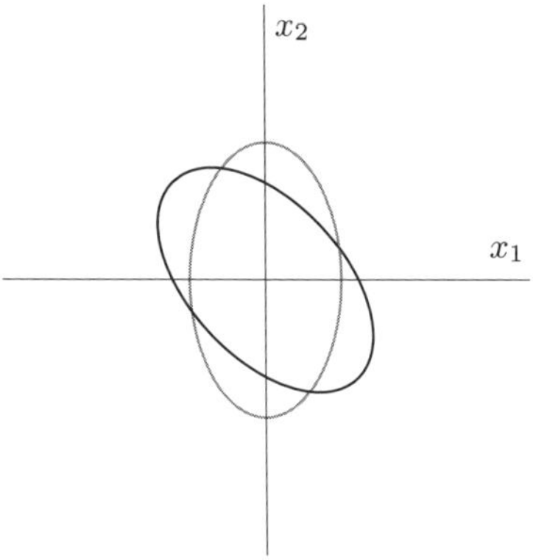

図 10.1　$2x_1^2 + 2x_1x_2 + 2x_2^2 - 1 = 0$ から定まる 2 次曲線 (黒) と $3x_1^2 + x_2^2 - 1 = 0$ から定まる 2 次曲線 (灰色)

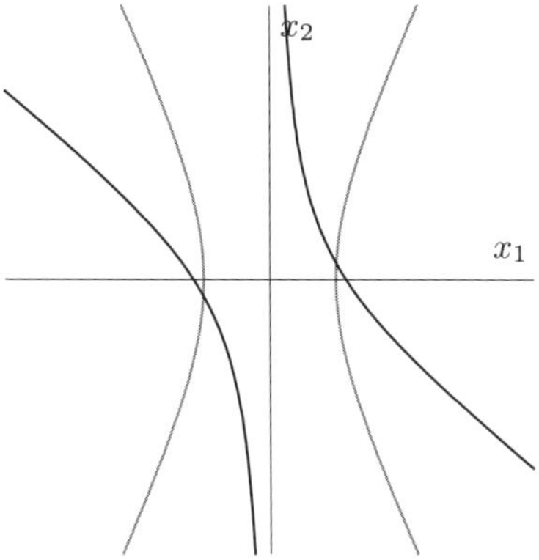

図 10.2　$3x_1^2 + 4x_1x_2 - 1 = 0$ から定まる 2 次曲線 (黒) と $4x_1^2 - x_2^2 - 1 = 0$ から定まる 2 次曲線 (灰色)

となる. つまり, $\lambda_1(x_1')^2 + \lambda_2(x_2')^2$ は $(x_1', x_2') = (0, 0)$ で極大となる.

- $\lambda_1, \lambda_2 > 0$ のとき

$$\lambda_1(x_1')^2 + \lambda_2(x_2')^2 \geq \lambda_1 0^2 + \lambda_2 0^2 = 0$$

となる. つまり, $\lambda_1(x_1')^2 + \lambda_2(x_2')^2$ は $(x_1', x_2') = (0, 0)$ で極小となる.

- $\lambda_1 > 0, \lambda_2 < 0$ のとき

$$\lambda_1(x_1')^2 + \lambda_2 0^2 \geq \lambda_1 0^2 + \lambda_2 0^2 = 0$$
$$\lambda_1 0^2 + \lambda_2(x_2')^2 \leq \lambda_1 0^2 + \lambda_2 0^2 = 0$$

となる. つまり, $\lambda_1(x_1')^2 + \lambda_2(x_2')^2$ は $(x_1', x_2') = (0, 0)$ で極大でも極小でもない.

- $\lambda_1 > 0, \lambda_2 < 0$ のときは $\lambda_1 > 0, \lambda_2 < 0$ の場合と同様に $(x_1', x_2') = (0, 0)$ で極大でも極小でもない.

ここで $\lambda_1 > 0, \lambda_2 < 0$ と $\lambda_1 > 0, \lambda_2 < 0$ は $\lambda_1\lambda_2 < 0$ とまとめられる.

(x_1', x_2') はもとの座標 (x_1, x_2) を回転して得られることに注意すると, 極大, 極小については (x_1, x_2) で考えても同じことが成り立つ. つまり, 次を得る.

定理 10.5.2　$f(x_1, x_2) = a_{11}x_1^2 + 2a_{12}x_1x_2 + a_{22}x_2^2$ から定まる 2 次対称行列

$A = \begin{pmatrix} a_{11} & a_{12} \\ a_{12} & a_{22} \end{pmatrix}$ の固有値を λ_1, λ_2 とする．このとき，次が成り立つ．

- $\lambda_1, \lambda_2 < 0$ とすると $f(x_1, x_2)$ は $(x_1, x_2) = (0, 0)$ で極大となる．
- $\lambda_1, \lambda_2 > 0$ とすると $f(x_1, x_2)$ は $(x_1, x_2) = (0, 0)$ で極小となる．
- $\lambda_1 \lambda_2 < 0$ とすると $f(x_1, x_2)$ は $(x_1, x_2) = (0, 0)$ で極大でも極小でもない．

□

例 10.13

- $2x_1^2 + 2x_1x_2 + 2x_2^2$ から定まる対称行列は $A = \begin{pmatrix} 2 & 1 \\ 1 & 2 \end{pmatrix}$ であり，その固有値は $3, 1$ である．これより 2 変数関数 $2x_1^2 + 2x_1x_2 + 2x_2^2$ は $(x_1, x_2) = (0, 0)$ で極小となる．
- $3x_1^2 + 4x_1x_2$ から定まる対称行列は $A = \begin{pmatrix} 3 & 2 \\ 2 & 0 \end{pmatrix}$ であり，その固有値は $4, -1$ である．これより 2 変数関数 $3x_1^2 + 4x_1x_2$ は $(x_1, x_2) = (0, 0)$ で極大でも極小でもない．

$f(x_1, x_2) = a_{11}x_1^2 + 2a_{12}x_1x_2 + a_{22}x_2^2$ とすると 2 次対称行列 A は次のように表すことができる．

$$A = \frac{1}{2} \begin{pmatrix} \dfrac{\partial^2 f}{\partial x_1^2}(0,0) & \dfrac{\partial^2 f}{\partial x_1 \partial x_2}(0,0) \\ \dfrac{\partial^2 f}{\partial x_2 \partial x_1}(0,0) & \dfrac{\partial^2 f}{\partial x_2^2}(0,0) \end{pmatrix}$$

さらに，$f(x_1, x_2)$ は次を満たしている．

$$\frac{\partial f}{\partial x_1}(0,0) = \frac{\partial f}{\partial x_2}(0,0) = 0$$

実は一般の 2 変数関数 $f(x_1, x_2)$ の原点 $(x_1, x_2) = (0, 0)$ での極値についても，これらを用いて次のように判定できる．

定理 10.5.3　$f(x_1, x_2)$ を $\dfrac{\partial f}{\partial x_1}(0,0) = \dfrac{\partial f}{\partial x_2}(0,0) = 0$ を満たす 2 変数関数とし，λ_1, λ_2 をヘッセ行列

$$
\begin{pmatrix}
\dfrac{\partial^2 f}{\partial x_1^2}(0,0) & \dfrac{\partial^2 f}{\partial x_1 \partial x_2}(0,0) \\
\dfrac{\partial^2 f}{\partial x_2 \partial x_1}(0,0) & \dfrac{\partial^2 f}{\partial x_2^2}(0,0)
\end{pmatrix}
$$

の固有値とする．このとき，次が成り立つ．

- $\lambda_1, \lambda_2 < 0$ とすると $f(x_1, x_2)$ は $(x_1, x_2) = (0, 0)$ で極大となる．
- $\lambda_1, \lambda_2 > 0$ とすると $f(x_1, x_2)$ は $(x_1, x_2) = (0, 0)$ で極小となる．
- $\lambda_1 \lambda_2 < 0$ とすると $f(x_1, x_2)$ は $(x_1, x_2) = (0, 0)$ で極大でも極小でもない．

□

この判定法を用いることができるのは固有値 λ_1, λ_2 がともに 0 でない場合である．固有値に 0 が現れる場合はより詳細に調べる必要がある．

章末問題

問題 1　ベクトル空間 $\mathbb{R}[x]_2$ を次の内積で内積空間と考える.

$$(p, p') = \int_{-1}^{1} p(x)p'(x)dx$$

このとき, 次に答えよ.

(1)　$p_1(x) = 1/\sqrt{2}, p_2(x) = \sqrt{3/2}x$ に対し, 内積 (p_1, p_2) と長さ $\|p_1\|, \|p_2\|$ を求めよ.

(2)　$p_3(x) = x^2 + a_1x + a_0$ とする. p_3 が p_1, p_2 と直交するように a_0, a_1 の値を定めよ.

問題 2　$\mathbb{R}^2$ を標準内積により内積空間と考える. 次が正規直交基底であるかどうかを判断し, 正しい場合は $\begin{pmatrix} 1 \\ 0 \end{pmatrix}$ をそれらの 1 次結合として表せ.

(1) $\left\langle \begin{pmatrix} 1 \\ 0 \end{pmatrix}, \begin{pmatrix} 1/\sqrt{2} \\ -1/\sqrt{2} \end{pmatrix} \right\rangle$　　(2) $\left\langle \begin{pmatrix} 1/\sqrt{2} \\ 1/\sqrt{2} \end{pmatrix}, \begin{pmatrix} 1/\sqrt{2} \\ -1/\sqrt{2} \end{pmatrix} \right\rangle$

問題 3　$\mathbb{R}^3$ を標準内積により内積空間と考える. 次が正規直交基底であるかどうかを判断し, 正しい場合は $\begin{pmatrix} 1 \\ 0 \\ 0 \end{pmatrix}$ をそれらの 1 次結合として表せ.

(1) $\left\langle \begin{pmatrix} 1/\sqrt{3} \\ 1/\sqrt{3} \\ 1/\sqrt{3} \end{pmatrix}, \begin{pmatrix} 1/\sqrt{6} \\ -2/\sqrt{6} \\ 1/\sqrt{6} \end{pmatrix}, \begin{pmatrix} 0 \\ 1/\sqrt{2} \\ -1/\sqrt{2} \end{pmatrix} \right\rangle$

(2) $\left\langle \begin{pmatrix} 1/\sqrt{3} \\ 1/\sqrt{3} \\ 1/\sqrt{3} \end{pmatrix}, \begin{pmatrix} 1/\sqrt{6} \\ -2/\sqrt{6} \\ 1/\sqrt{6} \end{pmatrix}, \begin{pmatrix} 1/\sqrt{2} \\ 0 \\ -1/\sqrt{2} \end{pmatrix} \right\rangle$

問題 4　$\mathbb{R}^2$ を標準内積により内積空間と考える. 次の基底に正規直交化法を用いて正規直交基底を構成せよ.

(1) $\left\langle \begin{pmatrix} 1 \\ 0 \end{pmatrix}, \begin{pmatrix} 1 \\ 1 \end{pmatrix} \right\rangle$　　(2) $\left\langle \begin{pmatrix} 1 \\ 1 \end{pmatrix}, \begin{pmatrix} 1 \\ 0 \end{pmatrix} \right\rangle$

問題 5　$\mathbb{R}^3$ を標準内積により内積空間と考える. 次の基底に正規直交化法を用いて正規直交基底を構成せよ.

(1) $\left\langle \begin{pmatrix} 0 \\ 0 \\ 1 \end{pmatrix}, \begin{pmatrix} 1 \\ 1 \\ 1 \end{pmatrix}, \begin{pmatrix} 1 \\ 2 \\ 3 \end{pmatrix} \right\rangle$　　(2) $\left\langle \begin{pmatrix} 1 \\ 1 \\ 1 \end{pmatrix}, \begin{pmatrix} 0 \\ 0 \\ 1 \end{pmatrix}, \begin{pmatrix} 1 \\ 2 \\ 3 \end{pmatrix} \right\rangle$

問題 6　次の対称行列を直交行列で対角化せよ.

(1) $\begin{pmatrix} 1 & 3 \\ 3 & 1 \end{pmatrix}$　　(2) $\begin{pmatrix} 1 & -1 & 0 \\ -1 & 0 & -1 \\ 0 & -1 & 1 \end{pmatrix}$

(3) $\begin{pmatrix} 0 & 1 & 1 \\ 1 & 0 & 1 \\ 1 & 1 & 0 \end{pmatrix}$　　(4) $\begin{pmatrix} 1 & \sqrt{2} & 2 \\ \sqrt{2} & 0 & \sqrt{2} \\ 2 & \sqrt{2} & 1 \end{pmatrix}$

問題 7　次の定義方程式から定まる 2 次曲線は楕円, 放物線, 双曲線のどれであるか答えよ.

(1) $4x_1^2 - 6x_1x_2 + 4x_2^2 - 7 = 0$　　(2) $x_1^2 - 2x_1x_2 + x_2^2 + x_1 + x_2 = 0$

問題 8　次の 2 変数関数 $f(x_1, x_2)$ は原点 $(x_1, x_2) = (0, 0)$ で極大となるか, 極小となるか, どちらでもないか判断せよ.

(1) $f(x_1, x_2) = 3x_1^2 + 2x_1x_2 + 3x_2^2$　　(2) $f(x_1, x_2) = x_1^2 + 4x_1x_2 - 2x_2^2$

第 11 章

線形変換とアフィン変換の像

ベクトル空間の部分集合の線形変換, あるいはアフィン変換による像として, ベクトル空間の新たな部分集合が得られる. ここでは $\mathbb{R}^2$, つまり平面の部分集合である線分や三角形, あるいは単位円などがこれら変換によってどのような像になるかについて述べる.

11.1 線形変換の像

本章では 2 次元数ベクトル空間 $\mathbb{R}^2$ 上の線形変換 T による $\mathbb{R}^2$ の部分集合の像を考える. まず, 点の像は点となる.

例 11.1

線形変換 $T(\boldsymbol{x}) = \begin{pmatrix} 2 & 1 \\ 1 & 2 \end{pmatrix} \boldsymbol{x}$ を考える.

- $\left\{ \begin{pmatrix} -1 \\ -1 \end{pmatrix} \right\}$ の T による像は $\left\{ T \begin{pmatrix} -1 \\ -1 \end{pmatrix} \right\} = \left\{ \begin{pmatrix} -3 \\ -3 \end{pmatrix} \right\}$ である.
- $\left\{ \begin{pmatrix} -1 \\ -1 \end{pmatrix}, \begin{pmatrix} 1 \\ 0 \end{pmatrix} \right\}$ の T による像は $\left\{ T \begin{pmatrix} -1 \\ -1 \end{pmatrix}, T \begin{pmatrix} 1 \\ 0 \end{pmatrix} \right\} = \left\{ \begin{pmatrix} -3 \\ -3 \end{pmatrix}, \begin{pmatrix} 2 \\ 1 \end{pmatrix} \right\}$ である.

11.1.1 線分, 三角形の像

ここでは線形変換による線分と三角形の像を考える. 線分と三角形は $\mathbb{R}^2$ の部分集合として次のように定義される.

定義 11.1.1 $\boldsymbol{x}_0, \boldsymbol{x}_1 \in \mathbb{R}^2$ を $\boldsymbol{x}_0 \neq \boldsymbol{x}_1$ であるものとする. このとき, $\boldsymbol{x}_0, \boldsymbol{x}_1$ を端点とする線分 $L(\boldsymbol{x}_0, \boldsymbol{x}_1)$ を次で定める.

$$
\begin{aligned}
L(\boldsymbol{x}_0, \boldsymbol{x}_1) &= \left\{ t_0 \boldsymbol{x}_0 + t_1 \boldsymbol{x}_1 \in \mathbb{R}^2 \;\middle|\; t_0 + t_1 = 1, 0 \leq t_0, t_1 \right\} \\
&= \left\{ t \boldsymbol{x}_0 + (1-t) \boldsymbol{x}_1 \in \mathbb{R}^2 \;\middle|\; 0 \leq t \leq 1 \right\}
\end{aligned}
$$

□

線分 $L(\boldsymbol{x}_0, \boldsymbol{x}_1)$ は 2 点 $\boldsymbol{x}_0, \boldsymbol{x}_1$ を通る直線のこれらの点に挟まれた部分である．

ここで線分において $\boldsymbol{x}_0 \neq \boldsymbol{x}_1$ が成り立たない，つまり $\boldsymbol{x}_0 = \boldsymbol{x}_1$ とする．このとき，$L(\boldsymbol{x}_0, \boldsymbol{x}_1)$ の要素は

$$t_0\boldsymbol{x}_0 + t_1\boldsymbol{x}_1 = t_0\boldsymbol{x}_0 + t_1\boldsymbol{x}_0 = \boldsymbol{x}_0$$

で与えられる．ここで $t_0 + t_1 = 1$ であることを用いた．これより $L(\boldsymbol{x}_0, \boldsymbol{x}_1) = \{\boldsymbol{x}_0\}$ となる．

定義 11.1.2　$\boldsymbol{x}_0, \boldsymbol{x}_1, \boldsymbol{x}_2 \in \mathbb{R}^2$ を $\boldsymbol{x}_1 - \boldsymbol{x}_0, \boldsymbol{x}_2 - \boldsymbol{x}_0$ が 1 次独立であるものとする．このとき，$\boldsymbol{x}_0, \boldsymbol{x}_1, \boldsymbol{x}_2$ を頂点とする三角形 $\triangle(\boldsymbol{x}_0, \boldsymbol{x}_1, \boldsymbol{x}_2)$ を次で定める．

$$\triangle(\boldsymbol{x}_0, \boldsymbol{x}_1, \boldsymbol{x}_2) = \left\{ t_0\boldsymbol{x}_0 + t_1\boldsymbol{x}_1 + t_2\boldsymbol{x}_2 \in \mathbb{R}^2 \;\middle|\; t_0 + t_1 + t_2 = 1, 0 \leq t_0, t_1, t_2 \right\}$$

□

例 11.2

$\begin{pmatrix} -1 \\ -1 \end{pmatrix}, \begin{pmatrix} 1 \\ 0 \end{pmatrix}, \begin{pmatrix} 0 \\ 1 \end{pmatrix}$ を頂点とする三角形を考える．この三角形の要素は，$t_0 + t_1 + t_2 = 1, 0 \leq t_0, t_1, t_2$ を満たす t_0, t_1, t_2 を用いて次のように書くことができる．

$$\begin{pmatrix} x_1 \\ x_2 \end{pmatrix} = t_0 \begin{pmatrix} -1 \\ -1 \end{pmatrix} + t_1 \begin{pmatrix} 1 \\ 0 \end{pmatrix} + t_2 \begin{pmatrix} 0 \\ 1 \end{pmatrix} = \begin{pmatrix} -t_0 + t_1 \\ -t_2 + t_2 \end{pmatrix}$$

この等式と $t_0 + t_1 + t_2 = 1$ を用いると

$$\begin{cases} t_0 = \dfrac{1}{3}(-x_1 - x_2 + 1) \\ t_1 = \dfrac{1}{3}(2x_1 - x_2 + 1) \\ t_2 = \dfrac{1}{3}(-x_1 + 2x_2 + 1) \end{cases}$$

となり，$0 \leq t_0, t_1, t_2$ であるので三角形の要素は

$$\begin{cases} 0 \leq \dfrac{1}{3}(-x_1 - x_2 + 1) \\ 0 \leq \dfrac{1}{3}(2x_1 - x_2 + 1) \\ 0 \leq \dfrac{1}{3}(-x_1 + 2x_2 + 1) \end{cases}$$

を満たす $\begin{pmatrix} x_1 \\ x_2 \end{pmatrix}$ となる．図 11.1 はこの三角形を描いたものである．

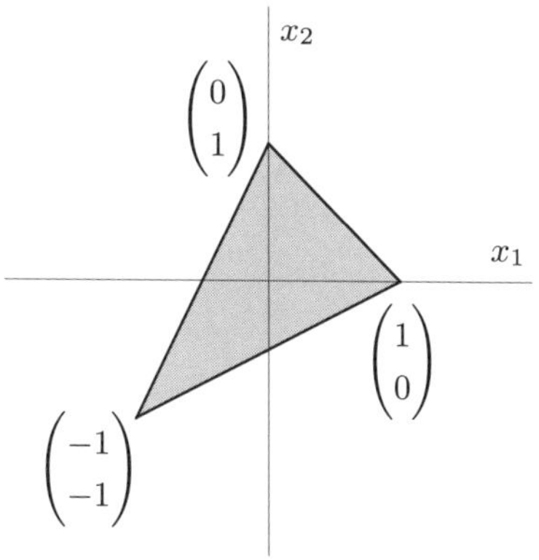

図 11.1　$\begin{pmatrix} -1 \\ -1 \end{pmatrix}, \begin{pmatrix} 1 \\ 0 \end{pmatrix}, \begin{pmatrix} 0 \\ 1 \end{pmatrix}$ を頂点とする三角形

三角形において $\boldsymbol{x}_1 - \boldsymbol{x}_0, \boldsymbol{x}_2 - \boldsymbol{x}_0$ が 1 次独立でない場合，$\triangle(\boldsymbol{x}_0, \boldsymbol{x}_1, \boldsymbol{x}_2)$ は $L(\boldsymbol{x}_0, \boldsymbol{x}_1)$ や $\{\boldsymbol{x}_0\}$ などになることがある．例えば，$\boldsymbol{x}_1 - \boldsymbol{x}_0 = \boldsymbol{x}_2 - \boldsymbol{x}_0$，つまり $\boldsymbol{x}_1 = \boldsymbol{x}_2$ が成り立っているとする．このとき，$\triangle(\boldsymbol{x}_0, \boldsymbol{x}_1, \boldsymbol{x}_2)$ の要素は

$$t_0\boldsymbol{x}_0 + t_1\boldsymbol{x}_1 + t_2\boldsymbol{x}_2 = t_0\boldsymbol{x}_0 + t_1\boldsymbol{x}_1 + t_2\boldsymbol{x}_1 = t_0\boldsymbol{x}_0 + (1 - t_0)\boldsymbol{x}_1$$

で与えられる． ここで $t_0 + t_1 + t_2 = 1$ であることを用いた． これより $\triangle(\boldsymbol{x}_0, \boldsymbol{x}_1, \boldsymbol{x}_2) = L(\boldsymbol{x}_0, \boldsymbol{x}_1)$ となる．

線形変換 T として，まずは逆変換が存在するもの，つまり 2 次正則行列 A を用いて $T(\boldsymbol{x}) = A\boldsymbol{x}$ と表せるものを考える．

定理 11.1.1　逆変換が存在する線形変換 T による線分 $L(\boldsymbol{x}_0, \boldsymbol{x}_1)$ の像は線分 $L(T(\boldsymbol{x}_0), T(\boldsymbol{x}_1))$ である．　□

【証明】　まず $\boldsymbol{x}_1 \neq \boldsymbol{x}_2$ であり，T は単射なので $T(\boldsymbol{x}_0) \neq T(\boldsymbol{x}_1)$ となることに注

意する．$L(\boldsymbol{x}_0, \boldsymbol{x}_1)$ の要素 $t_0\boldsymbol{x}_0 + t_1\boldsymbol{x}_1$ に対して

$$T(t_0\boldsymbol{x}_0 + t_1\boldsymbol{x}_1) = t_0T(\boldsymbol{x}_0) + t_1T(\boldsymbol{x}_1)$$

となるので $T(L(\boldsymbol{x}_0, \boldsymbol{x}_1)) = L(T(\boldsymbol{x}_0), T(\boldsymbol{x}_1))$ が成り立つ． ■

例 11.3

線形変換 $T(\boldsymbol{x}) = \begin{pmatrix} 2 & 1 \\ 1 & 2 \end{pmatrix} \boldsymbol{x}$ を考える．

- $\begin{pmatrix} -1 \\ -1 \end{pmatrix}, \begin{pmatrix} 1 \\ 0 \end{pmatrix}$ を端点とする線分の T による像は $T\begin{pmatrix} -1 \\ -1 \end{pmatrix} = \begin{pmatrix} -3 \\ -3 \end{pmatrix}, T\begin{pmatrix} 1 \\ 0 \end{pmatrix} = \begin{pmatrix} 2 \\ 1 \end{pmatrix}$ を端点とする線分である．
- $\begin{pmatrix} 1 \\ 0 \end{pmatrix}, \begin{pmatrix} 0 \\ 1 \end{pmatrix}$ を端点とする線分の T による像は $T\begin{pmatrix} 1 \\ 0 \end{pmatrix} = \begin{pmatrix} 2 \\ 1 \end{pmatrix}, T\begin{pmatrix} 0 \\ 1 \end{pmatrix} = \begin{pmatrix} 1 \\ 2 \end{pmatrix}$ を端点とする線分である．

定理 11.1.2　逆変換が存在する線形変換 T による三角形 $\triangle(\boldsymbol{x}_0, \boldsymbol{x}_1, \boldsymbol{x}_2)$ の像は三角形 $\triangle(T(\boldsymbol{x}_0), T(\boldsymbol{x}_1), T(\boldsymbol{x}_2))$ である． □

【証明】　まず $T(\boldsymbol{x}_1) - T(\boldsymbol{x}_0), T(\boldsymbol{x}_2) - T(\boldsymbol{x}_0)$ が 1 次独立であることを示す．そのために 1 次関係

$$\lambda_1 \{T(\boldsymbol{x}_1) - T(\boldsymbol{x}_0)\} + \lambda_2 \{T(\boldsymbol{x}_2) - T(\boldsymbol{x}_0)\} = \boldsymbol{0}$$

を考える．T は単射な線形変換であるので

$$\lambda_1(\boldsymbol{x}_1 - \boldsymbol{x}_0) + \lambda_2(\boldsymbol{x}_2 - \boldsymbol{x}_0) = \boldsymbol{0}$$

となり，$\boldsymbol{x}_1 - \boldsymbol{x}_0, \boldsymbol{x}_2 - \boldsymbol{x}_0$ は 1 次独立なので $\lambda_1 = \lambda_2 = 0$ を得る．従って $T(\boldsymbol{x}_1) - T(\boldsymbol{x}_0), T(\boldsymbol{x}_2) - T(\boldsymbol{x}_0)$ は 1 次独立である．

さらに，$t_0\boldsymbol{x}_0 + t_1\boldsymbol{x}_1 + t_2\boldsymbol{x}_2 \in \triangle(\boldsymbol{x}_0, \boldsymbol{x}_1, \boldsymbol{x}_2)$ とすると

$$T(t_0\boldsymbol{x}_0 + t_1\boldsymbol{x}_1 + t_2\boldsymbol{x}_2) = t_0T(\boldsymbol{x}_0) + t_1T(\boldsymbol{x}_1) + t_2T(\boldsymbol{x}_2)$$

となるので $T(\triangle(\boldsymbol{x}_0, \boldsymbol{x}_1, \boldsymbol{x}_2)) = \triangle(T(\boldsymbol{x}_0), T(\boldsymbol{x}_1), T(\boldsymbol{x}_2))$ が成り立つ． ■

例 11.4

$\begin{pmatrix}-1\\-1\end{pmatrix}, \begin{pmatrix}1\\0\end{pmatrix}, \begin{pmatrix}0\\1\end{pmatrix}$ を頂点とする三角形の線形変換 $T(\boldsymbol{x}) = \begin{pmatrix}2 & 1\\1 & 2\end{pmatrix}\boldsymbol{x}$ による像は $T\begin{pmatrix}-1\\-1\end{pmatrix} = \begin{pmatrix}-3\\-3\end{pmatrix}, T\begin{pmatrix}1\\0\end{pmatrix} = \begin{pmatrix}2\\1\end{pmatrix}, T\begin{pmatrix}0\\1\end{pmatrix} = \begin{pmatrix}1\\2\end{pmatrix}$ を頂点とする三角形である.

次に三角形の面積が線形変換によってどのように変化するかを考える.

定理 11.1.3 三角形 $\triangle$ の面積を S とする. 逆変換が存在する線形変換 T によるこの三角形の像 $T(\triangle)$ の面積は

$$|\det A|S$$

となる. ただし, A は $T(\boldsymbol{x}) = A\boldsymbol{x}$ となる 2 次正則行列である. □

【証明】 三角形 $\triangle$ の頂点を $\boldsymbol{x}_0, \boldsymbol{x}_1, \boldsymbol{x}_2$ とすると, その面積 S は $\boldsymbol{x}_1 - \boldsymbol{x}_0, \boldsymbol{x}_2 - \boldsymbol{x}_0$ が張る平行四辺形の面積の半分なので

$$S = \frac{1}{2}\left|\det\begin{pmatrix}\boldsymbol{x}_1 - \boldsymbol{x}_0 & \boldsymbol{x}_2 - \boldsymbol{x}_0\end{pmatrix}\right|$$

となる. T によるこの三角形の像 $T(\triangle)$ の面積は, 頂点が $T(\boldsymbol{x}_0), T(\boldsymbol{x}_1), T(\boldsymbol{x}_2)$ であるので

$$\frac{1}{2}\left|\det\begin{pmatrix}T(\boldsymbol{x}_1) - T(\boldsymbol{x}_0) & T(\boldsymbol{x}_2) - T(\boldsymbol{x}_0)\end{pmatrix}\right|$$

となる. ここで

$$\begin{aligned}\begin{pmatrix}T(\boldsymbol{x}_1) - T(\boldsymbol{x}_0) & T(\boldsymbol{x}_2) - T(\boldsymbol{x}_0)\end{pmatrix} &= \begin{pmatrix}A\boldsymbol{x}_1 - A\boldsymbol{x}_0 & A\boldsymbol{x}_2 - A\boldsymbol{x}_0\end{pmatrix}\\ &= A\begin{pmatrix}\boldsymbol{x}_1 - \boldsymbol{x}_0 & \boldsymbol{x}_2 - \boldsymbol{x}_0\end{pmatrix}\end{aligned}$$

であることに注意して, 定理 5.4.7 を用いると

$$\begin{aligned}&\frac{1}{2}\left|\det\begin{pmatrix}T(\boldsymbol{x}_1) - T(\boldsymbol{x}_0) & T(\boldsymbol{x}_2) - T(\boldsymbol{x}_0)\end{pmatrix}\right|\\ =&\frac{1}{2}\left|\det A \det\begin{pmatrix}\boldsymbol{x}_1 - \boldsymbol{x}_0 & \boldsymbol{x}_2 - \boldsymbol{x}_0\end{pmatrix}\right|\\ =&|\det A|S\end{aligned}$$

を得る. ■

例 11.5

$\begin{pmatrix}-1\\-1\end{pmatrix}, \begin{pmatrix}1\\0\end{pmatrix}, \begin{pmatrix}0\\1\end{pmatrix}$ を頂点とする三角形 $\triangle$, $\begin{pmatrix}-3\\-3\end{pmatrix}, \begin{pmatrix}2\\1\end{pmatrix}, \begin{pmatrix}1\\2\end{pmatrix}$ を頂点とする三角形 $\triangle'$ の面積はそれぞれ

$$\frac{1}{2}|\det\begin{pmatrix}1-(-1) & 0-(-1)\\0-(-1) & 1-(-1)\end{pmatrix}| = \frac{1}{2}|\det\begin{pmatrix}2 & 1\\1 & 2\end{pmatrix}| = \frac{3}{2}$$

$$\frac{1}{2}|\det\begin{pmatrix}2-(-3) & 1-(-3)\\1-(-3) & 2-(-3)\end{pmatrix}| = \frac{1}{2}|\det\begin{pmatrix}5 & 4\\4 & 5\end{pmatrix}| = \frac{9}{2}$$

である．ここで線形変換 $T(\boldsymbol{x}) = \begin{pmatrix}2 & 1\\1 & 2\end{pmatrix}\boldsymbol{x}$ による三角形 $\triangle$ の像は三角形 $\triangle'$ であり, $\det\begin{pmatrix}2 & 1\\1 & 2\end{pmatrix} = 3$ である．これよりこの行列式 (の絶対値) と三角形 $\triangle$ の面積の積は三角形 $\triangle'$ の面積と一致する．

次に逆変換が存在しない線形変換, つまり正則でない 2 次正方行列 A を用いて $T(\boldsymbol{x}) = A\boldsymbol{x}$ と表せるものを考える．A は正則行列でないので定理 4.2.4 より $A\boldsymbol{d} = \boldsymbol{0}$ を満たす $\boldsymbol{0}$ でないベクトル $\boldsymbol{d} \in \mathbb{R}^2$ が存在する．つまり次が成り立つ．

定理 11.1.4　逆変換が存在しない線形変換 T には

$$T(\boldsymbol{d}) = \boldsymbol{0}$$

を満たす $\boldsymbol{0}$ でないベクトル $\boldsymbol{d} \in \mathbb{R}^2$ が存在する．　□

この $\boldsymbol{d}$ は

$$A\boldsymbol{d} = \boldsymbol{0} = 0\boldsymbol{d}$$

を満たすので, A の固有値 0 の固有ベクトルである．また, 任意の $t \in \mathbb{R}$ に対して $T(t\boldsymbol{d}) = tT(\boldsymbol{d}) = \boldsymbol{0}$ となるので, $\boldsymbol{0}$ を通る $\boldsymbol{d}$ を方向ベクトルとする直線 $\left\{t\boldsymbol{d} \in \mathbb{R}^2 \;\middle|\; t \in \mathbb{R}\right\}$ の T による像は $\{\boldsymbol{0}\}$ となる．

例 11.6

線形変換 $T(\boldsymbol{x}) = \begin{pmatrix}2 & -1\\4 & -2\end{pmatrix}\boldsymbol{x}$ は $\det\begin{pmatrix}2 & -1\\4 & -2\end{pmatrix} = 0$ であり, 次が成り立つ．

$$T\begin{pmatrix}1\\2\end{pmatrix} = \begin{pmatrix}2 & -1\\4 & -2\end{pmatrix}\begin{pmatrix}1\\2\end{pmatrix} = \boldsymbol{0}$$

定理 11.1.4 より, 逆変換が存在しない線形変換 T に対しては $\boldsymbol{x}_0 \neq \boldsymbol{x}_1, T(\boldsymbol{x}_0) = T(\boldsymbol{x}_1)$ となる $\boldsymbol{x}_0, \boldsymbol{x}_1 \in \mathbb{R}^2$ が存在する. このことより, この線形変換による線分の像は線分になるとは限らず, 三角形の像は三角形になるとは限らない.

定理 11.1.5　逆変換が存在しない線形変換 T による線分 $L(\boldsymbol{x}_0, \boldsymbol{x}_1)$ の像は次である.

- $T(\boldsymbol{x}_0) = T(\boldsymbol{x}_1)$ の場合は $\{T(\boldsymbol{x}_0)\}$ である.
- $T(\boldsymbol{x}_0) \neq T(\boldsymbol{x}_1)$ の場合は線分 $L(T(\boldsymbol{x}_0), T(\boldsymbol{x}_1))$ である.

□

【証明】 $T(\boldsymbol{x}_0) \neq T(\boldsymbol{x}_1)$ の場合は定理 11.1.1 と同様なので, $T(\boldsymbol{x}_0) = T(\boldsymbol{x}_1)$ の場合を考える. $t_0\boldsymbol{x}_0 + t_1\boldsymbol{x}_1 \in L(\boldsymbol{x}_0, \boldsymbol{x}_1)$ とすると

$$\begin{aligned} T(t_0\boldsymbol{x}_0 + t_1\boldsymbol{x}_1) &= t_0T(\boldsymbol{x}_0) + t_1T(\boldsymbol{x}_1) \\ &= t_0T(\boldsymbol{x}_0) + t_1T(\boldsymbol{x}_0) \\ &= T(\boldsymbol{x}_0) \end{aligned}$$

であるので $T(L(\boldsymbol{x}_0, \boldsymbol{x}_1)) = \{T(\boldsymbol{x}_0)\}$ となる. ここで $t_0 + t_1 = 1$ であることを用いた. ■

例 11.7

線形変換 $T(\boldsymbol{x}) = \begin{pmatrix} 2 & -1 \\ 4 & -2 \end{pmatrix} \boldsymbol{x}$ を考える.

- $\begin{pmatrix} 2 \\ 3 \end{pmatrix}, \begin{pmatrix} 0 \\ -1 \end{pmatrix}$ を端点とする線分の T による像は $T\begin{pmatrix} 2 \\ 3 \end{pmatrix} = T\begin{pmatrix} 0 \\ -1 \end{pmatrix} = \begin{pmatrix} 1 \\ 2 \end{pmatrix}$ より $\left\{\begin{pmatrix} 1 \\ 2 \end{pmatrix}\right\}$ である.
- $\begin{pmatrix} 2 \\ 2 \end{pmatrix}, \begin{pmatrix} 0 \\ -1 \end{pmatrix}$ を端点とする線分の T による像は $T\begin{pmatrix} 2 \\ 2 \end{pmatrix} = \begin{pmatrix} 2 \\ 4 \end{pmatrix} \neq T\begin{pmatrix} 0 \\ -1 \end{pmatrix} = \begin{pmatrix} 1 \\ 2 \end{pmatrix}$ であるので, これらを端点とする線分である.

定理 11.1.6　逆変換が存在しない線形変換 T による三角形 $\triangle(\boldsymbol{x}_0, \boldsymbol{x}_1, \boldsymbol{x}_2)$ の像は次である．

- $T(\boldsymbol{x}_0) = T(\boldsymbol{x}_1) = T(\boldsymbol{x}_2)$ の場合は $\{\boldsymbol{0}\}$ である．
- $T(\boldsymbol{x}_0) = T(\boldsymbol{x}_1) = T(\boldsymbol{x}_2)$ でない場合は $T(\boldsymbol{x}_0), T(\boldsymbol{x}_1), T(\boldsymbol{x}_2)$ のうち，どれか 2 つを端点とする線分である．

□

実は $T(\boldsymbol{x}_0) = T(\boldsymbol{x}_1) = T(\boldsymbol{x}_2)$ となる線形変換 T は $T(\boldsymbol{x}) = \boldsymbol{0}$ のみである．実際，$\boldsymbol{x}_1 - \boldsymbol{x}_0, \boldsymbol{x}_2 - \boldsymbol{x}_0$ は 1 次独立より $\mathbb{R}^2$ の基底なので，任意の $\boldsymbol{x} \in \mathbb{R}^2$ は

$$\boldsymbol{x} = \lambda_1(\boldsymbol{x}_1 - \boldsymbol{x}_0) + \lambda_2(\boldsymbol{x}_2 - \boldsymbol{x}_0)$$

と表せる．これより次が成り立つ．

$$T(\boldsymbol{x}) = \lambda_1 \{T(\boldsymbol{x}_1) - T(\boldsymbol{x}_0)\} + \lambda_2 \{T(\boldsymbol{x}_2) - T(\boldsymbol{x}_0)\} = \boldsymbol{0}$$

$T(\boldsymbol{x}_0) = T(\boldsymbol{x}_1) = T(\boldsymbol{x}_2)$ でない場合については例を用いて説明する．

例 11.8

線形変換 $T(\boldsymbol{x}) = \begin{pmatrix} 2 & -1 \\ 4 & -2 \end{pmatrix} \boldsymbol{x}$ を考える．

- $\begin{pmatrix} 2 \\ 3 \end{pmatrix}, \begin{pmatrix} 0 \\ -1 \end{pmatrix}, \begin{pmatrix} 2 \\ 2 \end{pmatrix}$ を頂点とする三角形の T による像は

$$\begin{aligned} & T\left(t_0 \begin{pmatrix} 2 \\ 3 \end{pmatrix} + t_1 \begin{pmatrix} 0 \\ -1 \end{pmatrix} + t_2 \begin{pmatrix} 2 \\ 2 \end{pmatrix}\right) \\ =& t_0 \begin{pmatrix} 1 \\ 2 \end{pmatrix} + t_1 \begin{pmatrix} 1 \\ 2 \end{pmatrix} + t_2 \begin{pmatrix} 2 \\ 4 \end{pmatrix} \\ =& (t_0 + t_1) \begin{pmatrix} 1 \\ 2 \end{pmatrix} + t_2 \begin{pmatrix} 2 \\ 4 \end{pmatrix} \\ =& (1 - t_2) \begin{pmatrix} 1 \\ 2 \end{pmatrix} + t_2 \begin{pmatrix} 2 \\ 4 \end{pmatrix} \end{aligned}$$

であり，$0 \leq t_2 \leq 1$ なので $\begin{pmatrix} 1 \\ 2 \end{pmatrix}, \begin{pmatrix} 2 \\ 4 \end{pmatrix}$ を端点とする線分である．ここで $t_0 + t_1 + t_2 = 1$ であることを用いた．

- $\begin{pmatrix}2\\3\end{pmatrix}, \begin{pmatrix}0\\-3\end{pmatrix}, \begin{pmatrix}2\\2\end{pmatrix}$ を頂点とする三角形の T による像は

$$\begin{aligned}&T\left(t_0\begin{pmatrix}2\\3\end{pmatrix}+t_1\begin{pmatrix}0\\-3\end{pmatrix}+t_2\begin{pmatrix}2\\2\end{pmatrix}\right)\\=&t_0\begin{pmatrix}1\\2\end{pmatrix}+t_1\begin{pmatrix}3\\6\end{pmatrix}+t_2\begin{pmatrix}2\\4\end{pmatrix}\\=&\left(t_0+\frac{1}{2}t_2\right)\begin{pmatrix}1\\2\end{pmatrix}+\left(t_1+\frac{1}{2}t_2\right)\begin{pmatrix}3\\6\end{pmatrix}\\=&\left(t_0+\frac{1}{2}t_2\right)\begin{pmatrix}1\\2\end{pmatrix}+\left(1-t_0-\frac{1}{2}t_2\right)\begin{pmatrix}3\\6\end{pmatrix}\end{aligned}$$

であり, $0 \leq t_0 + \frac{1}{2}t_2 \leq 1$ なので $\begin{pmatrix}1\\2\end{pmatrix}, \begin{pmatrix}3\\6\end{pmatrix}$ を端点とする線分である．ここで $t_0 + t_1 + t_2 = 1$ であることを用いた.

11.1.2 方程式の解集合の像

ここでは $\varphi(\boldsymbol{x}) = \varphi(x_1, x_2)$ から定まる方程式 $\varphi(\boldsymbol{x}) = 0$ の解のなす $\mathbb{R}^2$ の部分集合

$$\left\{\boldsymbol{x} \in \mathbb{R}^2 \;\middle|\; \varphi(\boldsymbol{x}) = 0\right\}$$

の線形変換による像を考える．この集合を**定義方程式** $\varphi(\boldsymbol{x}) = 0$ の**解集合**という．この定義方程式は第 6 章で述べたものと同じ意味である．例えば, 直線の定義方程式は $\alpha x_1 + \beta x_2 + \gamma = 0$ であり, 単位円の定義方程式は $x_1^2 + x_2^2 - 1 = 0$ である.

逆変換が存在する線形変換 T に対しては

$$\begin{aligned}T\left(\left\{\boldsymbol{x} \in \mathbb{R}^2 \;\middle|\; \varphi(\boldsymbol{x}) = 0\right\}\right) &= \left\{T(\boldsymbol{x}) \in \mathbb{R}^2 \;\middle|\; \varphi(\boldsymbol{x}) = 0\right\}\\&= \left\{\boldsymbol{x}' \in \mathbb{R}^2 \;\middle|\; \varphi(T^{-1}(\boldsymbol{x}')) = 0\right\}\end{aligned}$$

となるので次を得る.

定理 11.1.7 逆変換が存在する線形変換 T による定義方程式 $\varphi(\boldsymbol{x}) = 0$ の解集合の像は

$$\left\{\boldsymbol{x}' \in \mathbb{R}^2 \;\middle|\; \varphi(T^{-1}(\boldsymbol{x}')) = 0\right\}$$

と表される. □

線形変換 T の逆変換が

$$T^{-1}\begin{pmatrix} x'_1 \\ x'_2 \end{pmatrix} = \begin{pmatrix} a'_{11} & a'_{12} \\ a'_{21} & a'_{22} \end{pmatrix}\begin{pmatrix} x'_1 \\ x'_2 \end{pmatrix}$$

であるとすると, T による $\varphi(x_1, x_2) = 0$ の解集合の像は次で与えられる.

$$\left\{ \begin{pmatrix} x'_1 \\ x'_2 \end{pmatrix} \in \mathbb{R}^2 \;\middle|\; \varphi(a'_{11}x'_1 + a'_{12}x'_2, a'_{21}x'_1 + a'_{22}x'_2) = 0 \right\}$$

例 11.9

線形変換 $T\begin{pmatrix} x_1 \\ x_2 \end{pmatrix} = \begin{pmatrix} 2 & 1 \\ 1 & 2 \end{pmatrix}\begin{pmatrix} x_1 \\ x_2 \end{pmatrix}$ を考える. T の逆変換は

$$T^{-1}\begin{pmatrix} x'_1 \\ x'_2 \end{pmatrix} = \begin{pmatrix} 2/3 & -1/3 \\ -1/3 & 2/3 \end{pmatrix}\begin{pmatrix} x'_1 \\ x'_2 \end{pmatrix}$$

である.

- 直線 $\left\{ \begin{pmatrix} x_1 \\ x_2 \end{pmatrix} \in \mathbb{R}^2 \;\middle|\; 5x_1 + 4x_2 + 1 = 0 \right\}$ の T による像は

$$\begin{aligned} 5x_1 + 4x_2 + 1 =& 5\left(\frac{2}{3}x'_1 - \frac{1}{3}x'_2\right) + 4\left(-\frac{1}{3}x'_1 + \frac{2}{3}x'_2\right) + 1 \\ =& 2x'_1 + x'_2 + 1 \end{aligned}$$

  より $\left\{ \begin{pmatrix} x'_1 \\ x'_2 \end{pmatrix} \in \mathbb{R}^2 \;\middle|\; 2x'_1 + x'_2 + 1 = 0 \right\}$ である.

- 単位円 $\left\{ \begin{pmatrix} x_1 \\ x_2 \end{pmatrix} \in \mathbb{R}^2 \;\middle|\; x_1^2 + x_2^2 - 1 = 0 \right\}$ の T による像は

$$\begin{aligned} x_1^2 + x_2^2 - 1 =& \left(\frac{2}{3}x'_1 - \frac{1}{3}x'_2\right)^2 + \left(-\frac{1}{3}x'_1 + \frac{2}{3}x'_2\right)^2 - 1 \\ =& \frac{5}{9}(x'_1)^2 - \frac{8}{9}x'_1x'_2 + \frac{5}{9}(x'_2)^2 - 1 \end{aligned}$$

  より $\left\{ \begin{pmatrix} x'_1 \\ x'_2 \end{pmatrix} \in \mathbb{R}^2 \;\middle|\; \frac{5}{9}(x'_1)^2 - \frac{8}{9}x'_1x'_2 + \frac{5}{9}(x'_2)^2 - 1 = 0 \right\}$ である. この 2 次曲線は定義方程式から定まる対称行列 $\begin{pmatrix} 5/9 & -4/9 \\ -4/9 & 5/9 \end{pmatrix}$ の固有値が $1, 1/9$

なので定理 10.5.1 より楕円である.

次の例は単位円は回転しても単位円であることを表している.

例 11.10

原点を中心とする角度 θ だけの回転を表す線形変換

$$T\begin{pmatrix} x_1 \\ x_2 \end{pmatrix} = \begin{pmatrix} \cos\theta & -\sin\theta \\ \sin\theta & \cos\theta \end{pmatrix}\begin{pmatrix} x_1 \\ x_2 \end{pmatrix}$$

を考える. T の逆変換は

$$\begin{aligned} T^{-1}\begin{pmatrix} x'_1 \\ x'_2 \end{pmatrix} &= \begin{pmatrix} \cos(-\theta) & -\sin(-\theta) \\ \sin(-\theta) & \cos(-\theta) \end{pmatrix}\begin{pmatrix} x'_1 \\ x'_2 \end{pmatrix} \\ &= \begin{pmatrix} \cos\theta & \sin\theta \\ -\sin\theta & \cos\theta \end{pmatrix}\begin{pmatrix} x'_1 \\ x'_2 \end{pmatrix} \end{aligned}$$

である. これより単位円 $\left\{\begin{pmatrix} x_1 \\ x_2 \end{pmatrix} \in \mathbb{R}^2 \;\middle|\; x_1^2 + x_2^2 - 1 = 0\right\}$ の T による像は

$$\begin{aligned} x_1^2 + x_2^2 - 1 &= \left\{(\cos\theta)x'_1 + (\sin\theta)x'_2\right\}^2 + \left\{-(\sin\theta)x'_1 + (\cos\theta)x'_2\right\}^2 - 1 \\ &= (x'_1)^2 + (x'_2)^2 - 1 \end{aligned}$$

より $\left\{\begin{pmatrix} x'_1 \\ x'_2 \end{pmatrix} \in \mathbb{R}^2 \;\middle|\; (x'_1)^2 + (x'_2)^2 - 1 = 0\right\}$ である.

線形変換 T は 2 次正方行列 A を用いて $T(\boldsymbol{x}) = A\boldsymbol{x}$ と表された. 定理 11.1.4 より A の固有値 0 の固有ベクトルは T がつぶす方向を表している. A の 0 でない固有値の固有ベクトルについては次が成り立つ.

定理 11.1.8 2 次正方行列 A の 0 でない固有値 λ の固有ベクトルを $\boldsymbol{d}$ とする. このとき, 線形変換 $T(\boldsymbol{x}) = A\boldsymbol{x}$ による $\boldsymbol{0}$ を通る $\boldsymbol{d}$ を方向ベクトルとする直線の像はふたたび $\boldsymbol{0}$ を通る $\boldsymbol{d}$ を方向ベクトルとする直線となる. □

【証明】 考えている直線は $\left\{t\boldsymbol{d} \in \mathbb{R}^2 \;\middle|\; t \in \mathbb{R}\right\}$ と表すことができる. これより

$$T(t\boldsymbol{d}) = tT(\boldsymbol{d}) = tA\boldsymbol{d} = t\lambda\boldsymbol{d}$$

であるので像は $\left\{t\lambda\boldsymbol{d}\in\mathbb{R}^2 \;\middle|\; t\in\mathbb{R}\right\}$ となり, $\boldsymbol{0}$ を通る $\boldsymbol{d}$ を方向ベクトルとする直線であることがわかる. ■

この定理の直線を線形変換で**不変な直線**という. つまり, 0でない固有値の固有ベクトルは線形変換で不変な直線の方向ベクトルである.

例 11.11

線形変換 $T(\boldsymbol{x})=\begin{pmatrix}2&1\\1&2\end{pmatrix}\boldsymbol{x}$ を考える. $\begin{pmatrix}2&1\\1&2\end{pmatrix}$ の固有値は $3,1$, それぞれの固有ベクトルとして $\begin{pmatrix}1\\1\end{pmatrix}$, $\begin{pmatrix}-1\\1\end{pmatrix}$ を取ることができる. これよりこの線形変換で不変な直線は次である.

$$\left\{t\begin{pmatrix}1\\1\end{pmatrix}\in\mathbb{R}^2 \;\middle|\; t\in\mathbb{R}\right\},\quad \left\{t\begin{pmatrix}-1\\1\end{pmatrix}\in\mathbb{R}^2 \;\middle|\; t\in\mathbb{R}\right\}$$

次に固有値についてであるが, A の0でない固有値 λ の固有ベクトルを $\boldsymbol{d}$ とすると

$$T(\boldsymbol{d})=A\boldsymbol{d}=\lambda\boldsymbol{d}$$

が成り立つ. つまり, 線形変換で不変な直線の方向ベクトルの長さの変化を表している.

このことを踏まえ, 単位円 $\left\{\begin{pmatrix}x_1\\x_2\end{pmatrix}\in\mathbb{R}^2 \;\middle|\; x_1^2+x_2^2-1=0\right\}$ の線形変換による像を考える.

例 11.12

- 線形変換 $T\begin{pmatrix}x_1\\x_2\end{pmatrix}=\begin{pmatrix}2&1\\1&2\end{pmatrix}\begin{pmatrix}x_1\\x_2\end{pmatrix}$ による単位円の像は次であった.

$$\left\{\begin{pmatrix}x_1'\\x_2'\end{pmatrix}\in\mathbb{R}^2 \;\middle|\; \frac{5}{9}(x_1')^2-\frac{8}{9}x_1'x_2'+\frac{5}{9}(x_2')^2-1=0\right\}$$

これは単位円を T で不変な直線 $\left\{t\begin{pmatrix}1\\1\end{pmatrix}\in\mathbb{R}^2 \;\middle|\; t\in\mathbb{R}\right\}$ に沿って3倍に拡

大することにより得られる楕円である．ここで $\left\{ t\begin{pmatrix} -1 \\ 1 \end{pmatrix} \in \mathbb{R}^2 \;\middle|\; t \in \mathbb{R} \right\}$ も不変な直線であるが，これは固有値 1 に対応するものなので拡大も縮小もしない．図 11.2 はこれらの 2 次曲線と不変な直線を描いたものである．

- 線形変換 $T\begin{pmatrix} x_1 \\ x_2 \end{pmatrix} = \begin{pmatrix} 17/10 & 3/5 \\ 3/5 & 4/5 \end{pmatrix}\begin{pmatrix} x_1 \\ x_2 \end{pmatrix}$ を考える．$\begin{pmatrix} 17/10 & 3/5 \\ 3/5 & 4/5 \end{pmatrix}$ の固有値は $2, 1/2$ であり，それぞれの固有ベクトルとして $\begin{pmatrix} 2 \\ 1 \end{pmatrix}, \begin{pmatrix} -1 \\ 2 \end{pmatrix}$ を取ることができる．この T による単位円の像は次である．

$$\left\{ \begin{pmatrix} x_1' \\ x_2' \end{pmatrix} \in \mathbb{R}^2 \;\middle|\; (x_1')^2 - 3x_1'x_2' + \frac{13}{4}(x_2')^2 - 1 = 0 \right\}$$

これは単位円を T で不変な直線 $\left\{ t\begin{pmatrix} 2 \\ 1 \end{pmatrix} \in \mathbb{R}^2 \;\middle|\; t \in \mathbb{R} \right\}$ に沿って 2 倍に拡大し，不変な直線 $\left\{ t\begin{pmatrix} -1 \\ 2 \end{pmatrix} \in \mathbb{R}^2 \;\middle|\; t \in \mathbb{R} \right\}$ に沿って $1/2$ 倍に縮小して得られる楕円である．図 11.3 はこれらの 2 次曲線と不変な直線を描いたものである．

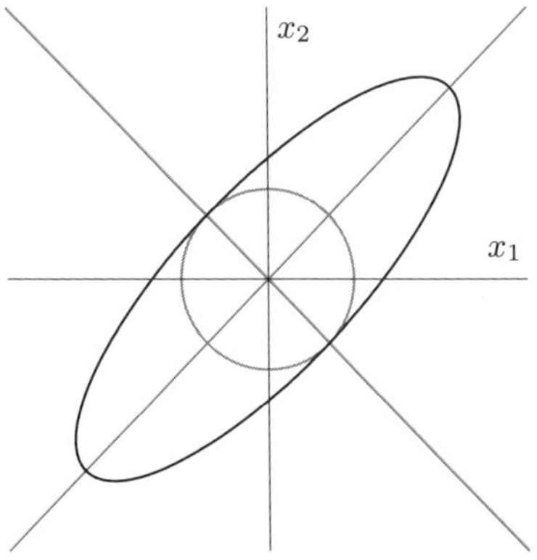

図 11.2　$\frac{5}{9}x_1^2 - \frac{8}{9}x_1x_2 + \frac{5}{9}x_2^2 - 1 = 0$ から定まる 2 次曲線 (黒) と単位円 (灰色)，および不変な直線

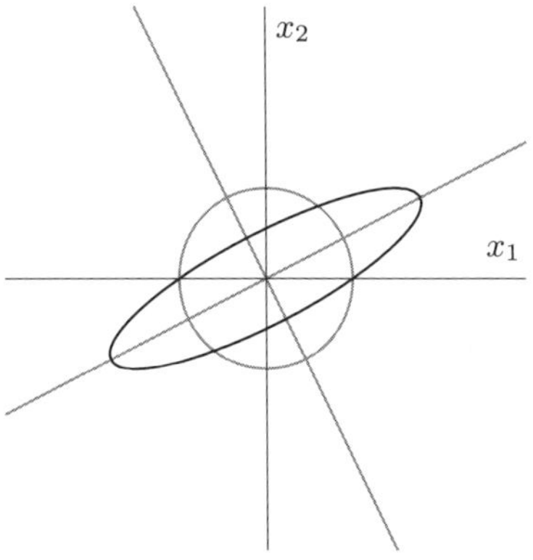

図 11.3　$x_1^2 - 3x_1x_2 + \frac{13}{4}x_2^2 - 1 = 0$ から定まる 2 次曲線 (黒) と単位円 (灰色)，および不変な直線

このように単位円の線形変換による像は楕円となる．また，この例で得られた楕円の長軸，短軸は不変な直線の部分集合となっていた．これは線形変換が対称行列を用いて表されているからであり，一般の線形変換ではこのことは成り立たない．

例 11.13

線形変換 $T\begin{pmatrix} x_1 \\ x_2 \end{pmatrix} = \begin{pmatrix} 1 & 2 \\ -1 & 4 \end{pmatrix}\begin{pmatrix} x_1 \\ x_2 \end{pmatrix}$ を考える．$\begin{pmatrix} 1 & 2 \\ -1 & 4 \end{pmatrix}$ の固有値は $3, 2$ であり，それぞれの固有ベクトルとして $\begin{pmatrix} 1 \\ 1 \end{pmatrix}, \begin{pmatrix} 2 \\ 1 \end{pmatrix}$ を取ることができる．この T による単位円の像は次である．

$$\left\{ \begin{pmatrix} x_1' \\ x_2' \end{pmatrix} \in \mathbb{R}^2 \;\middle|\; \frac{17}{36}(x_1')^2 - \frac{7}{18}x_1'x_2' + \frac{5}{36}(x_2')^2 - 1 = 0 \right\}$$

これは単位円を T で不変な直線 $\left\{ t\begin{pmatrix} 1 \\ 1 \end{pmatrix} \in \mathbb{R}^2 \;\middle|\; t \in \mathbb{R} \right\}$ に沿って3倍に拡大し，不変な直線 $\left\{ t\begin{pmatrix} 2 \\ 1 \end{pmatrix} \in \mathbb{R}^2 \;\middle|\; t \in \mathbb{R} \right\}$ に沿って2倍に拡大して得られる楕円である．図 11.4 はこれらの2次曲線と不変な直線を描いたものである．

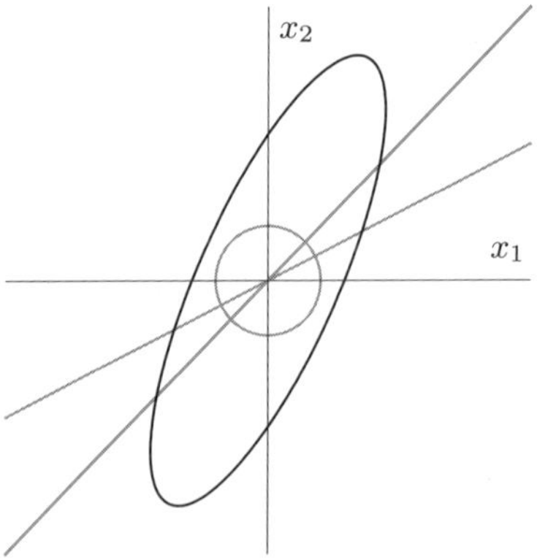

図 11.4　$\frac{17}{36}x_1^2 - \frac{7}{18}x_1x_2 + \frac{5}{36}x_2^2 - 1 = 0$ から定まる2次曲線(黒)と単位円(灰色)，および不変な直線

11.2　アフィン変換の像

アフィン変換は線形変換に平行移動を加えたものであった．これより，11.1 節で述べたことの多くは，アフィン変換の場合でもほぼそのまま成り立つ．例えば，定理 11.1.2 と定理 11.1.3 の類似として次が成り立つ．

定理 11.2.1　逆変換が存在するアフィン変換 T による三角形 $\triangle(\boldsymbol{x}_0, \boldsymbol{x}_1, \boldsymbol{x}_2)$ の像は三角形 $\triangle(T(\boldsymbol{x}_0), T(\boldsymbol{x}_1), T(\boldsymbol{x}_2))$ である．さらに，$\triangle(\boldsymbol{x}_0, \boldsymbol{x}_1, \boldsymbol{x}_2)$ の面積を S とすると $\triangle(T(\boldsymbol{x}_0), T(\boldsymbol{x}_1), T(\boldsymbol{x}_2))$ の面積は

$$|\det A|S$$

となる．ただし，A は $T(\boldsymbol{x}) = A\boldsymbol{x} + \boldsymbol{a}$ となる 2 次正則行列である．　□

例 11.14

アフィン変換 $T(\boldsymbol{x}) = \begin{pmatrix} 2 & 1 \\ 1 & 2 \end{pmatrix}\boldsymbol{x} + \begin{pmatrix} 1 \\ 0 \end{pmatrix}$ による $\begin{pmatrix} -1 \\ -1 \end{pmatrix}, \begin{pmatrix} 1 \\ 0 \end{pmatrix}, \begin{pmatrix} 0 \\ 1 \end{pmatrix}$ を頂点とする三角形の像は $T\begin{pmatrix} -1 \\ -1 \end{pmatrix} = \begin{pmatrix} -2 \\ -3 \end{pmatrix}, T\begin{pmatrix} 1 \\ 0 \end{pmatrix} = \begin{pmatrix} 3 \\ 1 \end{pmatrix}, T\begin{pmatrix} 0 \\ 1 \end{pmatrix} = \begin{pmatrix} 2 \\ 2 \end{pmatrix}$ を頂点とする三角形である．もとの三角形の面積は 3/2 であり，$\det\begin{pmatrix} 2 & 1 \\ 1 & 2 \end{pmatrix} = 3$ であるので，像として得られる三角形の面積は 9/2 である．

線形変換による三角形 $\triangle$ の像は三角形であった．逆に 2 つの三角形 $\triangle, \triangle'$ が与えられたとき，$\triangle$ の像が $\triangle'$ となる線形変換が存在するかを考える．これは次のように一般的には成り立たない．

例 11.15

$\begin{pmatrix} 0 \\ 0 \end{pmatrix}, \begin{pmatrix} 1 \\ 0 \end{pmatrix}, \begin{pmatrix} 0 \\ 1 \end{pmatrix}$ を頂点とする三角形 $\triangle$，$\begin{pmatrix} -2 \\ -3 \end{pmatrix}, \begin{pmatrix} 3 \\ 1 \end{pmatrix}, \begin{pmatrix} 2 \\ 2 \end{pmatrix}$ を頂点とする三角形 $\triangle'$ を考え，$T(\triangle) = \triangle'$ を満たす線形変換 T が存在したとする．$\triangle$ の頂点の T による像は $\triangle'$ の頂点であるので，$T\begin{pmatrix} 0 \\ 0 \end{pmatrix} = \begin{pmatrix} 0 \\ 0 \end{pmatrix}$ は $\triangle'$ の頂点となるはずであるが，これは成り立たない．従って $\triangle$ の像が $\triangle'$ となる線形変換は存在しない．

実はアフィン変換を用いると，これが正しいことが示せる．

定理 11.2.2　三角形 $\triangle(\boldsymbol{x}_0, \boldsymbol{x}_1, \boldsymbol{x}_2), \triangle(\boldsymbol{x}'_0, \boldsymbol{x}'_1, \boldsymbol{x}'_2)$ に対し，アフィン変換

$$T(\boldsymbol{x}) = \begin{pmatrix} \boldsymbol{x}'_1 - \boldsymbol{x}'_0 & \boldsymbol{x}'_2 - \boldsymbol{x}'_0 \end{pmatrix} \begin{pmatrix} \boldsymbol{x}_1 - \boldsymbol{x}_0 & \boldsymbol{x}_2 - \boldsymbol{x}_0 \end{pmatrix}^{-1} (\boldsymbol{x} - \boldsymbol{x}_0) + \boldsymbol{x}'_0$$

は $T(\triangle(\boldsymbol{x}_0, \boldsymbol{x}_1, \boldsymbol{x}_2)) = \triangle(\boldsymbol{x}'_0, \boldsymbol{x}'_1, \boldsymbol{x}'_2)$ を満たす．　□

ここで $\boldsymbol{x}_1 - \boldsymbol{x}_0, \boldsymbol{x}_2 - \boldsymbol{x}_0$ は1次独立であるので $\begin{pmatrix} \boldsymbol{x}_1 - \boldsymbol{x}_0 & \boldsymbol{x}_2 - \boldsymbol{x}_0 \end{pmatrix}$ は正則行列であり，その逆行列が存在する．この定理は $T(\boldsymbol{x}_0) = \boldsymbol{x}'_0, T(\boldsymbol{x}_1) = \boldsymbol{x}'_1, T(\boldsymbol{x}_2) = \boldsymbol{x}'_2$ であることと定理 11.2.1 より得られる．

例 11.16

$\begin{pmatrix} 0 \\ 0 \end{pmatrix}, \begin{pmatrix} 1 \\ 0 \end{pmatrix}, \begin{pmatrix} 0 \\ 1 \end{pmatrix}$ を頂点とする三角形 $\triangle$，$\begin{pmatrix} -2 \\ -3 \end{pmatrix}, \begin{pmatrix} 3 \\ 1 \end{pmatrix}, \begin{pmatrix} 2 \\ 2 \end{pmatrix}$ を頂点とする三角形 $\triangle'$ を考える．このとき，$T(\triangle) = \triangle'$ を満たすアフィン変換 $T(\boldsymbol{x}) = A\boldsymbol{x} + \boldsymbol{a}$ の $A, \boldsymbol{a}$ は

$$\begin{aligned} A &= \left(\begin{pmatrix} 3 \\ 1 \end{pmatrix} - \begin{pmatrix} -2 \\ -3 \end{pmatrix} \quad \begin{pmatrix} 2 \\ 2 \end{pmatrix} - \begin{pmatrix} -2 \\ -3 \end{pmatrix} \right) \left(\begin{pmatrix} 1 \\ 0 \end{pmatrix} - \begin{pmatrix} 0 \\ 0 \end{pmatrix} \quad \begin{pmatrix} 0 \\ 1 \end{pmatrix} - \begin{pmatrix} 0 \\ 0 \end{pmatrix} \right)^{-1} \\ &= \begin{pmatrix} 5 & 4 \\ 4 & 5 \end{pmatrix} \begin{pmatrix} 1 & 0 \\ 0 & 1 \end{pmatrix}^{-1} \\ &= \begin{pmatrix} 5 & 4 \\ 4 & 5 \end{pmatrix} \end{aligned}$$

$$\boldsymbol{a} = -\begin{pmatrix} 5 & 4 \\ 4 & 5 \end{pmatrix} \begin{pmatrix} 0 \\ 0 \end{pmatrix} + \begin{pmatrix} -2 \\ -3 \end{pmatrix} = \begin{pmatrix} -2 \\ -3 \end{pmatrix}$$

である．

章末問題

問題 1　$\mathbb{R}^2$ 上の線形変換 $T(\boldsymbol{x}) = \begin{pmatrix} -1 & 2 \\ -3 & 7 \end{pmatrix} \boldsymbol{x}$ を考える.

(1)　$\begin{pmatrix} 1 \\ 2 \end{pmatrix}, \begin{pmatrix} 3 \\ 3 \end{pmatrix}$ を端点とする線分の T による像を求めよ.

(2)　$\begin{pmatrix} 1 \\ 2 \end{pmatrix}, \begin{pmatrix} 1 \\ 3 \end{pmatrix}$ を端点とする線分の T による像を求めよ.

(3)　$\begin{pmatrix} 1 \\ 2 \end{pmatrix}, \begin{pmatrix} 3 \\ 3 \end{pmatrix}, \begin{pmatrix} 1 \\ 3 \end{pmatrix}$ を頂点とする三角形の T による像を求めよ. さらに得られた像が三角形ならばその面積を求めよ.

問題 2　$\mathbb{R}^2$ 上の線形変換 $T(\boldsymbol{x}) = \begin{pmatrix} -1 & 2 \\ -3 & 6 \end{pmatrix} \boldsymbol{x}$ を考える.

(1)　$\begin{pmatrix} 1 \\ 2 \end{pmatrix}, \begin{pmatrix} 3 \\ 3 \end{pmatrix}$ を端点とする線分の T による像を求めよ.

(2)　$\begin{pmatrix} 1 \\ 2 \end{pmatrix}, \begin{pmatrix} 1 \\ 3 \end{pmatrix}$ を端点とする線分の T による像を求めよ.

(3)　$\begin{pmatrix} 1 \\ 2 \end{pmatrix}, \begin{pmatrix} 3 \\ 3 \end{pmatrix}, \begin{pmatrix} 1 \\ 3 \end{pmatrix}$ を頂点とする三角形の T による像を求めよ. さらに得られた像が三角形ならばその面積を求めよ.

問題 3　$\mathbb{R}^2$ 上の線形変換 $T\begin{pmatrix} x_1 \\ x_2 \end{pmatrix} = \begin{pmatrix} 5/4 & -3/4 \\ -3/4 & 5/4 \end{pmatrix} \begin{pmatrix} x_1 \\ x_2 \end{pmatrix}$ を考える.

(1)　直線 $\left\{ \begin{pmatrix} x_1 \\ x_2 \end{pmatrix} \in \mathbb{R}^2 \;\middle|\; x_1 + x_2 = 0 \right\}$ の T による像を求めよ.

(2)　T で不変な直線を求めよ.

(3)　単位円 $\left\{ \begin{pmatrix} x_1 \\ x_2 \end{pmatrix} \in \mathbb{R}^2 \;\middle|\; x_1^2 + x_2^2 - 1 = 0 \right\}$ の T による像を求めよ.

問題 4　$\begin{pmatrix} 2 \\ 1 \end{pmatrix}, \begin{pmatrix} 3 \\ 0 \end{pmatrix}, \begin{pmatrix} 3 \\ 1 \end{pmatrix}$ を頂点とする三角形 $\triangle$, $\begin{pmatrix} 1 \\ 1 \end{pmatrix}, \begin{pmatrix} -1 \\ 0 \end{pmatrix}, \begin{pmatrix} 3 \\ 0 \end{pmatrix}$ を頂点とする三角形 $\triangle'$ に対し, $T(\triangle) = \triangle'$ を満たすアフィン変換 T を求めよ.

第 12 章

線形代数の応用

まえがきで述べたように，線形代数は様々な分野で用いられている．本章では線形代数がどのように用いられているかについて微分方程式と最小二乗法を題材にして述べる．ただし，ここで述べることは簡単な紹介であり，詳しいことはより進んだ本を参照していただきたい．

12.1 微分方程式

微分方程式とは未知関数とその導関数との関係式であり，理工学の様々な分野に現れる．ここでは線形代数と関係する内容として，正方行列の対角化を用いて解を求められる方法について述べる．

考えるのは未知関数 $y_1(t), y_2(t), \ldots, y_n(t)$ に対する**連立線形常微分方程式**

$$\begin{cases} \dfrac{dy_1}{dt} = a_{11}y_1 + a_{12}y_2 + \cdots + a_{1n}y_n + b_1(t) \\ \dfrac{dy_2}{dt} = a_{21}y_1 + a_{22}y_2 + \cdots + a_{2n}y_n + b_2(t) \\ \qquad\qquad\qquad \vdots \\ \dfrac{dy_n}{dt} = a_{n1}y_1 + a_{n2}y_2 + \cdots + a_{nn}y_n + b_n(t) \end{cases}$$

である．ただし，$a_{11}, a_{12}, \ldots, a_{nn}$ は与えられた定数，$b_1(t), b_2(t), \ldots, b_n(t)$ は与えられた関数である．この方程式は様々なところに現れる．例えば単振動の方程式 $\dfrac{d^2y}{dt^2} + \omega^2 y = 0$ は y_1, y_2 を $y_1 = y, y_2 = \dfrac{dy}{dt}$ と定めれば

$$\frac{dy_1}{dt} = \frac{dy}{dt} = y_2, \quad \frac{dy_2}{dt} = \frac{d^2y}{dt^2} = -\omega^2 y = -\omega^2 y_1$$

であるので連立線形常微分方程式

$$\begin{cases} \dfrac{dy_1}{dt} = y_2 \\ \dfrac{dy_2}{dt} = -\omega^2 y_1 \end{cases}$$

に書きかえられる．

ここではこの方程式の解，つまり等号が成り立つ関数を求めることを考える．

例 12.1

常微分方程式 $\dfrac{dy}{dt} = y + t$ の解は次である.

$$y = -t - 1 + Ce^t$$

ただし, C は任意定数である. 実際, これを考えている方程式の左辺, 右辺に代入すると

$$\frac{dy}{dt} = \frac{d}{dt}\left(-t - 1 + Ce^t\right) = -1 + Ce^t, \quad y + t = -1 + Ce^t$$

となり, 等号が成り立つ.

一般的に次が成り立つ.

定理 12.1.1　常微分方程式 $\dfrac{dy}{dt} = ay + b(t)$ の解は次で与えられる.

$$y = Ce^{at} + e^{at}\int e^{-at}b(t)dt$$

ただし, C は任意定数である. □

例えば $\dfrac{dy}{dt} = y + t$ の場合は $a = 1, b(t) = t$ なので

$$\begin{aligned} y =& Ce^t + e^t\int e^{-t}tdt = Ce^t + e^t\left(-te^{-t} - e^{-t} + C'\right) \\ =& -t - 1 + (C + C')e^t \end{aligned}$$

となり, $C + C'$ を改めて C とすれば例 12.1 の関数と一致する. ここで C' は積分定数であるが, このように他の定数とまとめることができるので以下では省略する.

これをもとに連立線形常微分方程式の解について考えるが, 以下では $n = 2$, つまり

$$\begin{cases} \dfrac{dy_1}{dt} = a_{11}y_1 + a_{12}y_2 + b_1(t) \\ \dfrac{dy_2}{dt} = a_{21}y_1 + a_{22}y_2 + b_2(t) \end{cases}$$

を考える. この連立線形常微分方程式はベクトルと行列

$$\boldsymbol{y} = \begin{pmatrix} y_1 \\ y_2 \end{pmatrix}, \quad A = \begin{pmatrix} a_{11} & a_{12} \\ a_{21} & a_{22} \end{pmatrix}, \quad \boldsymbol{b}(t) = \begin{pmatrix} b_1(t) \\ b_2(t) \end{pmatrix}$$

を用いて次のようにかける.

$$\frac{d\boldsymbol{y}}{dt} = A\boldsymbol{y} + \boldsymbol{b}(t)$$

ただし, 微分は成分ごとに行うものとする.

$$\frac{d\boldsymbol{y}}{dt} = \begin{pmatrix} \dfrac{dy_1}{dt} \\ \dfrac{dy_2}{dt} \end{pmatrix}$$

また, 以下では積分も用いるが, これについても成分ごとに行うものとする.

$$\int \boldsymbol{y} dt = \begin{pmatrix} \displaystyle\int y_1 dt \\ \displaystyle\int y_2 dt \end{pmatrix}$$

A が対角化可能な場合, 次のように解を求めることができる.

例 12.2

次の連立線形常微分方程式を考える.

$$\frac{d\boldsymbol{y}}{dt} = A\boldsymbol{y} + \boldsymbol{b}(t), \quad A = \begin{pmatrix} 2 & -1 \\ -1 & 2 \end{pmatrix}, \quad \boldsymbol{b}(t) = \begin{pmatrix} t \\ t \end{pmatrix}$$

A は $P = \begin{pmatrix} -1 & 1 \\ 1 & 1 \end{pmatrix}$ を用いると対角化できる.

$$P^{-1}AP = \begin{pmatrix} 3 & 0 \\ 0 & 1 \end{pmatrix}$$

$\boldsymbol{z} = \begin{pmatrix} z_1 \\ z_2 \end{pmatrix}$ をこの P を用いて $\boldsymbol{z} = P^{-1}\boldsymbol{y}$ と定めると

$$\boldsymbol{y} = P\boldsymbol{z} = \begin{pmatrix} -1 & 1 \\ 1 & 1 \end{pmatrix} \begin{pmatrix} z_1 \\ z_2 \end{pmatrix} = \begin{pmatrix} -z_1 + z_2 \\ z_1 + z_2 \end{pmatrix}$$

であるので

$$\frac{d\boldsymbol{y}}{dt} = \frac{d}{dt}\begin{pmatrix} -z_1 + z_2 \\ z_1 + z_2 \end{pmatrix} = \begin{pmatrix} -\dfrac{dz_1}{dt} + \dfrac{dz_2}{dt} \\ \dfrac{dz_1}{dt} + \dfrac{dz_2}{dt} \end{pmatrix}$$

$$= \begin{pmatrix} -1 & 1 \\ 1 & 1 \end{pmatrix} \begin{pmatrix} \dfrac{dz_1}{dt} \\ \dfrac{dz_2}{dt} \end{pmatrix} = P\frac{d\boldsymbol{z}}{dt}$$

が成り立つ. 従って連立線形常微分方程式に $\boldsymbol{y} = P\boldsymbol{z}$ を代入すると

$$P\frac{d\boldsymbol{z}}{dt} = AP\boldsymbol{y} + \boldsymbol{b}(t)$$

となり, 両辺に左から P^{-1} をかけることにより次を得る.

$$\frac{d\boldsymbol{z}}{dt} = P^{-1}AP\boldsymbol{z} + P^{-1}\boldsymbol{b}(t)$$

ここで $P^{-1}AP = \begin{pmatrix} 3 & 0 \\ 0 & 1 \end{pmatrix}$ であり, $P^{-1}\boldsymbol{b}(t) = \begin{pmatrix} 0 \\ t \end{pmatrix}$ なので $\boldsymbol{z} = \begin{pmatrix} z_1 \\ z_2 \end{pmatrix}$ は

$$\frac{d\boldsymbol{z}}{dt} = \begin{pmatrix} 3 & 0 \\ 0 & 1 \end{pmatrix} \boldsymbol{z} + \begin{pmatrix} 0 \\ t \end{pmatrix}$$

を満たす. つまり z_1, z_2 は

$$\begin{pmatrix} \dfrac{dz_1}{dt} \\ \dfrac{dz_2}{dt} \end{pmatrix} = \begin{pmatrix} 3z_1 \\ z_2 + t \end{pmatrix}$$

を満たすので, 定理 12.1.1 より

$$\boldsymbol{z} = \begin{pmatrix} z_1 \\ z_2 \end{pmatrix} = \begin{pmatrix} C_1 e^{3t} \\ -t - 1 + C_2 e^t \end{pmatrix}$$

となる. ただし, C_1, C_2 は任意定数である. これよりもとの方程式の解は次である.

$$\boldsymbol{y} = P\boldsymbol{z} = \begin{pmatrix} -1 & 1 \\ 1 & 1 \end{pmatrix} \begin{pmatrix} C_1 e^{3t} \\ -t - 1 + C_2 e^t \end{pmatrix} = \begin{pmatrix} -t - 1 - C_1 e^{3t} + C_2 e^t \\ -t - 1 + C_1 e^{3t} + C_2 e^t \end{pmatrix}$$

連立線形常微分方程式の係数行列 A が対角化可能であるとき, この例と同様にして, 定理 12.1.1 に帰着できる.

定理 12.1.2 正方行列 A は正則行列 P を用いて対角化できるとする.

$$P^{-1}AP = \begin{pmatrix} \lambda_1 & 0 \\ 0 & \lambda_2 \end{pmatrix}$$

このとき, 連立線形常微分方程式 $\dfrac{d\boldsymbol{y}}{dt} = A\boldsymbol{y} + \boldsymbol{b}(t)$ の解は次で与えられる.

$$\boldsymbol{y} = P \begin{pmatrix} z_1 \\ z_2 \end{pmatrix}$$

ここで z_j は次の常微分方程式の解である.

$$\frac{dz_i}{dt} = \lambda_i z_i + \widetilde{b}_i(t)$$

ただし, $\widetilde{b}_i(t)$ は次である.

$$\begin{pmatrix} \widetilde{b}_1(t) \\ \widetilde{b}_2(t) \end{pmatrix} = P^{-1}\boldsymbol{b}(t)$$

□

A が対角化可能である場合, 定理 12.1.1 と定理 12.1.2 を用いれば, 連立線形常微分方程式の解は次のように表すことができる.

$$\boldsymbol{y} = P \begin{pmatrix} C_1 e^{\lambda_1 t} + e^{\lambda_1 t} \displaystyle\int e^{-\lambda_1 t} \widetilde{b}_1(t)dt \\ C_2 e^{\lambda_2 t} + e^{\lambda_2 t} \displaystyle\int e^{-\lambda_2 t} \widetilde{b}_2(t)dt \end{pmatrix}$$

次にこれを正方行列の指数関数を用いて表す. 正方行列 A の指数関数を

$$e^A = \sum_{k=0}^{\infty} \frac{1}{k!} A^k$$

と定める. これは任意の正方行列に対して定義できることが知られている. ここで通常の指数関数 e^x については $e^x = \displaystyle\sum_{k=0}^{\infty} \frac{1}{k!} x^k$ が成り立っていたことに注意する.

例 12.3

$A = \begin{pmatrix} 3 & 0 \\ 0 & 1 \end{pmatrix}$ に対しては, $A^k = \begin{pmatrix} 3^k & 0 \\ 0 & 1 \end{pmatrix}$ であるので e^A は次である.

$$e^A = \sum_{k=0}^{\infty} \frac{1}{k!} \begin{pmatrix} 3^k & 0 \\ 0 & 1 \end{pmatrix} = \begin{pmatrix} \displaystyle\sum_{k=0}^{\infty} \frac{1}{k!} 3^k & 0 \\ 0 & \displaystyle\sum_{k=0}^{\infty} \frac{1}{k!} \end{pmatrix} = \begin{pmatrix} e^3 & 0 \\ 0 & e \end{pmatrix}$$

$A = \begin{pmatrix} 2 & -1 \\ -1 & 2 \end{pmatrix}$ に対しては, $P = \begin{pmatrix} -1 & 1 \\ 1 & 1 \end{pmatrix}$ とすると $P^{-1}AP = \begin{pmatrix} 3 & 0 \\ 0 & 1 \end{pmatrix}$ となることに注意すると

$$A^k = P \begin{pmatrix} 3^k & 0 \\ 0 & 1 \end{pmatrix} P^{-1}$$

であるので e^A は次である.

$$\begin{aligned} e^A =& \sum_{k=0}^{\infty} \frac{1}{k!} P \begin{pmatrix} 3^k & 0 \\ 0 & 1 \end{pmatrix} P^{-1} = P \sum_{k=0}^{\infty} \frac{1}{k!} \begin{pmatrix} 3^k & 0 \\ 0 & 1 \end{pmatrix} P^{-1} \\ =& P \begin{pmatrix} e^3 & 0 \\ 0 & e \end{pmatrix} P^{-1} = \begin{pmatrix} (e^3+e)/2 & (-e^3+e)/2 \\ (-e^3+e)/2 & (e^3+e)/2 \end{pmatrix} \end{aligned}$$

この例と同様にして, 正方行列 A は正則行列 P を用いて

$$P^{-1}AP = \begin{pmatrix} \lambda_1 & 0 \\ 0 & \lambda_2 \end{pmatrix}$$

と対角化できるとすると, e^A は次で与えられる.

$$e^A = P \begin{pmatrix} e^{\lambda_1} & 0 \\ 0 & e^{\lambda_2} \end{pmatrix} P^{-1}$$

また, e^{At}, e^{-At} は次であることが確かめられる.

$$e^{At} = P \begin{pmatrix} e^{\lambda_1 t} & 0 \\ 0 & e^{\lambda_2 t} \end{pmatrix} P^{-1}, \quad e^{-At} = P \begin{pmatrix} e^{-\lambda_1 t} & 0 \\ 0 & e^{-\lambda_2 t} \end{pmatrix} P^{-1}$$

この正方行列の指数関数を用いると, 連立線形常微分方程式の解は次のように書きかえられる.

$$\boldsymbol{y} = P \begin{pmatrix} C_1 e^{\lambda_1 t} + e^{\lambda_1 t} \displaystyle\int e^{-\lambda_1 t} \widetilde{b}_1(t) dt \\ C_2 e^{\lambda_2 t} + e^{\lambda_2 t} \displaystyle\int e^{-\lambda_2 t} \widetilde{b}_2(t) dt \end{pmatrix}$$

$$
\begin{aligned}
&= P\begin{pmatrix} e^{\lambda_1 t} & 0 \\ 0 & e^{\lambda_2 t}\end{pmatrix}\begin{pmatrix} C_1 + \displaystyle\int e^{-\lambda_1 t}\widetilde{b}_1(t)dt \\ C_2 + \displaystyle\int e^{-\lambda_2 t}\widetilde{b}_2(t)dt \end{pmatrix} \\
&= e^{At}P\begin{pmatrix} C_1 + \displaystyle\int e^{-\lambda_1 t}\widetilde{b}_1(t)dt \\ C_2 + \displaystyle\int e^{-\lambda_2 t}\widetilde{b}_2(t)dt \end{pmatrix}
\end{aligned}
$$

ここで $\boldsymbol{C} = \begin{pmatrix} C_1 \\ C_2 \end{pmatrix}, \widetilde{\boldsymbol{b}}(t) = \begin{pmatrix} \widetilde{b}_1(t) \\ \widetilde{b}_2(t) \end{pmatrix}$ とすると $\widetilde{\boldsymbol{b}}(t) = P^{-1}\boldsymbol{b}(t)$ であるので

$$
\begin{aligned}
P\begin{pmatrix} C_1 + \displaystyle\int e^{-\lambda_1 t}\widetilde{b}_1(t)dt \\ C_2 + \displaystyle\int e^{-\lambda_2 t}\widetilde{b}_2(t)dt \end{pmatrix} &= P\boldsymbol{C} + P\int \begin{pmatrix} e^{-\lambda_1 t} & 0 \\ 0 & e^{-\lambda_2 t}\end{pmatrix}\widetilde{\boldsymbol{b}}(t)dt \\
&= P\boldsymbol{C} + P\int P^{-1}e^{-At}P\widetilde{\boldsymbol{b}}(t)dt \\
&= P\boldsymbol{C} + \int e^{-At}\boldsymbol{b}(t)dt
\end{aligned}
$$

となる．従ってベクトル $P\boldsymbol{C}$ を改めて $\boldsymbol{C}$ とおくと次を得る．

$$
\boldsymbol{y} = e^{At}\left(\boldsymbol{C} + \int e^{-At}\boldsymbol{b}(t)dt\right) = e^{At}\boldsymbol{C} + e^{At}\int e^{-At}\boldsymbol{b}(t)dt
$$

以上では A が対角化可能な場合を考えたが，実はこの条件は必要ない．つまり，次が成り立つ．

定理 12.1.3　連立線形常微分方程式 $\dfrac{d\boldsymbol{y}}{dt} = A\boldsymbol{y} + \boldsymbol{b}(t)$ の解は次で与えられる．

$$
\boldsymbol{y} = e^{At}\left(\boldsymbol{C} + \int e^{-At}\boldsymbol{b}(t)dt\right) = e^{At}\boldsymbol{C} + e^{At}\int e^{-At}\boldsymbol{b}(t)dt
$$

□

この解の表示は定理 12.1.1 で与えた常微分方程式 $\dfrac{dy}{dt} = ay + b(t)$ の解の表示

$$
y = Ce^{at} + e^{at}\int e^{-at}b(t)dt
$$

と (A は行列，$\boldsymbol{b}(t)$ と $\boldsymbol{C}$ はベクトルではあるが) まったく同じということに注意する．

例 12.4

次の連立線形常微分方程式を考える．

$$\frac{d\boldsymbol{y}}{dt} = A\boldsymbol{y} + \boldsymbol{b}(t), \quad A = \begin{pmatrix} 3 & 1 \\ 0 & 3 \end{pmatrix}, \quad \boldsymbol{b}(t) = \begin{pmatrix} t \\ 0 \end{pmatrix}$$

ここで A は対角化できないことに注意する．このとき，$e^{At} = \begin{pmatrix} e^{3t} & te^{3t} \\ 0 & e^{3t} \end{pmatrix}$，$e^{-At} = \begin{pmatrix} e^{-3t} & -te^{-3t} \\ 0 & e^{-3t} \end{pmatrix}$ であり

$$\begin{aligned} \int e^{-At}\boldsymbol{b}(t)dt &= \int \begin{pmatrix} e^{-3t} & -te^{-3t} \\ 0 & e^{-3t} \end{pmatrix} \begin{pmatrix} t \\ 0 \end{pmatrix} dt = \int \begin{pmatrix} te^{-3t} \\ 0 \end{pmatrix} dt \\ &= \begin{pmatrix} -(3t+1)e^{-3t}/9 \\ 0 \end{pmatrix} \end{aligned}$$

となるので解は

$$\begin{aligned} \boldsymbol{y} =& e^{At}\left(\boldsymbol{C} + \int e^{-At}\boldsymbol{b}(t)dt\right) = \begin{pmatrix} e^{3t} & te^{3t} \\ 0 & e^{3t} \end{pmatrix} \begin{pmatrix} C_1 - (3t+1)e^{-3t}/9 \\ C_2 \end{pmatrix} \\ =& \begin{pmatrix} -(3t+1)/9 + C_1e^{3t} + C_2te^{3t} \\ C_2e^{3t} \end{pmatrix} \end{aligned}$$

となる．ただし，$\boldsymbol{C} = \begin{pmatrix} C_1 \\ C_2 \end{pmatrix}$ とした．

12.2　最小二乗法

データの関係を関数で表すことを考える．これはデータを用いる際の基本的な考え方であり，様々な分野で行われている．ここではデータの関係を表す関数を連立1次方程式を解くことにより求める方法について述べる．

まず，2変数のデータ $(x_1, y_1), (x_2, y_2), \ldots, (x_N, y_N)$ が与えられたとき，その第1成分 x と第2成分 y の関係を

$$y = a_1x + a_0$$

と表すことを考える．任意の i に対して

$$y_i = a_1 x_i + a_0$$

が成り立つことが期待されているが，これは一般的に成り立たない．もちろん $y = a_1 x + a_0$ が誤りの場合もあるが，この関係が正しくてもデータに測定誤差などが含まれるからである．このような状況で a_0, a_1 を定める方法として様々なものが考えられるが，ここでは最小二乗法と呼ばれる方法を説明する．

$y = a_1 x + a_0$ が成り立つならば，y_i と $a_1 x_i + a_0$ は値が異なっていてもその誤差

$$\varepsilon_i = y_i - (a_1 x_i + a_0)$$

は小さい値であると考えられる．そこで誤差の 2 乗和

$$E = \sum_{i=1}^{N} \varepsilon_i^2 = \sum_{i=1}^{N} \{y_i - (a_1 x_i + a_0)\}^2$$

が最小となるように a_0, a_1 を定める．このように a_0, a_1 を定める方法を**最小二乗法**という．関数の値を最小にする点では極小値を取るので，10.5.2 項で述べたように

$$\frac{\partial E}{\partial a_0} = 0, \quad \frac{\partial E}{\partial a_1} = 0$$

を考える．これらの左辺は

$$\begin{aligned}
\frac{\partial E}{\partial a_0} &= \frac{\partial}{\partial a_0} \sum_{i=1}^{N} \{y_i - (a_1 x_i + a_0)\}^2 = \sum_{i=1}^{N} \frac{\partial}{\partial a_0} (y_i - a_1 x_i - a_0)^2 \\
&= -2 \sum_{i=1}^{N} (y_i - a_1 x_i - a_0) = -2 \left(\sum_{i=1}^{N} y_i - \sum_{i=1}^{N} x_i a_1 - N a_0 \right) \\
\frac{\partial E}{\partial a_1} &= \frac{\partial}{\partial a_1} \sum_{i=1}^{N} \{y_i - (a_1 x_i + a_0)\}^2 = \sum_{i=1}^{N} \frac{\partial}{\partial a_1} (y_i - a_1 x_i - a_0)^2 \\
&= -2 \sum_{i=1}^{N} x_i (y_i - a_1 x_i - a_0) = -2 \left(\sum_{i=1}^{N} x_i y_i - \sum_{i=1}^{N} x_i^2 a_1 - \sum_{i=1}^{N} x_i a_0 \right)
\end{aligned}$$

であるので次を得る．

$$\begin{pmatrix} N & \displaystyle\sum_{i=1}^{N} x_i \\ \displaystyle\sum_{i=1}^{N} x_i & \displaystyle\sum_{i=1}^{N} x_i^2 \end{pmatrix} \begin{pmatrix} a_0 \\ a_1 \end{pmatrix} = \begin{pmatrix} \displaystyle\sum_{i=1}^{N} y_i \\ \displaystyle\sum_{i=1}^{N} x_i y_i \end{pmatrix}$$

この方程式を**正規方程式**という．

例 12.5

5個のデータ $(1,1),(2,2),(3,3),(4,4),(5,6)$ を用いて，データの第1成分 x と第2成分 y の関係を表す関数 $y=a_1x+a_0$ の係数 a_0,a_1 を最小二乗法で求める．考える正規方程式は

$$\begin{pmatrix} 5 & 15 \\ 15 & 55 \end{pmatrix}\begin{pmatrix} a_0 \\ a_1 \end{pmatrix}=\begin{pmatrix} 16 \\ 60 \end{pmatrix}$$

であるので

$$a_0=-\frac{2}{5},\quad a_1=\frac{6}{5}$$

となる．従って得られる関数は次である．

$$y=\frac{6}{5}x-\frac{2}{5}$$

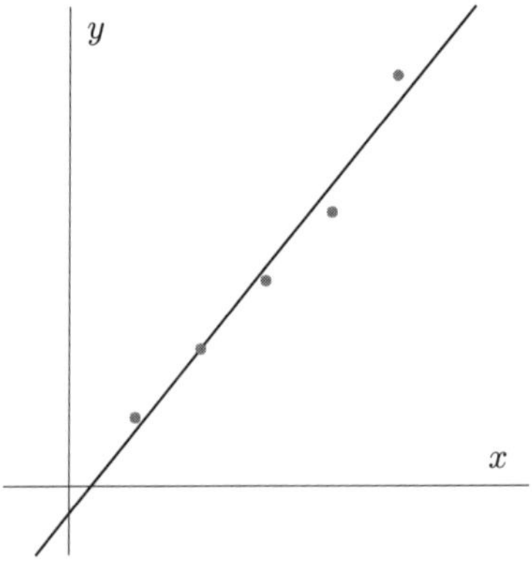

図 12.1　最小二乗法を適用して得られる関数

この正規方程式の係数行列と右辺は

$$X = \begin{pmatrix} 1 & x_1 \\ 1 & x_2 \\ \vdots & \vdots \\ 1 & x_N \end{pmatrix}, \quad \boldsymbol{y} = \begin{pmatrix} y_1 \\ y_2 \\ \vdots \\ y_N \end{pmatrix}$$

を用いると

$$\begin{pmatrix} N & \sum_{i=1}^{N} x_i \\ \sum_{i=1}^{N} x_i & \sum_{i=1}^{N} x_i^2 \end{pmatrix} = {}^tXX, \quad \begin{pmatrix} \sum_{i=1}^{N} y_i \\ \sum_{i=1}^{N} x_i y_i \end{pmatrix} = {}^tX\boldsymbol{y}$$

と表せる．これより正規方程式は次のように表せる．

$${}^tXX \begin{pmatrix} a_0 \\ a_1 \end{pmatrix} = {}^tX\boldsymbol{y}$$

次に x, y の関係が

$$y = a_2 x^2 + a_1 x + a_0$$

の場合を考えるが, 最小二乗法を用いて得られる a_0, a_1, a_2, つまり

$$\sum_{i=1}^{N} \left\{ y_i - (a_2 x_i^2 + a_1 x_i + a_0) \right\}^2$$

が最小となるような a_0, a_1, a_2 は正規方程式

$$\begin{pmatrix} N & \sum_{i=1}^{N} x_i & \sum_{i=1}^{N} x_i^2 \\ \sum_{i=1}^{N} x_i & \sum_{i=1}^{N} x_i^2 & \sum_{i=1}^{N} x_i^3 \\ \sum_{i=1}^{N} x_i^2 & \sum_{i=1}^{N} x_i^3 & \sum_{i=1}^{N} x_i^4 \end{pmatrix} \begin{pmatrix} a_0 \\ a_1 \\ a_2 \end{pmatrix} = \begin{pmatrix} \sum_{i=1}^{N} y_i \\ \sum_{i=1}^{N} x_i y_i \\ \sum_{i=1}^{N} x_i^2 y_i \end{pmatrix}$$

を満たす．この正規方程式も

$$X = \begin{pmatrix} 1 & x_1 & x_1^2 \\ 1 & x_2 & x_2^2 \\ \vdots & \vdots & \vdots \\ 1 & x_N & x_N^2 \end{pmatrix}, \quad \boldsymbol{y} = \begin{pmatrix} y_1 \\ y_2 \\ \vdots \\ y_N \end{pmatrix}$$

を用いると次のように表せる．

$$ {}^{t}XX\begin{pmatrix} a_0 \\ a_1 \\ a_2 \end{pmatrix} = {}^{t}X\boldsymbol{y} $$

例 12.6

5個のデータ $(1,1),(2,0),(3,2),(4,3),(5,6)$ を用いて，データの第1成分 x と第2成分 y の関係を表す関数 $y=a_2x^2+a_1x+a_0$ の係数 a_0,a_1,a_2 を最小二乗法で求める．考える正規方程式は

$$ \begin{pmatrix} 5 & 15 & 55 \\ 15 & 55 & 225 \\ 55 & 225 & 979 \end{pmatrix}\begin{pmatrix} a_0 \\ a_1 \\ a_2 \end{pmatrix} = \begin{pmatrix} 12 \\ 49 \\ 217 \end{pmatrix} $$

であるので

$$ a_0=2, \quad a_1=-\frac{17}{10}, \quad a_2=\frac{1}{2} $$

となる．従って得られる関数は次である．

$$ y=\frac{1}{2}x^2-\frac{17}{10}x+2 $$

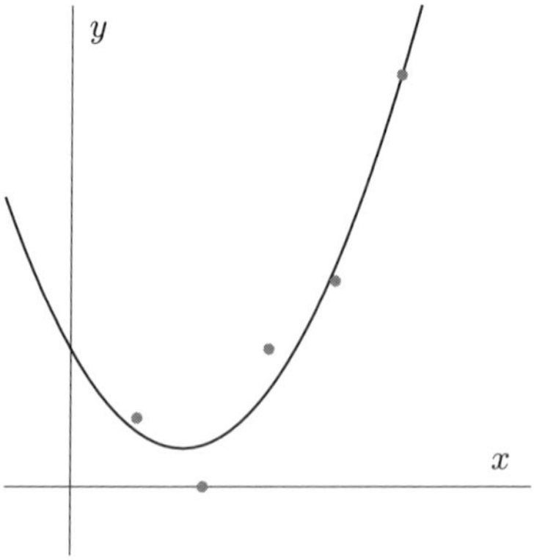

図 12.2　最小二乗法を適用して得られる関数

以上のことは次のようにさらに一般的に成り立つ.

定理 12.2.1　データ $(x_1, y_1), (x_2, y_2), \ldots, (x_n, y_n)$ の第 1 成分 x と第 2 成分 y の関係が, 関数 $f_0(x), f_1(x), \ldots, f_n(x)$ を用いて

$$y = a_n f_n(x) + \cdots + a_1 f_1(x) + a_0 f_0(x)$$

と表されているとき, 最小二乗法を用いて得られる $a_0, a_1, \ldots, a_n$ は次を満たす.

$${}^t XX \begin{pmatrix} a_0 \\ a_1 \\ \vdots \\ a_n \end{pmatrix} = {}^t X \boldsymbol{y}$$

ただし, $X, \boldsymbol{y}$ は次である.

$$X = \begin{pmatrix} f_0(x_1) & f_1(x_1) & \cdots & f_n(x_1) \\ f_0(x_2) & f_1(x_2) & \cdots & f_n(x_2) \\ \vdots & \vdots & \ddots & \vdots \\ f_0(x_N) & f_1(x_N) & \cdots & f_n(x_N) \end{pmatrix}, \quad \boldsymbol{y} = \begin{pmatrix} y_1 \\ y_2 \\ \vdots \\ y_N \end{pmatrix}$$

□

章末問題

問題 1　次の連立線形常微分方程式の解を求めよ.

(1) $\begin{cases} \dfrac{dy_1}{dt} = y_2 - 1 \\ \dfrac{dy_2}{dt} = y_1 + 1 \end{cases}$　　(2) $\begin{cases} \dfrac{dy_1}{dt} = y_2 - t \\ \dfrac{dy_2}{dt} = y_1 + t \end{cases}$

(3) $\begin{cases} \dfrac{dy_1}{dt} = y_1 - y_2 + 1 \\ \dfrac{dy_2}{dt} = 2y_1 + 4y_2 - 1 \end{cases}$　　(4) $\begin{cases} \dfrac{dy_1}{dt} = y_1 - y_2 + t \\ \dfrac{dy_2}{dt} = 2y_1 + 4y_2 - t \end{cases}$

問題 2　4 個のデータ $(0, -1), (1, -1), (2, 4), (3, 8)$ を用いて, データの第 1 成分 x と第 2 成分 y の関係を表す次の関数の係数を最小二乗法により求めよ.

(1) $y = a_1x + a_0$　　(2) $y = a_2x^2 + a_1x + a_0$

章末問題　解答

第 2 章

問題 1

(1) $\begin{pmatrix} 1 & -1 \\ -1 & 3 \end{pmatrix}$　(2) $\begin{pmatrix} 5 & -3 \\ -7 & -1 \end{pmatrix}$　(3) $\begin{pmatrix} 12 & -7 \\ -17 & -4 \end{pmatrix}$　(4) $\begin{pmatrix} -13 & 8 \\ 18 & 1 \end{pmatrix}$

(5) $\begin{pmatrix} -12 & -1 \\ 11 & -2 \end{pmatrix}$　(6) $\begin{pmatrix} -10 & 5 \\ 1 & -4 \end{pmatrix}$　(7) $\begin{pmatrix} -2 & -6 \\ 10 & 2 \end{pmatrix}$　(8) $\begin{pmatrix} -67 & 23 \\ 55 & -17 \end{pmatrix}$

問題 2

(1) $\begin{pmatrix} 1 & -1 \\ 3 & -4 \end{pmatrix}$　(2) $\begin{pmatrix} 0 & 1/2 \\ 1 & 0 \end{pmatrix}$　(3) 逆行列は存在しない.　(4) $\begin{pmatrix} 5 & 2 \\ 7 & 3 \end{pmatrix}$

問題 3

(1) $\begin{pmatrix} x_1 \\ x_2 \end{pmatrix} = \begin{pmatrix} 6 & 7 \\ 5 & 6 \end{pmatrix}^{-1} \begin{pmatrix} 1 \\ -2 \end{pmatrix} = \begin{pmatrix} 6 & -7 \\ -5 & 6 \end{pmatrix} \begin{pmatrix} 1 \\ -2 \end{pmatrix} = \begin{pmatrix} 20 \\ -17 \end{pmatrix}$

(2) $\begin{pmatrix} x_1 \\ x_2 \end{pmatrix} = \begin{pmatrix} 3 & 1 \\ 2 & 1 \end{pmatrix}^{-1} \begin{pmatrix} 3 \\ -1 \end{pmatrix} = \begin{pmatrix} 1 & -1 \\ -2 & 3 \end{pmatrix} \begin{pmatrix} 3 \\ -1 \end{pmatrix} = \begin{pmatrix} 4 \\ -9 \end{pmatrix}$

(3) $\begin{pmatrix} x_1 \\ x_2 \end{pmatrix} = \begin{pmatrix} 3 & 5 \\ 4 & 6 \end{pmatrix}^{-1} \begin{pmatrix} 2 \\ 4 \end{pmatrix} = \begin{pmatrix} -3 & 5/2 \\ 2 & -3/2 \end{pmatrix} \begin{pmatrix} 2 \\ 4 \end{pmatrix} = \begin{pmatrix} 4 \\ -2 \end{pmatrix}$

(4) $\begin{pmatrix} x_1 \\ x_2 \end{pmatrix} = \begin{pmatrix} 5 & -9 \\ 7 & -13 \end{pmatrix}^{-1} \begin{pmatrix} 1 \\ 1 \end{pmatrix} = \begin{pmatrix} 13/2 & -9/2 \\ 7/2 & -5/2 \end{pmatrix} \begin{pmatrix} 1 \\ 1 \end{pmatrix} = \begin{pmatrix} 2 \\ 1 \end{pmatrix}$

第 3 章

問題 1

(1) $\begin{pmatrix} 10 & 4 \\ 5 & 7 \end{pmatrix}$　(2) 定義できない.　(3) $\begin{pmatrix} 10 & 4 & 3 \\ 5 & 7 & 2 \end{pmatrix}$

(4) 定義できない.　(5) $\begin{pmatrix} 4 & 2 \\ -2 & -4 \end{pmatrix}$　(6) $\begin{pmatrix} 4 & 2 & 2 \\ -2 & -4 & 4 \end{pmatrix}$

(7) $\begin{pmatrix} 4 & 2 & 2 \end{pmatrix}$　(8) $\begin{pmatrix} 4 \\ -2 \end{pmatrix}$　(9) $\begin{pmatrix} 22 & 15 \\ -20 & -21 \end{pmatrix}$

(10) 定義できない.　(11) $\begin{pmatrix} 23 & 15 \\ -18 & -21 \end{pmatrix}$　(12) $\begin{pmatrix} 23 & 15 & 3 \\ -18 & -21 & -4 \end{pmatrix}$

問題 2

(1) $\begin{pmatrix} 2 & 1 & 2 \\ 0 & 3 & 1 \\ 1 & 0 & 4 \end{pmatrix}$　(2) $\begin{pmatrix} 0 & -1 & 0 \\ 0 & 1 & -1 \\ 1 & 0 & 2 \end{pmatrix}$　(3) $\begin{pmatrix} -1 & -3 & -1 \\ 0 & 1 & -3 \\ 2 & 0 & 3 \end{pmatrix}$

(4) $\begin{pmatrix} -1 & 2 & -1 \\ 0 & -4 & 2 \\ -3 & 0 & -7 \end{pmatrix}$　(5) $\begin{pmatrix} 2 & 0 & 4 \\ 0 & 4 & 0 \\ 4 & 0 & 10 \end{pmatrix}$　(6) $\begin{pmatrix} 0 & 0 & 0 \\ 0 & 0 & 0 \\ 0 & 0 & 0 \end{pmatrix}$

(7) $\begin{pmatrix} 1 & 1 & 2 \\ 0 & 2 & 2 \\ 1 & 1 & 4 \end{pmatrix}$　(8) $\begin{pmatrix} 2 & 2 & 4 \\ 1 & 2 & 3 \\ 1 & 0 & 3 \end{pmatrix}$　(9) $\begin{pmatrix} -1 & -1 & -2 \\ -1 & 0 & -1 \\ 0 & 1 & 1 \end{pmatrix}$

(10) $\begin{pmatrix} 1 & -2 & -1 \\ 1 & 1 & 0 \\ 4 & 1 & 9 \end{pmatrix}$

問題 3

(1) $\begin{pmatrix} 1 & 2 & -2 \\ 2 & 1 & 2 \end{pmatrix}$　(2) $\begin{pmatrix} 2 & 3 & 5 \\ 4 & 6 & 9 \end{pmatrix}$

(3) $\begin{pmatrix} 2 & 4 & 3 & -2 \\ 1 & 2 & 2 & 1 \\ 3 & -1 & -2 & -1 \end{pmatrix}$　(4) $\begin{pmatrix} 1 & 2 & 2 & -1 \\ 2 & 3 & -1 & 2 \\ 3 & 4 & -4 & 5 \end{pmatrix}$

(5) $\begin{pmatrix} 4 & 3 & 2 & 6 & 13 \\ 2 & 0 & -5 & -3 & -1 \\ 1 & 2 & 3 & 4 & 12 \end{pmatrix}$　(6) $\begin{pmatrix} 1 & 2 & 3 & 1 & 5 \\ 0 & 1 & 2 & 1 & 2 \\ 2 & 5 & 8 & 3 & 12 \end{pmatrix}$

問題 4　(1) 正しい.　(2) 正しい.　(3) 次のように正しくない.　(4) 正しい.

$$\begin{pmatrix} 1 & 0 & -1 \\ 2 & 1 & 0 \\ 2 & 1 & 1 \end{pmatrix} \begin{pmatrix} 1 & 1 & -1 \\ -2 & -1 & 2 \\ 0 & 1 & -1 \end{pmatrix} = \begin{pmatrix} 1 & 0 & 0 \\ 0 & 1 & 0 \\ 0 & 2 & -1 \end{pmatrix}$$

問題 5

(1) $\begin{pmatrix} 0 & 3 & 6 \\ 1 & 4 & 7 \end{pmatrix}$　(2) $\begin{pmatrix} 0 & 3 & 6 \\ 1 & 4 & 7 \\ 2 & 5 & 8 \end{pmatrix}$　(3) $\begin{pmatrix} 0 \\ 1 \\ 2 \end{pmatrix}$　(4) $\begin{pmatrix} 0 & 3 & 6 \end{pmatrix}$

問題 6　対称行列は (1), (4), (5), (6), 直交行列は (2), (3), (5), (6) である.

第 4 章

問題 1　(1), (2), (3), (4) のいずれも階段行列ではなく, 階段行列に変形したものは次である.

(1) $\begin{pmatrix} 1 & 0 \\ 0 & 1 \\ 0 & 0 \end{pmatrix}$　(2) $\begin{pmatrix} 1 & 0 & 0 \\ 0 & 1 & 0 \\ 0 & 0 & 1 \end{pmatrix}$　(3) $\begin{pmatrix} 1 & 0 & 2 & 0 \\ 0 & 1 & 3 & 0 \\ 0 & 0 & 0 & 1 \end{pmatrix}$　(4) $\begin{pmatrix} 1 & 0 & 0 & 0 \\ 0 & 1 & 1 & 0 \\ 0 & 0 & 0 & 1 \end{pmatrix}$

問題 2　行列から得られる階段行列は次であるので, それぞれの階数は $1, 2, 3, 3, 3, 2$ である.

(1) $\begin{pmatrix} 1 & 2 \\ 0 & 0 \end{pmatrix}$　(2) $\begin{pmatrix} 1 & 0 \\ 0 & 1 \end{pmatrix}$　(3) $\begin{pmatrix} 1 & 0 & 0 \\ 0 & 1 & 0 \\ 0 & 0 & 1 \end{pmatrix}$

(4) $\begin{pmatrix} 1 & 0 & 0 \\ 0 & 1 & 0 \\ 0 & 0 & 1 \end{pmatrix}$　(5) $\begin{pmatrix} 1 & 0 & 0 & -1 \\ 0 & 1 & 0 & -2 \\ 0 & 0 & 1 & 1 \end{pmatrix}$　(6) $\begin{pmatrix} 1 & 2 & 0 & -2 \\ 0 & 0 & 1 & 1 \\ 0 & 0 & 0 & 0 \end{pmatrix}$

問題 3　(1)　連立 1 次方程式の拡大係数行列を階段行列にしたものは $\begin{pmatrix} 1 & 0 & 2 \\ 0 & 1 & -2 \end{pmatrix}$ なので定理 4.2.2 より解を持ち, それは $\begin{pmatrix} x_1 \\ x_2 \end{pmatrix} = \begin{pmatrix} 2 \\ -2 \end{pmatrix}$ である.

(2)　連立 1 次方程式の拡大係数行列を階段行列にしたものは $\begin{pmatrix} 1 & 3/2 & 0 \\ 0 & 0 & 1 \end{pmatrix}$ なので定理 4.2.2 より解を持たない.

(3)　連立 1 次方程式の拡大係数行列を階段行列にしたものは $\begin{pmatrix} 1 & 0 & 0 & 1 \\ 0 & 1 & 0 & -4 \\ 0 & 0 & 1 & 4 \end{pmatrix}$ なので定理 4.2.2 より解を持ち, それは $\begin{pmatrix} x_1 \\ x_2 \\ x_3 \end{pmatrix} = \begin{pmatrix} 1 \\ -4 \\ 4 \end{pmatrix}$ である.

(4)　連立 1 次方程式の拡大係数行列を階段行列にしたものは $\begin{pmatrix} 1 & 0 & -8 & 7 \\ 0 & 1 & 5 & -4 \\ 0 & 0 & 0 & 0 \end{pmatrix}$ なので定理 4.2.2 より解を持ち, それは $\begin{pmatrix} x_1 \\ x_2 \\ x_3 \end{pmatrix} = \begin{pmatrix} 7 \\ -4 \\ 0 \end{pmatrix} + t \begin{pmatrix} 8 \\ -5 \\ 1 \end{pmatrix}$ である.

(5)　連立 1 次方程式の拡大係数行列を階段行列にしたものは $\begin{pmatrix} 1 & 0 & 0 & 1 & -3 \\ 0 & 1 & 0 & 0 & 9 \\ 0 & 0 & 1 & 1 & -1 \end{pmatrix}$ なので定理 4.2.2 より解を持ち, それは $\begin{pmatrix} x_1 \\ x_2 \\ x_3 \\ x_4 \end{pmatrix} = \begin{pmatrix} -3 \\ 9 \\ -1 \\ 0 \end{pmatrix} + t \begin{pmatrix} -1 \\ 0 \\ -1 \\ 1 \end{pmatrix}$ である.

(6)　連立 1 次方程式の拡大係数行列を階段行列にしたものは $\begin{pmatrix} 1 & 0 & -1 & -1 & 1 \\ 0 & 1 & 2 & 1 & 2 \\ 0 & 0 & 0 & 0 & 0 \end{pmatrix}$ なので定理 4.2.2 より解を持ち, それは $\begin{pmatrix} x_1 \\ x_2 \\ x_3 \\ x_4 \end{pmatrix} = \begin{pmatrix} 1 \\ 2 \\ 0 \\ 0 \end{pmatrix} + t_1 \begin{pmatrix} 1 \\ -2 \\ 1 \\ 0 \end{pmatrix} + t_2 \begin{pmatrix} 1 \\ -1 \\ 0 \\ 1 \end{pmatrix}$ である.

問題 4　連立 1 次方程式の拡大係数行列に基本変形を行うと $\begin{pmatrix} 1 & 0 & 1 & 1 \\ 0 & 1 & 3 & 2 \\ 0 & 0 & 0 & a-2 \end{pmatrix}$ となる. 従って定理 4.2.2 より $a = 2$ のときに解を持つ.

問題 5　連立 1 次方程式の係数行列に基本変形を行うと $\begin{pmatrix} 1 & 0 & 1 \\ 0 & 1 & 3 \\ 0 & 0 & a-4 \end{pmatrix}$ となる. 従って定理 4.2.3 より $a \neq 4$ のときにただひとつの解を持つ.

問題 6

(1) $\begin{pmatrix} 4 & -1 \\ 7 & -2 \end{pmatrix}$　(2) $\begin{pmatrix} -2 & 1 \\ 3/2 & -1/2 \end{pmatrix}$

(3) $\begin{pmatrix} -1 & 1 & 1 \\ -4 & 5 & 2 \\ -2 & 3 & 1 \end{pmatrix}$　(4) $\begin{pmatrix} -1/2 & -4 & 7/2 \\ 1/2 & -1 & 1/2 \\ 1/2 & 3 & -5/2 \end{pmatrix}$

$$(5)\ \begin{pmatrix} -11 & -5 & 2 & -7 \\ -62 & -28 & 10 & -39 \\ -80 & -36 & 13 & -50 \\ 24 & 11 & -4 & 15 \end{pmatrix} \qquad (6)\ \begin{pmatrix} 5 & 12 & -1 & -10 \\ -4 & -11 & 1 & 9 \\ -9 & -21 & 2 & 18 \\ -5 & -13 & 1 & 11 \end{pmatrix}$$

問題 7　考える行列を A とする．定理 4.2.4 より $\mathrm{rank} A < 3$ となる a の値を求めればよい．A に基本変形を行うと $\begin{pmatrix} 1 & 0 & -1 \\ 0 & 1 & 2 \\ 0 & 0 & a-9 \end{pmatrix}$ となる．従って $a = 9$ のときに A は逆行列を持たない．

問題 8

$$(1)\ \boldsymbol{x} = \begin{pmatrix} 3 & 2 \\ 4 & 3 \end{pmatrix}^{-1} \begin{pmatrix} 2 \\ -1 \end{pmatrix} = \begin{pmatrix} 3 & -2 \\ -4 & 3 \end{pmatrix} \begin{pmatrix} 2 \\ -1 \end{pmatrix} = \begin{pmatrix} 8 \\ -11 \end{pmatrix}$$

$$(2)\ \boldsymbol{x} = \begin{pmatrix} 2 & 6 \\ 1 & 4 \end{pmatrix}^{-1} \begin{pmatrix} 0 \\ -1 \end{pmatrix} = \begin{pmatrix} 2 & -3 \\ -1/2 & 1 \end{pmatrix} \begin{pmatrix} 0 \\ -1 \end{pmatrix} = \begin{pmatrix} 3 \\ -1 \end{pmatrix}$$

$$(3)\ \boldsymbol{x} = \begin{pmatrix} 2 & 1 & -3 \\ 1 & 2 & 1 \\ -2 & -3 & 1 \end{pmatrix}^{-1} \begin{pmatrix} 7 \\ -2 \\ -1 \end{pmatrix} = \begin{pmatrix} 5/4 & 2 & 7/4 \\ -3/4 & -1 & -5/4 \\ 1/4 & 1 & 3/4 \end{pmatrix} \begin{pmatrix} 7 \\ -2 \\ -1 \end{pmatrix} = \begin{pmatrix} 3 \\ -2 \\ -1 \end{pmatrix}$$

$$(4)\ \boldsymbol{x} = \begin{pmatrix} 1 & -2 & -1 \\ -1 & 2 & 2 \\ 1 & 0 & 3 \end{pmatrix}^{-1} \begin{pmatrix} 2 \\ -1 \\ 2 \end{pmatrix} = \begin{pmatrix} -3 & -3 & 1 \\ -5/2 & -2 & 1/2 \\ 1 & 1 & 0 \end{pmatrix} \begin{pmatrix} 2 \\ -1 \\ 2 \end{pmatrix} = \begin{pmatrix} -1 \\ -2 \\ 1 \end{pmatrix}$$

第 5 章

問題 1

$$(1)\ \begin{pmatrix} 1 & 2 & 3 & 4 & 5 \\ 4 & 2 & 1 & 3 & 5 \end{pmatrix} \qquad (2)\ \begin{pmatrix} 1 & 2 & 3 & 4 & 5 \\ 2 & 4 & 3 & 1 & 5 \end{pmatrix}$$

問題 2

(1) $(1\ 4)(2\ 3)(2\ 5)$　　(2) $(1\ 2)(1\ 5)(1\ 3)$

問題 3　4 次の置換は次であり，最初の 12 個の符号は $+1$，残りの 12 個の符号は -1 である．

$$\begin{pmatrix} 1 & 2 & 3 & 4 \\ 1 & 2 & 3 & 4 \end{pmatrix},\ \begin{pmatrix} 1 & 2 & 3 & 4 \\ 1 & 3 & 4 & 2 \end{pmatrix},\ \begin{pmatrix} 1 & 2 & 3 & 4 \\ 1 & 4 & 2 & 3 \end{pmatrix}$$

$$\begin{pmatrix} 1 & 2 & 3 & 4 \\ 2 & 1 & 4 & 3 \end{pmatrix},\ \begin{pmatrix} 1 & 2 & 3 & 4 \\ 2 & 3 & 1 & 4 \end{pmatrix},\ \begin{pmatrix} 1 & 2 & 3 & 4 \\ 2 & 4 & 3 & 1 \end{pmatrix}$$

$$\begin{pmatrix} 1 & 2 & 3 & 4 \\ 3 & 1 & 2 & 4 \end{pmatrix},\ \begin{pmatrix} 1 & 2 & 3 & 4 \\ 3 & 2 & 4 & 1 \end{pmatrix},\ \begin{pmatrix} 1 & 2 & 3 & 4 \\ 3 & 4 & 1 & 2 \end{pmatrix}$$

$$\begin{pmatrix} 1 & 2 & 3 & 4 \\ 4 & 1 & 3 & 2 \end{pmatrix},\ \begin{pmatrix} 1 & 2 & 3 & 4 \\ 4 & 2 & 1 & 3 \end{pmatrix},\ \begin{pmatrix} 1 & 2 & 3 & 4 \\ 4 & 3 & 2 & 1 \end{pmatrix}$$

$$\begin{pmatrix} 1 & 2 & 3 & 4 \\ 1 & 2 & 4 & 3 \end{pmatrix},\ \begin{pmatrix} 1 & 2 & 3 & 4 \\ 1 & 3 & 2 & 4 \end{pmatrix},\ \begin{pmatrix} 1 & 2 & 3 & 4 \\ 1 & 4 & 3 & 2 \end{pmatrix}$$

$$\begin{pmatrix} 1 & 2 & 3 & 4 \\ 2 & 1 & 3 & 4 \end{pmatrix},\ \begin{pmatrix} 1 & 2 & 3 & 4 \\ 2 & 3 & 4 & 1 \end{pmatrix},\ \begin{pmatrix} 1 & 2 & 3 & 4 \\ 2 & 4 & 1 & 3 \end{pmatrix}$$

$$\begin{pmatrix} 1 & 2 & 3 & 4 \\ 3 & 1 & 4 & 2 \end{pmatrix},\ \begin{pmatrix} 1 & 2 & 3 & 4 \\ 3 & 2 & 1 & 4 \end{pmatrix},\ \begin{pmatrix} 1 & 2 & 3 & 4 \\ 3 & 4 & 2 & 1 \end{pmatrix}$$

$$\begin{pmatrix}1&2&3&4\\4&1&2&3\end{pmatrix},\quad \begin{pmatrix}1&2&3&4\\4&2&3&1\end{pmatrix},\quad \begin{pmatrix}1&2&3&4\\4&3&1&2\end{pmatrix}$$

問題 4

(1) -3　(2) -2　(3) -4　(4) -13

(5) 31　(6) 38　(7) 48　(8) 288

問題 5

(1) $(x-2)(x-1)(x+1)(x+2)$　(2) $(x-2)^2x(x+4)$

問題 6 (1)　係数行列 A の行列式は $|A|=-1$ なので解 $\boldsymbol{x}$ の第 i 成分 x_i は次である.

$$x_1=\frac{1}{|A|}\begin{vmatrix}2&-3\\1&-7\end{vmatrix}=11,\quad x_2=\frac{1}{|A|}\begin{vmatrix}1&2\\2&1\end{vmatrix}=3$$

(2)　係数行列 A の行列式は $|A|=-1$ なので解 $\boldsymbol{x}$ の第 i 成分 x_i は次である.

$$x_1=\frac{1}{|A|}\begin{vmatrix}3&-1&2\\2&1&-1\\1&0&1\end{vmatrix}=-4,\quad x_2=\frac{1}{|A|}\begin{vmatrix}1&3&2\\-1&2&-1\\1&1&1\end{vmatrix}=3$$

$$x_3=\frac{1}{|A|}\begin{vmatrix}1&-1&3\\-1&1&2\\1&0&1\end{vmatrix}=5$$

問題 7　考える行列を A とすると余因子行列 $\widetilde{A}$, 逆行列 A^{-1} は次である.

$$(1)\ \widetilde{A}=\begin{pmatrix}-1&2&-2\\2&-2&1\\0&-1&1\end{pmatrix},\quad A^{-1}=\begin{pmatrix}1&-2&2\\-2&2&-1\\0&1&-1\end{pmatrix}$$

$$(2)\ \widetilde{A}=\begin{pmatrix}5&15&-10\\4&8&-7\\-3&-6&4\end{pmatrix},\quad A^{-1}=\begin{pmatrix}-1&-3&2\\-4/5&-8/5&7/5\\3/5&6/5&-4/5\end{pmatrix}$$

$$(3)\ \widetilde{A}=\begin{pmatrix}-6&11&-13\\0&1&-2\\3&-7&8\end{pmatrix},\quad A^{-1}=\begin{pmatrix}2&-11/3&13/3\\0&-1/3&2/3\\-1&7/3&-8/3\end{pmatrix}$$

$$(4)\ \widetilde{A}=\begin{pmatrix}0&3&-3\\9&0&-9\\-6&-2&5\end{pmatrix},\quad A^{-1}=\begin{pmatrix}0&-1/3&1/3\\-1&0&1\\2/3&2/9&-5/9\end{pmatrix}$$

第 6 章

問題 1　$\boldsymbol{x}$ と $\boldsymbol{x}'$ が張る平行四辺形の面積を S とする.

(1)　$(\boldsymbol{x},\boldsymbol{x}')=28,\quad \|\boldsymbol{x}\|=\sqrt{14},\quad \|\boldsymbol{x}'\|=\sqrt{77},\quad \cos\theta=\dfrac{2\sqrt{22}}{11}$

$$S=7\sqrt{6},\quad \boldsymbol{x}\times\boldsymbol{x}'=\begin{pmatrix}-7\\14\\7\end{pmatrix}$$

(2)　$(\boldsymbol{x},\boldsymbol{x}')=0,\quad \|\boldsymbol{x}\|=3,\quad \|\boldsymbol{x}'\|=\sqrt{17},\quad \cos\theta=0$

$$S=3\sqrt{17},\quad \boldsymbol{x}\times\boldsymbol{x}'=\begin{pmatrix}-7\\-2\\10\end{pmatrix}$$

問題 2　$(\boldsymbol{x} \times \boldsymbol{x}') \times \boldsymbol{x}'' = \begin{pmatrix} 68 \\ 54 \\ -84 \end{pmatrix}$,　$\boldsymbol{x} \times (\boldsymbol{x}' \times \boldsymbol{x}'') = \begin{pmatrix} -208 \\ 166 \\ -160 \end{pmatrix}$

問題 3　(1)　$(\boldsymbol{x}, \boldsymbol{x}') = 3a - 3$ より $a = 1$ とすれば $\boldsymbol{x}$ と $\boldsymbol{x}'$ は直交する.

(2)　$(\boldsymbol{x}, \boldsymbol{x}') = -a + 2$ より $a = 2$ とすれば $\boldsymbol{x}$ と $\boldsymbol{x}'$ は直交する.

問題 4　(1)　直線のパラメータ表示は $\begin{pmatrix} x_1 \\ x_2 \\ x_3 \end{pmatrix} = \begin{pmatrix} 1+3t \\ 2-7t \\ 3+3t \end{pmatrix}$ であり, 定義方程式は $\dfrac{x_1 - 1}{3} = \dfrac{x_2 - 2}{-7} = \dfrac{x_3 - 3}{3}$ である.

(2)　直線のパラメータ表示は $\begin{pmatrix} x_1 \\ x_2 \\ x_3 \end{pmatrix} = \begin{pmatrix} 1+2t \\ -3-6t \\ 2 \end{pmatrix}$ であり, 定義方程式は $\dfrac{x_1 - 1}{2} = \dfrac{x_2 + 3}{-6}, x_3 = 2$ である.

問題 6　(1)　平面のパラメータ表示は $\begin{pmatrix} x_1 \\ x_2 \\ x_3 \end{pmatrix} = \begin{pmatrix} 1 + t_1 - t_2 \\ 3t_1 + 5t_2 \\ 2 + 3t_1 + 4t_2 \end{pmatrix}$ であり, 定義方程式は $-3x_1 - 7x_2 + 8x_3 - 13 = 0$ である.

(2)　平面のパラメータ表示は $\begin{pmatrix} x_1 \\ x_2 \\ x_3 \end{pmatrix} = \begin{pmatrix} 2 - 3t_1 - 2t_2 \\ 2t_1 + 5t_2 \\ -1 + 4t_1 + 7t_2 \end{pmatrix}$ であり, 定義方程式は $-6x_1 + 13x_2 - 11x_3 + 1 = 0$ である.

第 7 章

問題 1　(1)　$W = \left\{ \begin{pmatrix} x_1 \\ x_2 \end{pmatrix} \in \mathbb{R}^2 \;\middle|\; 2x_1 + x_2 = 0 \right\}$ とおくと, 次が成り立つので定理 7.1.1 より W は $\mathbb{R}^2$ の部分空間である.

*　$\begin{pmatrix} 0 \\ 0 \end{pmatrix} \in W$ なので W は空でない.

*　$\begin{pmatrix} x_1 \\ x_2 \end{pmatrix}, \begin{pmatrix} x'_1 \\ x'_2 \end{pmatrix} \in W$ とする. このとき, $2x_1 + x_2 = 0, 2x'_1 + x'_2 = 0$ より

$$2(x_1 + x'_1) + (x_2 + x'_2) = (2x_1 + x_2) + (2x'_1 + x'_2) = 0$$

なので $\begin{pmatrix} x_1 \\ x_2 \end{pmatrix} + \begin{pmatrix} x'_1 \\ x'_2 \end{pmatrix} = \begin{pmatrix} x_1 + x'_1 \\ x_2 + x'_2 \end{pmatrix} \in W$ となる.

*　$\begin{pmatrix} x_1 \\ x_2 \end{pmatrix} \in W, \lambda \in \mathbb{R}$ とする. このとき, $2x_1 + x_2 = 0$ より

$$2(\lambda x_1) + (\lambda x_2) = \lambda(2x_1 + x_2) = 0$$

なので $\lambda \begin{pmatrix} x_1 \\ x_2 \end{pmatrix} = \begin{pmatrix} \lambda x_1 \\ \lambda x_2 \end{pmatrix} \in W$ となる.

(2)　$W = \left\{ \begin{pmatrix} x_1 \\ x_2 \end{pmatrix} \in \mathbb{R}^2 \;\middle|\; 2x_1 + 3x_2 = 0 \right\}$ とおくと, 次が成り立つので定理 7.1.1 より W は $\mathbb{R}^2$ の部分空間である.

*　$\begin{pmatrix} 0 \\ 0 \end{pmatrix} \in W$ なので W は空でない.

$*\quad \begin{pmatrix} x_1 \\ x_2 \end{pmatrix}, \begin{pmatrix} x_1' \\ x_2' \end{pmatrix} \in W$ とする．このとき，$2x_1+3x_2=0, 2x_1'+3x_2'=0$ より

$$2(x_1+x_1')+3(x_2+x_2')=(2x_1+3x_2)+(2x_1'+3x_2')=0$$

なので $\begin{pmatrix} x_1 \\ x_2 \end{pmatrix}+\begin{pmatrix} x_1' \\ x_2' \end{pmatrix}=\begin{pmatrix} x_1+x_1' \\ x_2+x_2' \end{pmatrix} \in W$ となる．

$*\quad \begin{pmatrix} x_1 \\ x_2 \end{pmatrix} \in W, \lambda \in \mathbb{R}$ とする．このとき，$2x_1+3x_2=0$ より

$$2(\lambda x_1)+3(\lambda x_2)=\lambda(2x_1+3x_2)=0$$

なので $\lambda\begin{pmatrix} x_1 \\ x_2 \end{pmatrix}=\begin{pmatrix} \lambda x_1 \\ \lambda x_2 \end{pmatrix} \in W$ となる．

問題2　(1)　$W=\left\{\begin{pmatrix} x_1 \\ x_2 \end{pmatrix} \in \mathbb{R}^2 \,\middle|\, 2x_1+x_2=1\right\}$ は $\begin{pmatrix} 0 \\ 1 \end{pmatrix} \in W$ だが $2\begin{pmatrix} 0 \\ 1 \end{pmatrix} \notin W$ なので $\mathbb{R}^2$ の部分空間でない．

(2)　$W=\left\{\begin{pmatrix} x_1 \\ x_2 \end{pmatrix} \in \mathbb{R}^2 \,\middle|\, 2x_1+x_2^2=0\right\}$ は $\begin{pmatrix} -2 \\ 2 \end{pmatrix} \in W$ だが $2\begin{pmatrix} -2 \\ 2 \end{pmatrix} \notin W$ なので $\mathbb{R}^2$ の部分空間でない．

問題3　(1)　$\begin{pmatrix} 1 & 1 \\ 2 & 3 \end{pmatrix}$ を階段行列にすると $\begin{pmatrix} 1 & 0 \\ 0 & 1 \end{pmatrix}$ なので定理 7.2.1 より $\begin{pmatrix} 1 \\ 2 \end{pmatrix}, \begin{pmatrix} 1 \\ 3 \end{pmatrix}$ は 1 次独立である．

(2)　$\begin{pmatrix} 5 & -5 \\ 4 & -4 \end{pmatrix}$ を階段行列にすると $\begin{pmatrix} 1 & -1 \\ 0 & 0 \end{pmatrix}$ なので定理 7.2.1 より $\begin{pmatrix} 5 \\ 4 \end{pmatrix}, \begin{pmatrix} -5 \\ -4 \end{pmatrix}$ は 1 次従属である．

(3)　$\begin{pmatrix} 1 & -1 \\ 0 & 1 \\ 2 & 3 \end{pmatrix}$ を階段行列にすると $\begin{pmatrix} 1 & 0 \\ 0 & 1 \\ 0 & 0 \end{pmatrix}$ なので定理 7.2.1 より $\begin{pmatrix} 1 \\ 0 \\ 2 \end{pmatrix}, \begin{pmatrix} -1 \\ 1 \\ 3 \end{pmatrix}$ は 1 次独立である．

(4)　$\begin{pmatrix} -1 & 2 \\ 1 & -2 \\ 4 & -8 \end{pmatrix}$ を階段行列にすると $\begin{pmatrix} 1 & -2 \\ 0 & 0 \\ 0 & 0 \end{pmatrix}$ なので定理 7.2.1 より $\begin{pmatrix} -1 \\ 1 \\ 4 \end{pmatrix}, \begin{pmatrix} 2 \\ -2 \\ -8 \end{pmatrix}$ は 1 次従属である．

(5)　$\begin{pmatrix} 7 & 2 & -3 \\ 4 & 3 & 2 \\ 5 & 2 & -1 \end{pmatrix}$ を階段行列にすると $\begin{pmatrix} 1 & 0 & -1 \\ 0 & 1 & 2 \\ 0 & 0 & 0 \end{pmatrix}$ なので定理 7.2.1 より $\begin{pmatrix} 7 \\ 4 \\ 5 \end{pmatrix}, \begin{pmatrix} 2 \\ 3 \\ 2 \end{pmatrix}, \begin{pmatrix} -3 \\ 2 \\ -1 \end{pmatrix}$ は 1 次従属である．

(6)　$\begin{pmatrix} 3 & 2 & 2 \\ -2 & -1 & -2 \\ 0 & 1 & 3 \end{pmatrix}$ を階段行列にすると $\begin{pmatrix} 1 & 0 & 0 \\ 0 & 1 & 0 \\ 0 & 0 & 1 \end{pmatrix}$ なので定理 7.2.1 より $\begin{pmatrix} 3 \\ -2 \\ 0 \end{pmatrix}, \begin{pmatrix} 2 \\ -1 \\ 1 \end{pmatrix}, \begin{pmatrix} 2 \\ -2 \\ 3 \end{pmatrix}$ は 1 次独立である．

(7)　1 次関係 $\lambda_1 x+\lambda_2 x^2=0$ に $x=1,2$ を代入すると $\begin{cases} \lambda_1+\lambda_2=0 \\ 2\lambda_1+4\lambda_2=0 \end{cases}$ を得る．この解は $\lambda_1=\lambda_2=0$ のみなので x, x^2 は 1 次独立である．

(8) $\lambda_1 = 1, \lambda_2 = 1, \lambda_3 = -1$ とすると $\lambda_1 x + \lambda_2 x^2 + \lambda_3(x^2 + x) = 0$ となるので $x, x^2, x^2 + x$ は1次従属である.

問題4 (1) $\boldsymbol{x}_1 = \begin{pmatrix} 1 \\ 2 \\ 1 \end{pmatrix}, \boldsymbol{x}_2 = \begin{pmatrix} 2 \\ 4 \\ 2 \end{pmatrix}, \boldsymbol{x}_3 = \begin{pmatrix} 1 \\ 3 \\ 1 \end{pmatrix}, \boldsymbol{x}_4 = \begin{pmatrix} 0 \\ 2 \\ 0 \end{pmatrix}$ とおく. これを並べた行列を階段行列にすると $\begin{pmatrix} 1 & 2 & 0 & -2 \\ 0 & 0 & 1 & 2 \\ 0 & 0 & 0 & 0 \end{pmatrix}$ なので定理 7.2.1 より次が成り立つ.

* $\boldsymbol{x}_1, \boldsymbol{x}_3$ は1次独立である.
* $\boldsymbol{x}_2, \boldsymbol{x}_4$ は $\boldsymbol{x}_1, \boldsymbol{x}_3$ の1次結合で表される.

従って $\langle \boldsymbol{x}_1, \boldsymbol{x}_3 \rangle$ は $[\boldsymbol{x}_1, \boldsymbol{x}_2, \boldsymbol{x}_3, \boldsymbol{x}_4]$ の基底であり, その次元は2である.

(2) $\boldsymbol{x}_1 = \begin{pmatrix} 1 \\ 3 \\ -2 \end{pmatrix}, \boldsymbol{x}_2 = \begin{pmatrix} 5 \\ -1 \\ -7 \end{pmatrix}, \boldsymbol{x}_3 = \begin{pmatrix} 2 \\ -10 \\ -1 \end{pmatrix}, \boldsymbol{x}_4 = \begin{pmatrix} 0 \\ 4 \\ 3 \end{pmatrix}$ とおく. これを並べた行列を階段行列にすると $\begin{pmatrix} 1 & 0 & -3 & 0 \\ 0 & 1 & 1 & 0 \\ 0 & 0 & 0 & 1 \end{pmatrix}$ なので定理 7.2.1 より次が成り立つ.

* $\boldsymbol{x}_1, \boldsymbol{x}_2, \boldsymbol{x}_4$ は1次独立である.
* $\boldsymbol{x}_3$ は $\boldsymbol{x}_1, \boldsymbol{x}_2, \boldsymbol{x}_4$ の1次結合で表される.

従って $\langle \boldsymbol{x}_1, \boldsymbol{x}_2, \boldsymbol{x}_4 \rangle$ は $[\boldsymbol{x}_1, \boldsymbol{x}_2, \boldsymbol{x}_3, \boldsymbol{x}_4]$ の基底であり, その次元は3である.

(3) $\boldsymbol{x}_1 = \begin{pmatrix} 1 \\ -1 \\ 3 \\ -2 \end{pmatrix}, \boldsymbol{x}_2 = \begin{pmatrix} -4 \\ 4 \\ -12 \\ 8 \end{pmatrix}, \boldsymbol{x}_3 = \begin{pmatrix} 0 \\ 1 \\ -1 \\ 0 \end{pmatrix}, \boldsymbol{x}_4 = \begin{pmatrix} 3 \\ -1 \\ 7 \\ -6 \end{pmatrix}, \boldsymbol{x}_5 = \begin{pmatrix} 2 \\ -2 \\ 6 \\ -4 \end{pmatrix}$ とおく. これを並べた行列を階段行列にすると $\begin{pmatrix} 1 & -4 & 0 & 3 & 2 \\ 0 & 0 & 1 & 2 & 0 \\ 0 & 0 & 0 & 0 & 0 \\ 0 & 0 & 0 & 0 & 0 \end{pmatrix}$ なので定理 7.2.1 より次が成り立つ.

* $\boldsymbol{x}_1, \boldsymbol{x}_3$ は1次独立である.
* $\boldsymbol{x}_2, \boldsymbol{x}_4, \boldsymbol{x}_5$ は $\boldsymbol{x}_1, \boldsymbol{x}_3$ の1次結合で表される.

従って $\langle \boldsymbol{x}_1, \boldsymbol{x}_3 \rangle$ は $[\boldsymbol{x}_1, \boldsymbol{x}_2, \boldsymbol{x}_3, \boldsymbol{x}_4, \boldsymbol{x}_5]$ の基底であり, その次元は2である.

問題5 (1) $\boldsymbol{x}_1 = \begin{pmatrix} 1 \\ 2 \\ 3 \end{pmatrix}, \boldsymbol{x}_2 = \begin{pmatrix} 1 \\ 0 \\ 2 \end{pmatrix}$ とおく. これを並べた行列を階段行列にすると $\begin{pmatrix} 1 & 0 \\ 0 & 1 \\ 0 & 0 \end{pmatrix}$ なので定理 7.3.4 より $\dim[\boldsymbol{x}_1, \boldsymbol{x}_2] = 2$ となる. これは $\dim \mathbb{R}^3 = 3$ と異なるので $\mathbb{R}^3 = [\boldsymbol{x}_1, \boldsymbol{x}_2]$ は成り立たない. 従って $\langle \boldsymbol{x}_1, \boldsymbol{x}_2 \rangle$ は $\mathbb{R}^3$ の基底でない.

(2) $\boldsymbol{x}_1 = \begin{pmatrix} 1 \\ 2 \\ 3 \end{pmatrix}, \boldsymbol{x}_2 = \begin{pmatrix} 1 \\ 0 \\ 2 \end{pmatrix}, \boldsymbol{x}_3 = \begin{pmatrix} 1 \\ 4 \\ 4 \end{pmatrix}$ とおく. これを並べた行列を階段行列にすると $\begin{pmatrix} 1 & 0 & 2 \\ 0 & 1 & -1 \\ 0 & 0 & 0 \end{pmatrix}$ なので定理 7.3.4 より $\dim[\boldsymbol{x}_1, \boldsymbol{x}_2, \boldsymbol{x}_3] = 2$ となる. これは $\dim \mathbb{R}^3 = 3$ と異なるので $\mathbb{R}^3 = [\boldsymbol{x}_1, \boldsymbol{x}_2, \boldsymbol{x}_3]$ は成り立たない. 従って

$\langle \boldsymbol{x}_1, \boldsymbol{x}_2, \boldsymbol{x}_3 \rangle$ は $\mathbb{R}^3$ の基底でない．

(3)　$\boldsymbol{x}_1 = \begin{pmatrix} 1 \\ 2 \\ 3 \end{pmatrix}, \boldsymbol{x}_2 = \begin{pmatrix} 1 \\ 0 \\ 2 \end{pmatrix}, \boldsymbol{x}_3 = \begin{pmatrix} 1 \\ 5 \\ 2 \end{pmatrix}$ とおく．これを並べた行列を階段行列にすると $\begin{pmatrix} 1 & 0 & 0 \\ 0 & 1 & 0 \\ 0 & 0 & 1 \end{pmatrix}$ なので定理 4.2.4 より任意の $\boldsymbol{x} \in \mathbb{R}^3$ に対して $\lambda_1 \boldsymbol{x}_1 + \lambda_2 \boldsymbol{x}_2 + \lambda_3 \boldsymbol{x}_3 = \boldsymbol{x}$ を満たす $\lambda_1, \lambda_2, \lambda_3$ が存在する．つまり $\mathbb{R}^3 = [\boldsymbol{x}_1, \boldsymbol{x}_2, \boldsymbol{x}_3]$ となる．さらに定理 7.2.1 より $\boldsymbol{x}_1, \boldsymbol{x}_2, \boldsymbol{x}_3$ は 1 次独立である．従って $\langle \boldsymbol{x}_1, \boldsymbol{x}_2, \boldsymbol{x}_3 \rangle$ は $\mathbb{R}^3$ の基底である．

(4)　$\boldsymbol{x}_1 = \begin{pmatrix} 1 \\ 2 \\ 3 \end{pmatrix}, \boldsymbol{x}_2 = \begin{pmatrix} 1 \\ 0 \\ 2 \end{pmatrix}, \boldsymbol{x}_3 = \begin{pmatrix} 1 \\ 4 \\ 4 \end{pmatrix}, \boldsymbol{x}_4 = \begin{pmatrix} 1 \\ 0 \\ 1 \end{pmatrix}$ とおく．これを並べた行列を階段行列にすると $\begin{pmatrix} 1 & 0 & 2 & 0 \\ 0 & 1 & -1 & 0 \\ 0 & 0 & 0 & 1 \end{pmatrix}$ なので定理 7.2.1 より $\boldsymbol{x}_1, \boldsymbol{x}_2, \boldsymbol{x}_3, \boldsymbol{x}_4$ は 1 次従属である．従って $\langle \boldsymbol{x}_1, \boldsymbol{x}_2, \boldsymbol{x}_3, \boldsymbol{x}_4 \rangle$ は $\mathbb{R}^3$ の基底でない．

問題 6　(1)　A を階段行列にすると $\begin{pmatrix} 1 & 0 & -1 \\ 0 & 1 & 2 \end{pmatrix}$ なので $A\boldsymbol{x} = \boldsymbol{0}$ の解は $\boldsymbol{x} = t\boldsymbol{c}, \boldsymbol{c} = \begin{pmatrix} 1 \\ -2 \\ 1 \end{pmatrix}$ と表すことができる．従って解空間の基底は $\langle \boldsymbol{c} \rangle$ であり，その次元は 1 である．

(2)　A を階段行列にすると $\begin{pmatrix} 1 & 0 & 1 \\ 0 & 1 & 1 \\ 0 & 0 & 0 \end{pmatrix}$ なので $A\boldsymbol{x} = \boldsymbol{0}$ の解は $\boldsymbol{x} = t\boldsymbol{c}, \boldsymbol{c} = \begin{pmatrix} -1 \\ -1 \\ 1 \end{pmatrix}$ と表すことができる．従って解空間の基底は $\langle \boldsymbol{c} \rangle$ であり，その次元は 1 である．

(3)　A を階段行列にすると $\begin{pmatrix} 1 & 0 & 0 & -1 \\ 0 & 1 & 0 & 11/5 \\ 0 & 0 & 1 & 1/5 \end{pmatrix}$ なので $A\boldsymbol{x} = \boldsymbol{0}$ の解は $\boldsymbol{x} = t\boldsymbol{c}, \boldsymbol{c} = \begin{pmatrix} 1 \\ -11/5 \\ -1/5 \\ 1 \end{pmatrix}$ と表すことができる．従って解空間の基底は $\langle \boldsymbol{c} \rangle$ であり，その次元は 1 である．

(4)　A を階段行列にすると $\begin{pmatrix} 1 & 0 & 3 & -5 \\ 0 & 1 & -2 & 3 \\ 0 & 0 & 0 & 0 \end{pmatrix}$ なので $A\boldsymbol{x} = \boldsymbol{0}$ の解は $\boldsymbol{x} = t_1 \boldsymbol{c}_1 + t_2 \boldsymbol{c}_2, \boldsymbol{c}_1 = \begin{pmatrix} -3 \\ 2 \\ 1 \\ 0 \end{pmatrix}, \boldsymbol{c}_2 = \begin{pmatrix} 5 \\ -3 \\ 0 \\ 1 \end{pmatrix}$ と表すことができる．従って解空間の基底は $\langle \boldsymbol{c}_1, \boldsymbol{c}_2 \rangle$ であり，その次元は 2 である．

問題 7　連立 1 次方程式の係数行列 $\begin{pmatrix} 1 & 2 & 3 & 1 \\ 0 & 1 & 2 & 1 \\ 2 & 5 & 8 & 3 \end{pmatrix}$ を階段行列にすると $\begin{pmatrix} 1 & 0 & -1 & -1 \\ 0 & 1 & 2 & 1 \\ 0 & 0 & 0 & 0 \end{pmatrix}$

なので解は $\boldsymbol{x} = t_1\boldsymbol{c}_1 + t_2\boldsymbol{c}_2, \boldsymbol{c}_1 = \begin{pmatrix} 1 \\ -2 \\ 1 \\ 0 \end{pmatrix}, \boldsymbol{c}_2 = \begin{pmatrix} 1 \\ -1 \\ 0 \\ 1 \end{pmatrix}$ と表すことができる.

従って連立1次方程式の解がつくるベクトル空間の基底は $\langle \boldsymbol{c}_1, \boldsymbol{c}_2 \rangle$ であり, その次元は2である.

問題8 (1) $W = \{p \in \mathbb{R}[x]_3 \mid p(0) = 0\}$ の要素は $a_3x^3 + a_2x^2 + a_1x + a_0$ であって $a_0 = 0$ を満たすもの, つまり $a_3x^3 + a_2x^2 + a_1x$ と表される. これより $W = [x, x^2, x^3]$ となる. また, x, x^2, x^3 は1次独立である. 従って $\langle x, x^2, x^3 \rangle$ は W の基底であり, その次元は3である.

(2) $W = \{p \in \mathbb{R}[x]_3 \mid p(1) = 0\}$ の要素は $a_3x^3 + a_2x^2 + a_1x + a_0$ であって $a_3 + a_2 + a_1 + a_0 = 0$ を満たすもの, つまり $a_3x^3 + a_2x^2 + a_1x - (a_3 + a_2 + a_1) = a_3(x^3 - 1) + a_2(x^2 - 1) + a_1(x - 1)$ と表される. これより $W = [x - 1, x^2 - 1, x^3 - 1]$ となる. また, $x - 1, x^2 - 1, x^3 - 1$ は1次独立である. 従って $\langle x - 1, x^2 - 1, x^3 - 1 \rangle$ は W の基底であり, その次元は3である.

第8章

問題1

(1) 線形変換である.　(2) 線形変換でない.　(3) 線形写像である.

(4) 線形写像でない.　(5) 線形写像である.　(6) 線形写像でない.

問題2

(1) $\begin{pmatrix} 6 & 9 \\ -2 & -2 \end{pmatrix}$　(2) $\begin{pmatrix} -2 & -7 & -11 \\ 17 & 32 & 46 \\ -11 & -18 & -25 \end{pmatrix}$　(3) $\begin{pmatrix} 9 & 11 & 14 \\ -5 & -4 & -4 \end{pmatrix}$

(4) $\begin{pmatrix} -5 & -9 \\ 20 & 34 \\ -11 & -18 \end{pmatrix}$　(5) $\begin{pmatrix} 0 & 0 & 1 \\ 2 & 3 & 0 \end{pmatrix}$

問題3

$S \circ T$ の表現行列 $\begin{pmatrix} -6 & -4 \\ 8 & 6 \end{pmatrix}$,　$T \circ S$ の表現行列 $\begin{pmatrix} -2 & 6 \\ 0 & 2 \end{pmatrix}$

T^{-1} の表現行列 $\begin{pmatrix} -1 & 1 \\ 1 & -1/2 \end{pmatrix}$,　S^{-1} の表現行列 $\begin{pmatrix} 5/2 & 2 \\ 1 & 1 \end{pmatrix}$

問題4

$\overline{T}\begin{pmatrix} \boldsymbol{x} \\ 1 \end{pmatrix} = \begin{pmatrix} 2 & -1 & 1 \\ 1 & 1 & 1 \\ 0 & 0 & 1 \end{pmatrix}\begin{pmatrix} \boldsymbol{x} \\ 1 \end{pmatrix}$,　$\overline{S}\begin{pmatrix} \boldsymbol{x} \\ 1 \end{pmatrix} = \begin{pmatrix} 2 & 0 & 1 \\ 3 & -1 & 1 \\ 0 & 0 & 1 \end{pmatrix}\begin{pmatrix} \boldsymbol{x} \\ 1 \end{pmatrix}$

$\overline{S \circ T}\begin{pmatrix} \boldsymbol{x} \\ 1 \end{pmatrix} = \begin{pmatrix} 4 & -2 & 3 \\ 5 & -4 & 3 \\ 0 & 0 & 1 \end{pmatrix}\begin{pmatrix} \boldsymbol{x} \\ 1 \end{pmatrix}$,　$\overline{T \circ S}\begin{pmatrix} \boldsymbol{x} \\ 1 \end{pmatrix} = \begin{pmatrix} 1 & 1 & 2 \\ 5 & -1 & 3 \\ 0 & 0 & 1 \end{pmatrix}\begin{pmatrix} \boldsymbol{x} \\ 1 \end{pmatrix}$

$\overline{T^{-1}}\begin{pmatrix} \boldsymbol{x} \\ 1 \end{pmatrix} = \begin{pmatrix} 1/3 & 1/3 & -2/3 \\ -1/3 & 2/3 & -1/3 \\ 0 & 0 & 1 \end{pmatrix}\begin{pmatrix} \boldsymbol{x} \\ 1 \end{pmatrix}$,　$\overline{S^{-1}}\begin{pmatrix} \boldsymbol{x} \\ 1 \end{pmatrix} = \begin{pmatrix} 1/2 & 0 & -1/2 \\ 3/2 & -1 & -1/2 \\ 0 & 0 & 1 \end{pmatrix}\begin{pmatrix} \boldsymbol{x} \\ 1 \end{pmatrix}$

第9章

問題1　(1)　$A=\begin{pmatrix}3&-1\\4&-2\end{pmatrix}$ の固有値は $2,-1$ であり，それぞれの固有空間は $W_2=\left[\begin{pmatrix}1\\1\end{pmatrix}\right]$，$W_{-1}=\left[\begin{pmatrix}1\\4\end{pmatrix}\right]$ である．W_2 の基底は $\left\langle\begin{pmatrix}1\\1\end{pmatrix}\right\rangle$ であって $\dim W_2=1$，W_{-1} の基底は $\left\langle\begin{pmatrix}1\\4\end{pmatrix}\right\rangle$ であって $\dim W_{-1}=1$ である．これより A は対角化可能であり，$P=\begin{pmatrix}1&1\\1&4\end{pmatrix}$ とすれば $P^{-1}AP=\begin{pmatrix}2&0\\0&-1\end{pmatrix}$ となる．

(2)　$A=\begin{pmatrix}-3&-2\\2&1\end{pmatrix}$ の固有値は -1 であり，その固有空間は $W_{-1}=\left[\begin{pmatrix}-1\\1\end{pmatrix}\right]$ である．W_{-1} の基底は $\left\langle\begin{pmatrix}-1\\1\end{pmatrix}\right\rangle$ であって $\dim W_{-1}=1$ である．これより A は対角化できない．

(3)　$A=\begin{pmatrix}2&4\\5&3\end{pmatrix}$ の固有値は $7,-2$ であり，それぞれの固有空間は $W_7=\left[\begin{pmatrix}4\\5\end{pmatrix}\right]$，$W_{-2}=\left[\begin{pmatrix}-1\\1\end{pmatrix}\right]$ である．W_7 の基底は $\left\langle\begin{pmatrix}4\\5\end{pmatrix}\right\rangle$ であって $\dim W_7=1$，W_{-2} の基底は $\left\langle\begin{pmatrix}-1\\1\end{pmatrix}\right\rangle$ であって $\dim W_{-2}=1$ である．これより A は対角化可能であり，$P=\begin{pmatrix}4&-1\\5&1\end{pmatrix}$ とすれば $P^{-1}AP=\begin{pmatrix}7&0\\0&-2\end{pmatrix}$ となる．

(4)　$A=\begin{pmatrix}1&1\\-1&3\end{pmatrix}$ の固有値は 2 であり，その固有空間は $W_2=\left[\begin{pmatrix}1\\1\end{pmatrix}\right]$ である．W_2 の基底は $\left\langle\begin{pmatrix}1\\1\end{pmatrix}\right\rangle$ であって $\dim W_2=1$ である．これより A は対角化できない．

(5)　$A=\begin{pmatrix}3&-1&1\\0&3&0\\1&0&3\end{pmatrix}$ の固有値は $4,3,2$ であり，それぞれの固有空間は $W_4=\left[\begin{pmatrix}1\\0\\1\end{pmatrix}\right]$，$W_3=\left[\begin{pmatrix}0\\1\\1\end{pmatrix}\right]$，$W_2=\left[\begin{pmatrix}-1\\0\\1\end{pmatrix}\right]$ である．W_4 の基底は $\left\langle\begin{pmatrix}1\\0\\1\end{pmatrix}\right\rangle$ であって $\dim W_4=1$，W_3 の基底は $\left\langle\begin{pmatrix}0\\1\\1\end{pmatrix}\right\rangle$ であって $\dim W_3=1$，W_2 の基底は $\left\langle\begin{pmatrix}-1\\0\\1\end{pmatrix}\right\rangle$ であって $\dim W_2=1$ である．これより A は対角化可能であり，$P=\begin{pmatrix}1&0&-1\\0&1&0\\1&1&1\end{pmatrix}$ とすれば $P^{-1}AP=\begin{pmatrix}4&0&0\\0&3&0\\0&0&2\end{pmatrix}$ となる．

(6)　$A=\begin{pmatrix}3&1&1\\1&3&1\\0&0&2\end{pmatrix}$ の固有値は $4,2$ であり，それぞれの固有空間は $W_4=\left[\begin{pmatrix}1\\1\\0\end{pmatrix}\right]$，$W_2=\left[\begin{pmatrix}-1\\1\\0\end{pmatrix},\begin{pmatrix}-1\\0\\1\end{pmatrix}\right]$ である．W_4 の基底は $\left\langle\begin{pmatrix}1\\1\\0\end{pmatrix}\right\rangle$ であっ

て $\dim W_4 = 1$, W_2 の基底は $\left\langle \begin{pmatrix} -1 \\ 1 \\ 0 \end{pmatrix}, \begin{pmatrix} -1 \\ 0 \\ 1 \end{pmatrix} \right\rangle$ であって $\dim W_2 = 2$ である．これより A は対角化可能であり，$P = \begin{pmatrix} 1 & -1 & -1 \\ 1 & 1 & 0 \\ 0 & 0 & 1 \end{pmatrix}$ とすれば $P^{-1}AP = \begin{pmatrix} 4 & 0 & 0 \\ 0 & 2 & 0 \\ 0 & 0 & 2 \end{pmatrix}$ となる．

(7) $A = \begin{pmatrix} 3 & 1 & 0 \\ 1 & 3 & 2 \\ 0 & 0 & 2 \end{pmatrix}$ の固有値は $4, 2$ であり，それぞれの固有空間は $W_4 = \left[\begin{pmatrix} 1 \\ 1 \\ 0 \end{pmatrix} \right]$, $W_2 = \left[\begin{pmatrix} -1 \\ 1 \\ 0 \end{pmatrix} \right]$ である．W_4 の基底は $\left\langle \begin{pmatrix} 1 \\ 1 \\ 0 \end{pmatrix} \right\rangle$ であって $\dim W_4 = 1$, W_2 の基底は $\left\langle \begin{pmatrix} -1 \\ 1 \\ 0 \end{pmatrix} \right\rangle$ であって $\dim W_2 = 1$ である．これより A は対角化できない．

(8) $A = \begin{pmatrix} 4 & 2 & -2 \\ 1 & 5 & -1 \\ -1 & 1 & 3 \end{pmatrix}$ の固有値は $6, 4, 2$ であり，それぞれの固有空間は $W_6 = \left[\begin{pmatrix} 1 \\ 1 \\ 0 \end{pmatrix} \right]$, $W_4 = \left[\begin{pmatrix} 0 \\ 1 \\ 1 \end{pmatrix} \right]$, $W_2 = \left[\begin{pmatrix} 1 \\ 0 \\ 1 \end{pmatrix} \right]$ である．W_6 の基底は $\left\langle \begin{pmatrix} 1 \\ 1 \\ 0 \end{pmatrix} \right\rangle$ であって $\dim W_6 = 1$, W_4 の基底は $\left\langle \begin{pmatrix} 0 \\ 1 \\ 1 \end{pmatrix} \right\rangle$ であって $\dim W_4 = 1$, W_2 の基底は $\left\langle \begin{pmatrix} 1 \\ 0 \\ 1 \end{pmatrix} \right\rangle$ であって $\dim W_2 = 1$ である．これより A は対角化可能であり，$P = \begin{pmatrix} 1 & 0 & 1 \\ 1 & 1 & 0 \\ 0 & 1 & 1 \end{pmatrix}$ とすれば $P^{-1}AP = \begin{pmatrix} 6 & 0 & 0 \\ 0 & 4 & 0 \\ 0 & 0 & 2 \end{pmatrix}$ となる．

問題 2　$A = \begin{pmatrix} 3 & -1 \\ 4 & -2 \end{pmatrix}$ とおく．問題 1(1) より $P = \begin{pmatrix} 1 & 1 \\ 1 & 4 \end{pmatrix}$ とすれば $P^{-1}AP = \begin{pmatrix} 2 & 0 \\ 0 & -1 \end{pmatrix}$ である．これより $A^{10} = P \begin{pmatrix} 2^{10} & 0 \\ 0 & (-1)^{10} \end{pmatrix} P^{-1} = P \begin{pmatrix} 1024 & 0 \\ 0 & 1 \end{pmatrix} P^{-1} = \begin{pmatrix} 1365 & -341 \\ 1364 & -340 \end{pmatrix}$ となる．

第 10 章

問題 1　(1)　$(p_1, p_2) = 0$, $\|p_1\| = 1$, $\|p_2\| = 1$

(2)　$(p_3, p_1) = \sqrt{2}(1/3 + a_0), (p_3, p_2) = \sqrt{2/3}a_1$ なので $a_0 = -1/3, a_1 = 0$ となる．

問題 2　(1) 正しくない．(2) 正しい．$\begin{pmatrix} 1 \\ 0 \end{pmatrix}$ を (2) の正規直交基底で表したものは次である．

$$\begin{pmatrix}1\\0\end{pmatrix}=\frac{1}{\sqrt{2}}\begin{pmatrix}1/\sqrt{2}\\1/\sqrt{2}\end{pmatrix}+\frac{1}{\sqrt{2}}\begin{pmatrix}1/\sqrt{2}\\-1/\sqrt{2}\end{pmatrix}$$

問題 3　(1) 正しくない. (2) 正しい. $\begin{pmatrix}1\\0\\0\end{pmatrix}$ を (2) の正規直交基底で表したものは次である.

$$\begin{pmatrix}1\\0\\0\end{pmatrix}=\frac{1}{\sqrt{3}}\begin{pmatrix}1/\sqrt{3}\\1/\sqrt{3}\\1/\sqrt{3}\end{pmatrix}+\frac{1}{\sqrt{6}}\begin{pmatrix}1/\sqrt{6}\\-2/\sqrt{6}\\1/\sqrt{6}\end{pmatrix}+\frac{1}{\sqrt{2}}\begin{pmatrix}1/\sqrt{2}\\0\\-1/\sqrt{2}\end{pmatrix}$$

問題 4

(1) $\left\langle\begin{pmatrix}1\\0\end{pmatrix},\begin{pmatrix}0\\1\end{pmatrix}\right\rangle$　　(2) $\left\langle\begin{pmatrix}1/\sqrt{2}\\1/\sqrt{2}\end{pmatrix},\begin{pmatrix}1/\sqrt{2}\\-1/\sqrt{2}\end{pmatrix}\right\rangle$

問題 5

$$(1)\ \left\langle\begin{pmatrix}0\\0\\1\end{pmatrix},\begin{pmatrix}1/\sqrt{2}\\1/\sqrt{2}\\0\end{pmatrix},\begin{pmatrix}-1/\sqrt{2}\\1/\sqrt{2}\\0\end{pmatrix}\right\rangle$$

$$(2)\ \left\langle\begin{pmatrix}1/\sqrt{3}\\1/\sqrt{3}\\1/\sqrt{3}\end{pmatrix},\begin{pmatrix}-1/\sqrt{6}\\-1/\sqrt{6}\\2/\sqrt{6}\end{pmatrix},\begin{pmatrix}-1/\sqrt{2}\\1/\sqrt{2}\\0\end{pmatrix}\right\rangle$$

問題 6　考える対称行列を A とし, A を対角化する直交行列を P とする.

$$(1)\ P=\begin{pmatrix}1/\sqrt{2}&-1/\sqrt{2}\\1/\sqrt{2}&1/\sqrt{2}\end{pmatrix},\quad P^{-1}AP=\begin{pmatrix}4&0\\0&-2\end{pmatrix}$$

$$(2)\ P=\begin{pmatrix}-1/\sqrt{3}&-1/\sqrt{2}&1/\sqrt{6}\\1/\sqrt{3}&0&2/\sqrt{6}\\-1/\sqrt{3}&1/\sqrt{2}&1/\sqrt{6}\end{pmatrix},\quad P^{-1}AP=\begin{pmatrix}2&0&0\\0&1&0\\0&0&-1\end{pmatrix}$$

$$(3)\ P=\begin{pmatrix}1/\sqrt{3}&-1/\sqrt{2}&-1/\sqrt{6}\\1/\sqrt{3}&1/\sqrt{2}&-1/\sqrt{6}\\1/\sqrt{3}&0&2/\sqrt{6}\end{pmatrix},\quad P^{-1}AP=\begin{pmatrix}2&0&0\\0&-1&0\\0&0&-1\end{pmatrix}$$

$$(4)\ P=\begin{pmatrix}\sqrt{2/5}&-1/\sqrt{3}&-2/\sqrt{15}\\1/\sqrt{5}&\sqrt{2/3}&-\sqrt{2/15}\\\sqrt{2/5}&0&3/\sqrt{15}\end{pmatrix},\quad P^{-1}AP=\begin{pmatrix}4&0&0\\0&-1&0\\0&0&-1\end{pmatrix}$$

問題 7　(1)　回転行列 $P=\begin{pmatrix}1/\sqrt{2}&1/\sqrt{2}\\-1/\sqrt{2}&1/\sqrt{2}\end{pmatrix}$ を用いて $\begin{pmatrix}x_1\\x_2\end{pmatrix}=P\begin{pmatrix}x_1'\\x_2'\end{pmatrix}$ とすると定義方程式は $7(x_1')^2+(x_2')^2-7=0$ となる. この定義方程式から定まる 2 次曲線は楕円なので, もとの 2 次曲線も楕円である.

(2)　回転行列 $P=\begin{pmatrix}1/\sqrt{2}&1/\sqrt{2}\\-1/\sqrt{2}&1/\sqrt{2}\end{pmatrix}$ を用いて $\begin{pmatrix}x_1\\x_2\end{pmatrix}=P\begin{pmatrix}x_1'\\x_2'\end{pmatrix}$ とすると定義方程式は $2(x_1')^2+\sqrt{2}x_2'=0$ となる. この定義方程式から定まる 2 次曲線は放物線なので, もとの 2 次曲線も放物線である.

問題 8　(1)　$f(x_1,x_2)=3x_1^2+2x_1x_2+3x_2^2$ から定まる対称行列は $A=\begin{pmatrix}3&1\\1&3\end{pmatrix}$ であり, その固有値は $4,2$ である. これより 2 変数関数 $f(x_1,x_2)$ は $(x_1,x_2)=(0,0)$ で極小となる.

(2) $f(x_1, x_2) = x_1^2 + 4x_1x_2 - 2x_2^2$ から定まる対称行列は $A = \begin{pmatrix} 1 & 2 \\ 2 & -2 \end{pmatrix}$ であり，その固有値は $2, -3$ である．これより 2 変数関数 $f(x_1, x_2)$ は $(x_1, x_2) = (0, 0)$ で極大でも極小でもない．

第 11 章

問題 1 (1) $\begin{pmatrix} 3 \\ 11 \end{pmatrix}, \begin{pmatrix} 3 \\ 12 \end{pmatrix}$ を端点とする線分

(2) $\begin{pmatrix} 3 \\ 11 \end{pmatrix}, \begin{pmatrix} 5 \\ 18 \end{pmatrix}$ を端点とする線分

(3) $\begin{pmatrix} 3 \\ 11 \end{pmatrix}, \begin{pmatrix} 3 \\ 12 \end{pmatrix}, \begin{pmatrix} 5 \\ 18 \end{pmatrix}$ を頂点とする三角形であり，その面積は 1

問題 2 (1) $\left\{ \begin{pmatrix} 3 \\ 9 \end{pmatrix} \right\}$

(2) $\begin{pmatrix} 3 \\ 9 \end{pmatrix}, \begin{pmatrix} 5 \\ 15 \end{pmatrix}$ を端点とする線分

(3) $\begin{pmatrix} 3 \\ 9 \end{pmatrix}, \begin{pmatrix} 5 \\ 15 \end{pmatrix}$ を端点とする線分

問題 3 (1) $\left\{ \begin{pmatrix} x'_1 \\ x'_2 \end{pmatrix} \in \mathbb{R}^2 \;\middle|\; x'_1 + x'_2 = 0 \right\}$

(2) $\left\{ t \begin{pmatrix} -1 \\ 1 \end{pmatrix} \in \mathbb{R}^2 \;\middle|\; t \in \mathbb{R} \right\}, \left\{ t \begin{pmatrix} 1 \\ 1 \end{pmatrix} \in \mathbb{R}^2 \;\middle|\; t \in \mathbb{R} \right\}$

(3) $\left\{ \begin{pmatrix} x'_1 \\ x'_2 \end{pmatrix} \in \mathbb{R}^2 \;\middle|\; \frac{17}{8}(x'_1)^2 + \frac{15}{4}x'_1x'_2 + \frac{17}{8}(x'_2)^2 - 1 = 0 \right\}$

問題 4 $T(\boldsymbol{x}) = \begin{pmatrix} 2 & 4 \\ -1 & 0 \end{pmatrix} \boldsymbol{x} + \begin{pmatrix} -7 \\ 3 \end{pmatrix}$

第 12 章

問題 1 (1) $A = \begin{pmatrix} 0 & 1 \\ 1 & 0 \end{pmatrix}$ は $P = \begin{pmatrix} 1 & -1 \\ 1 & 1 \end{pmatrix}$ とすると $P^{-1}AP = \begin{pmatrix} 1 & 0 \\ 0 & -1 \end{pmatrix}$ となる．従って $\boldsymbol{y} = P\boldsymbol{z}$ を方程式に代入すると $\dfrac{d\boldsymbol{z}}{dt} = \begin{pmatrix} 1 & 0 \\ 0 & -1 \end{pmatrix} \boldsymbol{z} + \begin{pmatrix} 0 \\ 1 \end{pmatrix}$ を得る．この解は $\boldsymbol{z} = \begin{pmatrix} C_1e^t \\ 1 + C_2e^{-t} \end{pmatrix}$ なので $\boldsymbol{y} = P\boldsymbol{z} = \begin{pmatrix} -1 + C_1e^t - C_2e^{-t} \\ 1 + C_1e^t + C_2e^{-t} \end{pmatrix}$ となる．

(2) P を (1) のものと同じ行列として $\boldsymbol{y} = P\boldsymbol{z}$ を方程式に代入すると $\dfrac{d\boldsymbol{z}}{dt} = \begin{pmatrix} 1 & 0 \\ 0 & -1 \end{pmatrix} \boldsymbol{z} + \begin{pmatrix} 0 \\ t \end{pmatrix}$ を得る．この解は $\boldsymbol{z} = \begin{pmatrix} C_1e^t \\ t - 1 + C_2e^{-t} \end{pmatrix}$ なので $\boldsymbol{y} = P\boldsymbol{z} = \begin{pmatrix} -t + 1 + C_1e^t - C_2e^{-t} \\ t - 1 + C_1e^t + C_2e^{-t} \end{pmatrix}$ となる．

(3) $A = \begin{pmatrix} 1 & -1 \\ 2 & 4 \end{pmatrix}$ は $P = \begin{pmatrix} -1 & -1 \\ 2 & 1 \end{pmatrix}$ とすると $P^{-1}AP = \begin{pmatrix} 3 & 0 \\ 0 & 2 \end{pmatrix}$ となる．従って $\boldsymbol{y} = P\boldsymbol{z}$ を方程式に代入すると $\dfrac{d\boldsymbol{z}}{dt} = \begin{pmatrix} 3 & 0 \\ 0 & 2 \end{pmatrix} \boldsymbol{z} + \begin{pmatrix} 0 \\ -1 \end{pmatrix}$ を得る．この解は $\boldsymbol{z} = \begin{pmatrix} C_1e^{3t} \\ 1/2 + C_2e^{2t} \end{pmatrix}$ なので $\boldsymbol{y} = P\boldsymbol{z} = \begin{pmatrix} -1/2 - C_1e^{3t} - C_2e^{2t} \\ 1/2 + 2C_1e^{3t} + C_2e^{2t} \end{pmatrix}$ となる．

(4) P を (3) のものと同じ行列として $\boldsymbol{y} = P\boldsymbol{z}$ を方程式に代入すると $\dfrac{d\boldsymbol{z}}{dt} = \begin{pmatrix} 3 & 0 \\ 0 & 2 \end{pmatrix} \boldsymbol{z} + \begin{pmatrix} 0 \\ -t \end{pmatrix}$ を得る．この解は $\boldsymbol{z} = \begin{pmatrix} C_1 e^{3t} \\ (2t+1)/4 + C_2 e^{2t} \end{pmatrix}$ なので $\boldsymbol{y} = P\boldsymbol{z} = \begin{pmatrix} -(2t+1)/4 - C_1 e^{3t} - C_2 e^{2t} \\ (2t+1)/4 + 2C_1 e^{3t} + C_2 e^{2t} \end{pmatrix}$ となる．

問題 2 (1) 正規方程式は $\begin{pmatrix} 4 & 6 \\ 6 & 14 \end{pmatrix} \begin{pmatrix} a_0 \\ a_1 \end{pmatrix} = \begin{pmatrix} 10 \\ 31 \end{pmatrix}$ なので $a_0 = -\dfrac{23}{10}, a_1 = \dfrac{16}{5}$ となる．

(2) 正規方程式は $\begin{pmatrix} 4 & 6 & 14 \\ 6 & 14 & 36 \\ 14 & 36 & 98 \end{pmatrix} \begin{pmatrix} a_0 \\ a_1 \\ a_2 \end{pmatrix} = \begin{pmatrix} 10 \\ 31 \\ 87 \end{pmatrix}$ なので $a_0 = -\dfrac{13}{10}, a_1 = \dfrac{1}{5}, a_2 = 1$ となる．

索　引

あ行

か行

さ行

た行

な行

は行

や行

ら行

著者略歴（50 音順）

黒川《くろかわ》 康宏《やすひろ》／博士（理学），北海道大学

1990 年　日本大学文理学部数学科卒業

1996 年　北海道大学大学院理学研究科数学専攻博士後期課程修了

現　在　芝浦工業大学建築学部建築学科教授

佐々木《ささき》 真二《しんじ》／博士（理学），京都大学

2008 年　東京大学理学部物理学科卒業

2016 年　京都大学大学院理学研究科数学・数理解析専攻博士後期課程修了

現　在　芝浦工業大学建築学部建築学科特任講師

廣瀬《ひろせ》 三平《さんぺい》／博士（理学），京都大学

2007 年　北海道大学理学部数学科卒業

2013 年　京都大学大学院理学研究科数学・数理解析専攻博士後期課程修了

現　在　芝浦工業大学デザイン工学部デザイン工学科准教授

山澤《やまざわ》 浩司《ひろし》／博士（理学），上智大学

1993 年　上智大学理工学部数学科卒業

1998 年　上智大学大学院理工学研究科数学専攻博士後期課程満期退学

現　在　芝浦工業大学デザイン工学部デザイン工学科教授

工学系《こうがくけい》のための線形代数《せんけいだいすう》

豊富《ほうふ》な例《れい》と問題《もんだい》で理解《りかい》を深《ふか》める

Printed in Japan

2021 年 10 月 25 日 第 1 刷発行

著　者　黒川康宏，佐々木真二

廣瀬三平，山澤浩司

発行所　**東京図書株式会社**

〒102-0072 東京都千代田区飯田橋 3-11-19

振替 00140-4-13803 電話 03(3288)9461

http://www.tokyo-tosho.co.jp/

ISBN 978-4-489-02370-5